초등
문해력을
키우는
엄마의 비밀

1단계 | 저학년 추천

1단계

저학년 추천

초등

최나야 · 정수정 지음

문해력을

키우는

엄마의 비밀

엄마표 책동아리 실전 가이드

로그인

초등학교 6년,
문해력 성장의 민감기

'문해력(literacy)'에 대한 부모님들의 관심이 크게 증가하여 얼마나 기쁜지요. 현대 사회에서 문해력은 인간으로서 잘 살아갈 수 있게 해 주는 기본적이고 절대적인 능력입니다. 우리 아이들은 문해력의 씨앗을 갖고 태어나며, 태어나자마자 싹을 틔우고 조금씩 키워 나가기 시작한다는 것은 이미 아시지요? 영유아기는 자연스러운 방식으로 문해력의 바탕을 만들어가는 '발현적 문해(emergent literacy)'의 시기입니다. 학습을 통해 읽기, 쓰기를 익히는 '관습적 문해(conventional literacy)'는 취학 전후로 시작되지요. 따라서 초등학교 시기는 바로 학업과 업무를 위한 기초 기술로서의 문해력을 탄탄히 키울 수 있는 민감기(sensitive period)라고 할 수 있습니다.

이 시기를 놓치면 '문해력이 떨어지는 사람'이 될 수 있다는 뜻이에요. 중학교 중간·기말고사 결과만 보아도 바로 느낄 수 있어요. 아무리 수업을 이해하고 시험 전에 내용을 달달 암기해도 처음 본 시험지의 질문을 정확히 파악하지 못하면 점수를 따내지 못하니까요.

아이의 문해력을 키워 주는 가장 좋은 활동은 책을 읽고 이해하고 생각한 것을 말하고 써 보는 것입니다. 문해력 발달을 연구하는 저도 엄마로서 아이 키우는 과정은 여러분과 똑같아요. 바쁜 시간을 쪼개어 아이의 성장에 어떤 도움을 줘야 하나 고민하고 반성도 하죠. 아이가 초등학교에 입학한 이후 어느 날, 방마다 도서관처럼 정리해 둔 책꽂이들을 바라보다 문득 생각했어요. '발품 들여 좋은 책만 갖춰 놓으면 뭘 하나. 구슬도 꿰어야 보배지. 일단 엄마가 할 수 있는 일부터 하나씩 해 봐야겠다' 하고요.

그렇게 시작했던 것이 책동아리였습니다. 혹시 '책동아리'라는 말에 주춤하셨나요? 하지만 혼자보다는 여럿이 더 쉽답니다. 저도 용기를 내기 위해서 친구들을 모은걸요. 엄마(또는 아빠)와 아이만 탄

뗏목보다는 다른 아이들, 다른 어머니들과 함께 노를 저으며 나아가는 배가 훨씬 더 안정적이고 빠르며 재미도 있습니다. 이 책에 엄마표 책동아리의 장점을 모두 풀어 놓았으니 살펴보시고 저한테 설득당해 주세요. 어떻게 책동아리를 꾸리면 좋을지, 어떻게 운영하고 지도하면 좋을지 설명서도 준비했으니 마음 편히 읽어 주시고요. 공통적인 내용은 어쩔 수 없이 겹치지만, 학년별 차이도 각 권에 나누어 제시했으니 독서 지도 시 도움이 될 거예요.

아이들과 초등학교 6년간 밟아온 길을 되돌아가 수준별로 1~2학년, 3~4학년, 5~6학년용 세 권으로 분권하고 자세한 지도 방법과 활동지까지 담아냈습니다. 바쁜 엄마들을 위해 바로 활용할 수 있는 독서 지도안을 학년별로 20회씩 제공했어요. 저처럼 격주로 진행하신다면 한 학년 동안 이것만 해도 충분할 거예요. 나아가 아이들과 함께 우리만의 책도 고르고 나만의 활동지를 만들어 아이들을 만나게 된다면 엄마는 물론 아이에게도 분명 더 의미 있는 활동이 될 거라 생각합니다. 학년 간 구분은 절대적이지 않으니 아동의 수준에 맞게 사용하면 되며, 활동지는 꼭 한번 다른 책에 응용해 보세요.

저의 오랜 연구 파트너, 정수정 선생님과 함께 이 책을 펴낼 수 있어서 기뻤습니다. 아동학 박사이자 초등학교에서 오랫동안 사서로 일해 오신 정 선생님이 제가 고른 책들뿐 아니라 함께 읽으면 좋은 책들을 많이 추천했으니 살펴보시고 골라 보세요. 6년간 든든하실 거예요. 로그인에서 이 책에 마음을 더해 예쁘게 출간해 주셔서 참으로 감사합니다. 책의 이미지 사용을 허락해 주신 수많은 출판사의 관계자분들께도 감사드립니다.

최나야 드림

권장 도서 목록에 지치는
아이와 엄마를 위해

초등학교 도서관 사서로서 가장 많이 듣는 말은 책을 추천해 달라는 거예요. 학부모님께서 "우리 아이가 ○학년인데 무얼 읽혀야 되나요?"라고 질문하실 때 당혹스럽지요. 심지어는 ○학년 '필독 도서'를 알려 달라고도 하세요. 그런데 대부분 질문을 하실 때 정작 책 읽기의 주체인 아이는 쏙 빠져 있는 경우가 많아요.

보통 학령기 아동을 나누는 객관적인 요소가 연령, 학년이라는 점은 충분히 이해됩니다. 하지만 같은 학년이라도 아이마다 읽기 수준, 배경지식, 흥미와 관심 분야가 다르기 때문에 학년만 가지고 아이에게 맞는 책을 고르는 일은 쉽지 않아요. 아이들의 개별성과 다양성을 무시하고 획일적으로 학년별 권장 도서를 준다는 것은 독자나 추천자 모두에게 무리가 있어요. 권장 도서라는 것은 말 그대로 권장하는 것일 뿐이고, 세상의 많고 많은 책 중에 자신이 좋아하는 책이 어떤 종류인지, 무슨 책을 읽어야 할지 모를 때 참고로 하는 기준일 뿐이지요. 또 그 학년에 반드시 읽어야만 하는 책도 없답니다.

초등학교 아이들은 신체, 인지, 정서, 사회성 등 모든 면에서 하루가 다르게 계속 성장합니다. 이에 따라 읽기 흥미와 능력도 나날이 발달해야 하지만 개개인에 따라 달라지기도 하니 익혀야 할 독서법이 달라질 수밖에 없지요. 그러므로 아동 개개인의 관심 분야나 발달과 관계없이 권위 있는 기관에서 선정했다는 이유만으로, 교과서에 수록되었다는 이유만으로 무작정 수용하는 것은 바람직하지 않다고 생각합니다.

권장 도서와 상관없이 아이의 취향, 관심사와 관계된 책을 골라 주세요. 수많은 권장 도서를 읽기에도 바쁘다 보니 정작 읽고 싶은 다른 책들은 구경도 못 해 보고 '독서는 재미없어'라는 생각이 아이에게 자리 잡기 쉽습니다. 그래서 유아기 때는 책을 좋아하던 아이들이 나이를 먹을수록 점점 책과 멀어지는 게 아닐까요?

책 선정에 어려움이 있다면 아이들에게 안전한 책은 스테디셀러라 할 수 있어요. 일시적인 유행이나 호기심이 아니라 세대를 넘어 지속적인 공감을 불러일으키고, 교훈도 주는 고전이야말로 아이들이 읽어야 하는 책이에요. 부모님들이 읽었던 《톰 소여의 모험》, 《오즈의 마법사》, 《이상한 나라의 앨리스》 등과 같은 책은 요즘 아이들도 즐겨 읽지요. 부모와 자녀가 같은 책을 읽은 경험은 서로를 이해하고 소통하는 데 아주 중요한 역할을 한다고 봐요.

《초등 문해력을 키우는 엄마의 비밀》에는 신간과 함께 이런 책들도 많이 다루었고, 꼬리를 물고 곁들여서 읽으면 좋은 책들을 풍부하게 소개했습니다. 활동 도서와 같은 주제의 책 외에도 같은 작가가 쓴 책 등을 제시했어요. 그중에 아이와 엄마 마음에 쏙 드는 책만 골라 읽으시면 됩니다. 학년별로 고정된 것이 아니니, 읽기 수준에 따라 자유롭게 이동해 주세요. 아이들이 부디 '필독 도서'의 함정에서 벗어나 주체적인 독자가 되길 바랍니다.

책동아리는 단거리 경주가 아니에요. 저의 멘토 최나야 교수님이 마치 마라톤을 하듯 아이 옆에서 꾸준하게 함께 뛰면서 기록한 6년간의 성장기를 공개합니다. 엄마표 책동아리의 운영은 긴 호흡이 필요합니다. 의욕만 앞서서 전력 질주를 한다면 도중에 지쳐서 포기하게 될 거예요. 여러분도 어깨의 힘을 빼고 아이의 손을 잡고 출발선에 서 보세요. 한 걸음씩 즐겁게 나아가면 됩니다.

이 책에 담은 활동 도서 중에는 현재 절판 또는 품절인 도서들도 몇 권 있는데, 활동을 빼기에는 책 자체가 너무나 좋아서 그대로 두었습니다. 도서관에서 빌려 보시거나 중고 서적을 구하는 데도 무리가 없어 소개해 드립니다. 좋은 어린이책이 계속 살아남아 사랑받으면 좋겠습니다.

정수정 드림

차 례

Chapter 1

초등 문해력, 엄마표 책동아리로 키운다

초등 1~2학년 문해력 키우는 비밀

왜 엄마표 책동아리인가?

엄마표 책동아리, 무엇을 어떻게 할까?

Chapter 2 초등 문해력을 키우는 엄마표 책동아리 활동

Chapter 1

초등 문해력,
엄마표
책동아리로
키운다

초등 1~2학년
문해력 키우는 비밀

초등학교 1~2학년은 관습적 문해의 기본을 탄탄히 다져야 하는 중요한 시기입니다. 또 글자를 읽는 해독에서 글 안에 담긴 줄거리를 파악하고 내용을 이해하는 독해로 넘어가는 과도기이기도 합니다. 이 시기의 아동은 학교생활 적응이라는 큰 과업을 해내느라 갑자기 책 읽기에 흥미를 잃을 수도 있습니다. 따라서 초등학교 1~2학년생의 문해력을 키우는 방법은 그동안 영유아기에 해 왔던 방법과 조금 달라져야 합니다. 다음 내용을 꼼꼼히 살펴보고 아이의 문해력이 무럭무럭 잘 자라날 수 있도록 도와주세요.

읽기 동기 키우기

아이가 유아기에는 책을 꽤 많이 읽었는데, 초등학교 들어가더니 통 안 읽는다고 걱정하는 부모님들이 많아요. 안타깝게도 아이들의 읽기 동기, 즉 책을 읽고자 하는 마음은 취학 후 매년 조금씩, 꾸준히 떨어진답니다. 아이들 이야기를 들어 보면 그림책은 쉽고 재미있었는데 그림이 줄고 글이 많아지면서 책이 재미없다고 불만이 많지요. 이런 실상을 그냥 바라보는 수밖에 없을까요? 읽기 동기는 유지되거나 더 강화될 수 있어요. 읽기를 좋아하는 아이는 당연히 많이 읽고, 더 잘 읽게 됩니다. 이로 인한 결과는 높은 수준의 학업 성취, 지적 능력, 사회경제적 지위와 연결이 되니 무시할 일이 아니지요. 그럼 도대체 어떻게 하면 아이의 읽기 동기를 키워 줄 수 있을까요?

가장 먼저, 가정의 문해환경을 개선한다

집에 아이를 위한 책이 충분히 많은가요?(어른을 위한 책도 많아야 합니다.) 무조건 책장 가득히 많은 것 말고 읽고 싶어지는 재미있는 책으로요.

우리나라만의 독특한 출판 문화로 전집이 있지요. 물론 우수한 전집도 더러 있지만, 보통은 권수만 많고 단행본에 비해 질적으로 떨어지는 경우가 많답니다. 전문 작가가 글을 쓰고 그림을 그린 것이 아니라 기획에 의해 수십 권이 단기간에 만들어지며 지식 전달과 학습을 목표로 하기 때문이지요. 무엇보다도 똑같이 생긴 수십 권의 책이 책장에 줄지어 꽂혀 있으면 위압감이 들고 부담스러워져요. 그림책부터 수준 높은 단행본으로 한 권 한 권 채워 나가는 것을 추천합니다. 책은 양보다는 질입니다!

책이 장식품이 되지 않고, 아이의 눈과 손에 닿는 것도 중요해요. 아이가 어릴 때는 낮은 높이의, 책 전면이 보이게 꽂을 수 있는 책장을 활용하고 상자나 바구니에 몇 권씩 담아 두는 것도 좋아요. 집이 좀 지저분해지더라도 집안 곳곳에 책이 있는 것이 좋은 문해환경입니다.

둘째,
책 읽는 분위기를 만든다

책 읽는 모습을 아이에게 자주 보여 주시나요? 의외로 어른들이 책을 잘 안 읽어요. 한 아이가 친구에게 "우리 엄마 아빠는 책 읽을 때……" 하고 말을 꺼냈더니 "엄마 아빠가 책도 읽어?"라고 묻더래요. 본 적이 없으면 신기하게 느껴지는 게 당연하지요.

부모님이 책을 즐겨 읽지 않으면서 아이에게만 책을 읽으라고 강요할 수는 없습니다. 가족 모두가 자연스럽게 책을 읽는 가정에서 자라는 어린이의 읽기 동기는 높을 수밖에 없어요. 일과 중에 모두가 책 읽는 시간을 만드는 것도 좋은 전략이에요. 매일이 힘들다면 주말 오전이나 오후, 거실이나 서재에서 가족 모두가 각자 편한 자세로 책 읽는 시간을 가져 보면 어떨까요? 그런 분위기를 경험하며 자란 아이는 책은 당연히 읽는 것이라 생각한다지요.

셋째,
서점과 도서관으로 책 나들이를 자주 간다

아이가 어릴 때는 스티커책이나 공룡책 등 문학성과는 거리가 먼 책들을 사 달라고 조르지요. 그렇더라도 거절하지 말고 사 주세요. '우리 엄마 아빠는 책은 사 달라고 하는 대로 다 사 주시네?'라는 생각이 자리 잡혀야 해요. 대신 부모님이 생각하기에 좋은 책도 끼워서 같이 사자고 해 보세요. 그렇게 모은 한 권 한 권은 아이에게도 의미가 다릅니다. 책 나들이가 잦아질수록 아이의 책 고르는 눈도 성장하고요. 스스로 읽을 책을 골라 보는 경험은 아주 소중하답니다.

책을 무료로 대출받아 읽을 수 있는 도서관은 그야말로 보물창고지요. 동네에서 자주 갈 만한 도서관을 뚫어(?) 두세요. 주기적으로, 또는 심심할 때마다 아이와 함께 도서관에 가서 책을 읽고, 빌리고, 인형극이나 만화도 보고, 점심도 먹고 오세요. 바퀴 달린 카트를 가져 가서 가족 수대로 대출 제한 범위까지 책을 잔뜩 빌려 오면 부자가 된 느낌이 들 거예요.

여행을 가서도 도서관에 들러 보세요. 저는 아이가 초등학교 1학년이었을 때 제주도에 일주일간 머물면서 도서관 투어를 한 적이 있어요. 도민이 아니라서 책을 빌릴 수는 없었지만, 자리에 퍼질러 앉아서 책을 쌓아 놓고 몇 시간씩 읽은 게 추억이 되었어요. 현지의 느낌을 전해 주는 책들을 골라 읽으면 더 좋겠지요. 어릴 때 도서관에 자주 간 아이들은 읽기 동기와 학문적 호기심 수준이 유의하게 높답니다.

넷째,
책 읽기 강요는 금물

아이들이 부모님에게 가장 자주 듣는 잔소리가 "숙제 다 했니? 공부해라"와 함께 "책 좀 읽어" 아닐까요? 잔소리를 듣고 하는 행동은 몸에 배지 않아요. 스스로 좋아서 하는 행동이 진짜 자기 것입니다. 좀 치워 볼까 하는데 청소하란 말 들으면 하기 딱 싫어지잖아요.

"책 읽으면 뭐 사 줄게, 뭐 해 줄게" 하는 회유도 좋지 않습니다. 교육학적으로 보상은 강화하고자 하는 그 행동 자체여야 효과가 있다고 해요. "책 읽으면 게임하게 해 줄게/TV 봐도 돼/피자 사줄게"가 아니라 "네가 원하는 책 더 사 줄게/방해 안 받고 책 읽을 시간 만들어 줄게"가 되어야 한다는 것이죠. 전자처럼 달콤하기만 한 보상이 결합되면 아이들에게 '책은 보상을 위해 꾸역꾸역 참고 읽어야 하는 힘들고 귀찮은 것'이라고 인식되어 버려요. 물론 후자처럼 설득할 일이 없으면 가장 좋습니다. 아이가 스스로 책 읽기를 즐겁게 여기는 상황이 된다면 말이죠.

칭찬은 좋습니다. 아이가 책을 스스로 읽었을 때, 읽기에 집중할 때, 책에 관심을 가질 때, 책에서 원하는 정보를 찾아냈을 때, 진심을 아낌없이 담아 칭찬해 주세요. 이런 칭찬을 많이 들은 아이는 '난 책을 잘 읽는 아이, 책을 좋아하는 사람'이라고 스스로 지각하게 돼요. 커 가면서도 이런 생각이 유지될 가능성이 높지요.

마지막으로,
초등학생 자녀에게도 책을 계속 읽어 준다

영유아 때도 아이가 어리고 글을 잘 못 읽어서 책을 읽어 준 게 아니고 부모라서 읽어 주신 거잖아요. 책을 소리 내어 읽어 주는 것은 아이의 언어 발달에 지속적인 효과가 있을 뿐 아니라, 자녀와 부모 모두에게 정서적인 만족감도 줍니다.

책의 수준은 점점 높여 가면서 하루에 짧은 시간 엄마 목소리, 아빠 목소리로 책을 듣는 시간을 선물해 주세요. 이런 듣기는 집중력과 이해력도 크게 높여 줍니다. 무엇보다도, 이 시간은 평생 기억에 남을 만큼 따뜻하고 소중해서 책에 대한 이미지도 계속 좋게 남을 거예요.

그림책으로
시작하기

우리나라 교육과정상 한글은 초등학교에 입학해서 1학년 때 배우게 되어 있습니다. 그러나 현실적으로는 취학 전에 한글을 떼는 아이들이 대부분이지요. 한글이 대단히 체계적이고 학습하기 쉬운 문자 체계이기도 하고 우리나라 부모님들이 교육에 워낙 관심이 많아 아이가 어릴 때부터 이것저것 가르치는데 그중에서도 한글이 아마 가장 먼저, 큰 비중을 차지하기 때문일 겁니다.

이렇게 유아기부터 글을 읽을 줄 알게 된 아이들은 초등학생이 되면 어떤 책을 읽어야 할까요?

그림책만의 강점

부모님들은 글 텍스트의 양, 소위 '글밥'이 많은 책을 읽어야만 발전이라고 생각하시는 경향이 있어요. 하지만 그림책은 초등학생에게도 여전히 도움이 되는 매체랍니다. 특히 1학년 때 책동아리가 발족된다면 그림책으로 시작하시는 게 딱 맞아요. 그림책은 영유아만을 위한 책이 아니라 100세가 넘어서도 즐길 수 있는 책이에요. 그림과 글을 번갈아 보며 텍스트를 모두 이해하는 데에는 상당한 능력이 필요할 뿐 아니라 어른이 봐도 어려운 경우도 많거든요. 1학년 1학기 정도까지는 그림책이 유용할 거예요. 2학년 때도 그림책을 많이 섞어 보는 것을 추천해요.

소리 내어 읽기에 최적화

읽기의 초기 목표인 해독(decoding)은 늦어도 초등학교 1~2학년 때 마스터해야 해요. 여기서 문제가 생기면 읽기 능력의 격차가 갈수록 커집니다. 이른바 읽기의 빈익빈부익부 현상인 '마태효과(Matthew Effect)'지요. 해독 능력의 개발을 위해서도 1~2학년생은 그림책을 소리 내어 읽는 연습을 할 필요가 있어요. 이야기의 내용과 화자의 역할을 반영해 감정까지 살려 읽을 수 있으면 더 좋고요. 해독 능력이 좋아진 2학년생들에게는 겉보기엔 그림책의 형식을 띠지만 고전처럼 줄거리가 복잡하고 문장이 많은 책도 괜찮습니다. 292쪽에 소개한 '소리 내어 읽기 대회'를 종종 개최해 보는 것도 좋습니다.

마태효과란?

기독교 《신약성서》 〈마태복음〉에 이런 구절이 있지요.

"무릇 있는 자는 받아 풍족하게 되고 없는 자는 그 있는 것까지 빼앗기리라(25장 29절)."

이 내용은 읽기 발달 문제에도 적용이 됩니다. 읽기 능력이 떨어지는 학생은 학년이 올라가면서 점점 더 독해에 어려움을 겪게 되는데, 국어는 학습 도구 과목으로 기능하기 때문에 다른 교과목에서도 성취도가 낮아지는 것이지요. 반면 읽기 능력이 우수한 학생은 국어뿐 아니라 다른 과목의 학업 성취도 면에서 좋은 결과를 받게 될 가능성이 높습니다.

해독과 이해

읽기는 크게 나눠 해독(decoding)과 이해(comprehension)로 나뉩니다. 해독은 기호로서의 (알파벳) 문자를 인식하여 각 글자에 소릿값을 적용함으로써 풀어낸다는 뜻이에요. 마치 암호를 푸는 것처럼요. 이해는 읽은 내용의 의미를 알아내는 것으로, '독해'라고도 하지요.

아이들은 문자에 관심을 갖는 유아기부터 초등 저학년 때까지 해독 기술을 쌓아 나가게 됩니다. 그 시기가 지나면 읽기에서는 이해력이 더 중요해져요. 해독에 필요한 에너지가 줄어 이해에 집중할 수 있게 되는 거죠.

그러나 이해력은 해독보다도 더 먼저 발달하기 시작한답니다. 바로 '듣고' 이해하기를 통해서지요. 그래서 영아기부터 어른의 말을 듣는 경험이 중요해요.

어휘
지도하기

모국어의 기본 문법은 만 3세면 모두 습득합니다. 즉, 생후 36개월이 넘은 아이들은 어른들의 말을 듣고 뼈대는 다 이해할 수 있고, 온갖 문형의 문장을 스스로 구사할 수 있다는 것이죠. 그다음부터는 어휘력의 시간입니다. 어휘는 언어의 실제 활용을 좌우하는 가장 중요한 소재예요. 외국어도 그렇잖아요? 아무리 문법 공부를 해도, 실전에서 알아듣고 말하고 읽고 쓸 때는 해당 외국어의 어휘를 얼마나 알고 있는지가 절대적 역할을 합니다.

어휘력 발달의 세 가지 열쇠

요즘 아이들은 점점 떨어지는 어휘력 수준을 보인다니 걱정입니다. 중고등학교 학생들은 교과서의 내용도 이해하지 못하는 경우가 태반이라고 해요. 듣거나 읽은 문장에 한자어가 섞여 있으면 그 의미를 가깝게 유추하지도 못하고 엉뚱한 해석을 해 버리고요. 요상한 줄임말이나 신조어는 초등학교 저학년생도 모자라 유아기부터 일상적으로 쓰고 있는데 말이죠.

아동의 어휘력 발달에는 세 가지 열쇠가 있어요. 첫째, 영유아기에 어른의 풍부한 말을 얼마나 많이 들었는지, 둘째, 자라는 내내 책을 얼마나 잘 읽었는지, 셋째, 부모와 교사로부터 어휘 지도를 어떻게 받았는지가 중요합니다. 이미 지난 시간은 어쩔 수 없다고 쳐도 초등학생일 때 책동아리를 시작하면 둘째와 셋째 요소는 잡을 수가 있다는 점, 매력적이지요?

모든 단어를 알 필요는 없다

책동아리 모임을 통해 아이들의 어휘력을 탄탄하게 다져 줄 수 있습니다. 일단 책을 꾸준히 읽을 기회를 마련해 주는 것 자체가 중요한 시작입니다. 자라면서 책을 충분히 읽지 않으면 어휘력 발달의 성장 곡선은 허물어지고 말아요.

책에 나온 모든 단어를 알 필요는 없습니다. 아이가 이미 다 아는 단어만 나오는 책은 오히려 너무 쉬워서 읽기 동기를 자극하지 못해요. 그래서 영미권에서는 책마다 그 책의 어휘 수준을 중점적으로 고려하여 아동과 청소년 독자가 자신의 읽기 수준에 맞게 책을 선정할 수 있도록 돕는 '렉사일 지수(Lexile measure)'를 사용하기도 합니다.

책에서 아이가 모르는 단어가 나올 때마다 멈춰서 어른에게 의미를 물어 보게 하거나 사전을 찾을 필요도 없어요. 일단 맥락을 통해 단어의 의미를 추측하는 것이 독자에게 아주 유익한 행동입니다. 방해받지 않는 유창한 읽기를 위해서도 중요하고요. 아이들은 영아 때부터 이런 방식으로 수많은 언어 데이터를 처리하고 의미를 유추하다가 갈수록 한 단어에 정확한 의미를 부여하게 된답니다. 이렇게 뛰어난 인간의 언어 처리 능력이 계속 작동하려면 수준 높은 단어를 계속 접할 필요가 있고, 이를 위해선 독서가 최선이겠지요.

책동아리로 모일 때마다 두세 개 정도의 단어에는 집중을 할 수 있는 계기가 마련되면 좋아요. 그 책에서 핵심이 되는 단어도 좋고, 아이들이 자연스럽게 의미를 묻는 단어도 좋습니다. 한 명이 한 단어씩 알고 싶은 단어를 찾아보라고 해도 좋고요. 그리고 바로 사전적 의미를 찾아 알려 주기보다는 그 단어가 무슨 뜻일지, 어떤 때에 쓰이는 단어일지 생각해 보고 이야기 나누는 것을 추천합니다. 이를 통해 아이들에게 현재 형성된 의미가 대략적으로 어떠한지 파악할 수 있고, 아이들 간의 대화를 통해 점점 더 실제적 의미에 가까워질 수 있어요.

사전 활용법

그러고 나서 사전적 정의를 함께 찾아봅니다. 이때 진짜 종이 사전을 사용하면 사전이라는 도구에 친숙해지게 할 수 있으니 모일 때마다 한 권 갖다 두고 시작하면 좋아요. 3, 4학년쯤 되면 학교에서도 사전 찾기 연습을 시작하더군요. 가나다순, 모음 순서에 익숙해지는 것도 사고를 조직화하는 데 도움이 됩니다. 온라인 사전을 활용하는 것도 나쁘지 않아요. 태블릿 PC나 스마트폰으로 금방 찾을 수 있습니다.

이때 정의를 천천히 읽어 들려 주고, 그 의미를 풀어서 말씀해 주시면 됩니다. 무엇보다 주목해야 하는 것은 사전이 제시하는 예문이에요. 그 단어가 어떤 맥락에서, 어떤 단어들과 어울려 활용되는지를 알 수 있고, 기억에도 더 오래 남게 해 줍니다. 아이들과 함께 예문을 읽고, 예문처럼 해당 단어를 넣어 짧은 문장을 완성하도록 하면 더 좋습니다. 아이마다 두세 개씩 서로 다른 단어로 작업하게 한 후에 스마트폰으로 사진을 찍어 공유하면 금방 10개 내외의 새 단어 목록이 만들어지니, 이것도 책동아리의 힘입니다.

한자어와 친해지기

한자로 구성된 단어에 아이들이 너무 겁먹지 않게 해 주세요. 우리말 단어의 절반가량은 한자어라서 이에 대한 학습을 포기할 수는 없습니다. 학년이 올라갈수록 교과서를 비롯해 많은 텍스트에서 한자어의 비중이 높아지지요.

저는 아이가 유아일 때, 구독하는 일간지에 나오는 '포켓몬 한자 코너'를 스크랩했어요. 매일은 아니어도 신문을 볼 때마다 이 코너가 눈에 띄면 가위로 오려서 지퍼 달린 비닐 봉투에 모았습니다. 신문지가 워낙 얇다 보니 수백 장씩 들어가더군요. 아이가 좋아하는 포켓몬의 그림과 이름, 특성이 나오고 그 특성과 관련된 한자나 한자어가 소개되는 손바닥만 한 종잇조각이었어요. 예를 들면 '야도뇽'이라는 포켓몬이 꼬리의 불꽃으로 체액을 가열해서 독가스를 발생시킨다는 문장이 쓰여 있고, '더울 열(熱)' 자와 함께, 가열(加熱), 열심(熱心)이라는 한자어와 그 정의가 작은 글자로 쓰여 있었죠.

제가 바란 건 아이가 거기 소개된 한자를 외우거나 한자어의 정의까지 익히는 게 아니라, 한자어의 존재 정도를 인식했으면 하는 것이었어요. 들어 본 적이 있는 '가열', '열심'이라는 단어가 한자로 이루어졌나 보다, 熱 자가 뜨거운 것과 관련이 있나 보다…… 이런 생각을 스치듯 잠시라도 하고 지나가는 게 결코 무시할 일이 아니거든요. 좋아하는 캐릭터니까 카드 모으듯이 모으다가 어떤 날은 정의도 무심코 읽어 볼 테고요. 이처럼 어휘력은 눈에 안 보이게 아주 조금씩 쌓여 나간답니다. 잘 안 보인다고 무시하다가는 나중에 큰코다칠 수 있으니 꾸준히 신경 써야 해요.

책동아리 시간에도 한자어를 구성하는 글자를 짚어 주시면 좋아요. 어렵다 싶은 한자어가 나왔을 때, 그중 하나의 글자에 집중하여 뜻을 강조하고, 우리가 사용하는 어떤 단어에 이 글자가 들어갈지 돌아가며 말해 보게 하면 효과적입니다. 예를 들자면, '신체(身體)'라는 단어에 쓰인 몸 신(身), 몸 체(體) 자가 또 어떤 단어에 쓰일까를 생각해 보는 것이지요. 의미를 담은 글자인 한자는 한번 익히면 전파력이 커서 어휘력 성장을 가속할 수 있어요.

낯선 언어로 키우는 '상위언어능력'

아이가 모를 만한 단어를 아이 앞에서는 일부러 안 쓰는 부모님도 계시지요. 하지만 아이들은 맥락 속에서 새로운 단어를 접하며 의미를 유추하고, 반복적 경험을 통해 확고하게 자기 단어로 만들기 때문에 새롭고 어려운 단어도 많이 만나야 해요.

책동아리를 할 때 책의 주제나 내용과 관련된 단어를 풍부하게 많이 사용해 주세요. 그 단어가 무슨 뜻이냐고 아이가 물으면 더 잘된 거죠. 설명해 주고 같이 생각할 수 있는 기회가 저절로 만들어진 것이니까요.

이렇게 어휘력이 중요하지만, 책동아리에서 단어만 공부할 수는 없습니다. 한 번 모일 때 두어 개씩 강조하면 충분해요. 왜냐하면 이런 경험을 통해 아이들은 단어를 추상적으로 생각하는 연습을 하게 되고, 새로 만나는 단어는 찾아보면 좋겠다는 마음가짐을 갖게 되거든요.

언어를 사고의 대상으로 여기는 것을 '상위언어(meta-language)'라고 합니다. 아동기부터 상위언어 인식 또는 능력이 발달하면 전반적인 언어능력이 우수해지고, 국어, 문학, 한문, 외국어 등 관련 과목에서 성취도가 높아진답니다. 더 무서운 건 언어능력이 우수하면 전 과목의 학업성취도가 높아진다는 것이지요.

그래픽 오거나이저 활용하기

저학년용 활동지의 단골손님 그래픽 오거나이저(Graphic Organizer)를 소개합니다. 물론 때로는 고학년들에게 적용해도 효과 만점이에요. 특히 읽기 이해 측면에서 또래들을 얼른 따라잡아야 한다면요.

그래픽 오거나이저는 독서 교육에 활용되는 '이야기 구조 도식(圖式)'이라고 할 수 있어요. 아이들이 선, 화살표, 공간 배열, 순서도 등을 사용해 읽은 내용을 요약, 정리, 구조화함으로써 눈에 보이게 정리하는 것을 도와줍니다.

머릿속 생각을 구조화해 주는 그림 틀

어린 아동에게 "책에서 뭘 읽었어? 내용이 뭐야?"와 같이 포괄적으로 물어보면 대답하기 어려워해요. 분명히 읽었기 때문에 머릿속 어딘가에는 있는 생각을 끄집어내 줄 틀이 필요합니다. 그 틀이 바로 그래픽 오거나이저예요.

형태가 분명한 그림을 활용하면 생각을 간단히 단어, 문장으로 표현하게 도와줄 수 있어요. 사건을 순서대로 나열할 수 있는 기차 그림, 서론과 결론을 의미하는 빵 사이에 내용을 층층이 쌓을 수 있는 햄버거 그림, 원인과 결과를 좌우로 배열할 수 있는 화살표 그림, 비교와 대조를 위한 T 차트(T-chart)와 벤 다이어그램 등등 책의 주제나 인물에 맞는 색다른 아이디어를 얼마든지 뽑아낼 수 있어요.

그래픽 오거나이저는 책에 담긴 개념이나 정보들 간의 관계를 알 수 있게 하고, 내용을 이해하거나 기억하기 쉽게 만들어 줍니다. 내용의 비판이나 사전 지식과의 연결, 다음 내용의 예측에도 도움이 되고요.

스스로 정보를 정리하는 습관을 만든다

유아기를 지나 초등학생이 되면 읽기에서 해독보다는 독해가 중심이 되어야 하지요. 그래픽 오거나이저는 저학년 시기에 읽은 글의 이해를 도와줄 자료로 적합하니 꼭 활용해 보세요. 이런 독후 활동을 통해 아동 스스로 능동적인 독자, 학습자가 되어 정보를 정리하는 습관이 생길 거예요.

먼저 쉬운 그림책에 적용해서 시작해 보세요. A4 용지에 굵은 마커로 그림을 그리고 아이들 수에 맞게 복사해서 쓰시면 돼요. 뒤쪽의 독서 활동지도 꼭 살펴보고 활용해 보세요. 점차 창의적이고 다양한 아이디어를 떠올릴 수 있을 거예요.

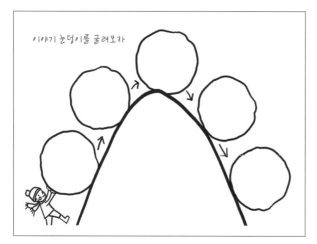
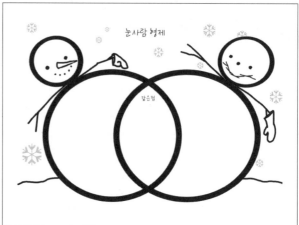
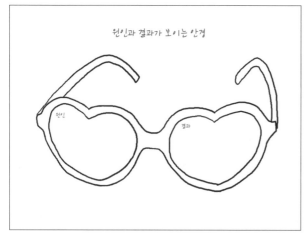
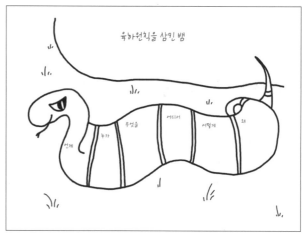

<그림 1> 이야기 구조 도식의 예*

---

* 출처: 최나야, 정수정(2013). 〈그림책과 이야기 구조도식을 활용한 학교도서관 프로그램의 효과: 초등학교 1학년 아동의 문해능력과 도서 대출 빈도의 변화 및 프로그램 만족도 분석〉. 《한국도서관·정보학회지》44(4), 177-207.

활동지 쓰기 지도하기

독서 교육에서 활용되는 활동지 작성 활동은 '읽기 반응(Reading Response)'의 일환으로, 말 그대로 읽은 책에 대해 뭔가 남기는 것을 말합니다. 쓰기 활동을 통해 질문에 대해 생각만 해 보고 끝내는 게 아니라, 다시 한번 생각을 가다듬어 글로 정리하면서 책 속에 담긴 깊은 뜻을 이해하게 돼요. 저학년 아동이 부담 없이 한 쪽 글을 남겨 볼 수 있게 도와주세요.

아이가 쓰기에 흥미와 자신감을 갖게 하는 법

활동지에는 아이들이 무언가를 쓰게 될 텐데, 쓰기 지도를 할 때 반드시 유의할 사항이 있어요. 아이들에게 정답을 강요하시면 안 됩니다. 책동아리 활동지는 다양한 쓰기 기회를 제공하여 아이가 쓰기에 흥미와 자신감을 갖게 하는 데 목적이 있기 때문이에요. 친구들마다 각자 다른 내용을, 다른 스타일로 쓴 결과물이 오히려 서로에게 좋은 자극이 될 수 있어요. 그러니 개인적으로 쓰고 끝내지 말고, 결과물을 친구들과 공유하는 시간을 꼭 가져 주세요. 몇 번 하다 보면 점차 부끄러워하지 않게 될 거예요. 그것만으로도 매우 바람직한 변화입니다. 옳든 그르든 자신의 생각을 타인 앞에서 당당하게 펼칠 수 있게 된 거니까요.

형식보다는 내용과 의미가 중요

또한 초등 저학년들은 쓰기에서 철자 오류를 많이 보입니다. 발음되는 대로 쓰거나, 어려운 한자어를 제대로 이해하지 못해 엉뚱한 음절을 쓰기도 하고, 띄어쓰기 실수는 항상 일어나지요. 틀리는 데 민감한 아이는 이런 실수가 두려워 자신 있게 쓰지 못하고 계속 물어보고 확인하기도 해요. "이 글자 맞아요? 여기서 띄어 써요?" 하면서요.

저학년 때 유독 철자 쓰기에 어려움을 겪는 아이들이 있는데 아직 쓰기 경험이 충분하지 않아서일 수도 있고, 그보다 먼저 읽기의 양 자체가 부족하기 때문일 수도 있어요. 또한 음운론적 인식의 발달이 좀 지연된 경우가 있을 수도 있는데 이런 아이는 아마 1, 2학년 때 교실에서 이루어지는 받아쓰기에서 어려움을 겪고 있을 가능성이 높아요. 단어나 문장의 암기만으로는 충분하지 않기 때문이지요. 말소리를 듣고 소릿값을 매겨 글자로 옮기거나 그 반대 방향의 조작에 능숙하지 않지요. 이러한 어려움을 보이는 경우라면 적극적인 중재가 필요하긴 해요. 각 글자의 소릿값을 이해하는 것부터 차근차근 밟을 필요가 있습니다(한글에서는 소리와 글자가 1:1 대응이라 그 관계 이해가 비교적 쉬워요).

이런 문제가 있는 경우가 아니라면 저학년 때는 쓰기 실수에 대해 좀 너그럽게 대처할 필요가 있습니다. 글자 단위로 틀린 것에 너무 집중하면 움츠러들어 생각을 자유롭게 글로 표현하지 못해요. 부모님 세대의 받아쓰기 시험에서처럼 잘못 쓴 글자에 빨간 색연필로 줄을 긋고 고쳐 써 주는 것은 '틀렸다'는 것을 지나치게 강조하는 메시지가 될 수 있습니다. 1학년이라면 잘못 썼어도 심지어 아무 반응 없이 넘어가도 괜찮으니 책동아리 활동지 쓰기에서 철자에 너무 집중하지는 마세요. 아이들이 먼저 궁금해 한다면 당연히 알려 주셔도 됩니다. 형식보다는 내용과 의미가 더 중요하다는 뜻이에요. 자신의 생각을 바라보고, 꺼내어 글로 표현한다는 것 자체가 발전이에요.

특히 너무 성급하게 쓰기부터 하지 않도록 꼭 여유를 주세요. 책동아리 활동지는 시험처럼 문제에 정답을 제출한다기보다 생각을 가다듬어 이야기로 나누고 마지막에 글로 나타내어 친구들과 공유하기 위한 것이랍니다. 그러니 글로 옮기기 전에 충분히 생각을 정리할 시간을 갖도록 해주세요.

초등학교 도서관 이용하기

도서관을 단 한 번 방문해 보는 것도 아이들의 문해력에 영향을 미친다는 연구 결과가 있어요. 학교도서관은 학교 안의 큰 교실이자 보기 드문 문화공간으로서, 학생들이 읽기를 좋아하고 즐길 수 있는 환경과 기회를 제공하고자 노력하고 있습니다. 다양한 종류의 책을 구비하고, 여러 가지 독서 프로그램을 운영하고, 읽기 목적에 맞는 공간과 친절한 사서 선생님을 갖추려고 해요.

요즘 학교도서관은 예전처럼 엄숙하거나 조용한 곳, 독서를 하거나 공부만 하는 공간이 아니에요. 학교도서관의 이모저모를 소개해 드릴게요.

다양하게 활용 가능한 공간

놀이터나 키즈 카페 대신 친구들과 만나 노는 장소로 학교도서관을 이용해 보세요. 편하게 앉아 있을 수 있게 소파와 매트를 깔아 놓은 바닥이 있고, 겨울이면 따뜻한 온돌이 있어 편히 쉬어 갈 수 있어요. 편한 자세로 앉거나 뒹굴면서 그림책을 보기도 하고 친구들과 소곤거리며 즐겁게 이야기를 나눌 수도 있지요. 단체 생활을 해야 하는 학교라는 공간에서 유일하게 편안하고 자유로운 곳입니다.

한편, 맞벌이 가정이 늘어나면서 아이들이 방과 후에 학원을 전전하는 경우가 많아요. 저학년을 위한 돌봄교실에 들어가지 못하거나 학원도 가지 않는 친구들은 방과 후 가정에서 보호받지 못하고 방치되는 경우가 많아요. 학교도서관에는 방과 후 운영되는 다양한 프로그램이 있어요. 특별한 프로그램이 없는 경우에도 학교도서관에서 책도 읽고 숙제도 하면서 안전하고 편안하게 오후 시간을 보낼 수 있죠. 책과 도서관과 놀이를 접목한 재미있는 도서관 프로그램을 만들기도 해요. 좀 더 잘 갖추어진 도서관이라면 메이커 스페이스가 조성되어 있어서, 보드게임, 다양한 쓰기·그리기 도구 등을 구비하고 있답니다. 사정에 따라 다르지만, 학교도서관은 보통 4시 30분까지는 운영을 합니다.

저학년 학생의 경우 부모님과 연락을 주고받고 만나야 할 일이 종종 있어요. 이럴 때 학교도서관을 부모와 자녀의 만남의 장소로 활용해 보는 것도 추천합니다.

정보 문해력을 키운다

학생들은 학교도서관에서 수업에 참여하기도 하고, 개별적으로 책을 찾으며 공부하거나 책을 빌려 가서 공부하기도 해요. 방과 후에는 도서관에서 숙제를 할 수도 있어요. 필요한 책을 찾고 컴퓨터로 정보 검색을 해서 문서 작성도 하고 출력해서 발표 자료까지 만들 수 있지요. 사서 선생님께 원하는 관련 자료를 미리 요청하면 제공받을 수도 있어요.

부모님도 자녀들이 도서관에 있는 자료를 최대한 잘 이용할 수 있도록 독려해 주세요. 정보 문해력(information literacy)도 쑥쑥 성장할 거예요.

요즘은 학생 자율 동아리나 학부모, 교사들의 독서동아리 모임을 지향하는 분위기랍니다. 학교도서관에 모여서 함께 책을 읽고, 웹사이트에서 책의 주제와 관련한 정보도 얻고, 영화도 보고, 토론이나 분석을 할 수 있어요. 책 읽고 질문 만들기, 생각 표현하기, 공감하고 협업하기 등 벗과 함께 하는 즐거운 경험은 아이를 평생 독자로 남게 할 거예요. 학교도서관은 독서동아리 모임 장소이자 동아리 모임에 필요한 자원을 지원해 줄 수 있는 공간입니다.

도서관만의 규칙을 배운다

학교도서관에서는 전교생을 대상으로 매학기 도서관 이용 교육과 정보 활용 교육을 합니다. 1학년 신입생의 첫 교육은 주로 학교도서관의 규칙과 예절, 도서관에서 쓰는 말, 도서 대출 반납 방법 등을 다루며, 주로 2학년부터 도서관 책의 분류 기준과 방법, 도서 검색 방법을 다룹니다. 아이들이 도서관 주인으로서 도서관에 있는 물건을 소중하게 다룰 줄 알고, 대출한 책은 제때 반납할 수 있도록 습관을 들여 주세요.

수업 시간에 도서관 이용 방법 등에 대해 배우고 나서 방과 후 엄마와 함께 책을 찾는 체험을 해 보면 어떨까요? 책의 분류 번호를 보면서 함께 서가를 뒤지며 책을 찾아보세요. 자신이 관심 있는 책이 어디에 꽂혀 있는지 알게 되고, 그 분야의 다양한 책을 만날 수 있어요. 함께 책을 찾는 사이, 도서관과 더욱 친해질 거예요.

학교도서관의 다양한 행사 참여

1학년 시기는 학교와 친해지는 것이 특히 중요합니다. 학교에 대한 두려움 때문에 정서적으로 불안할 때이기도 하지요. 도서관이라는 공간과의 만남으로 아이들은 학교생활에 더욱 적응을 잘할 수 있어요.

학교도서관에서는 대규모 독서 축제와 가족이 함께 참여할 수 있는 독서 캠프를 비롯해 책의 날 행사, 원화 전시회, 작가와의 만남, 책 사진전, 북 큐레이션, 도서 교환전 등과 같이 책과 관련된 여러 가지 행사가 월별 또는 시기별로 1년 내내 열려요. 영화 상영이나 지속적인 책 읽기 프로그램에도 쉽게 참여할 수 있어요. 아이가 이런 행사에 자주 참여하도록 독려해 주세요. 그러면 아이는 도서관을 좋아하게 되고, 책 읽기는 의미 있는 활동이라고 생각하게 될 거예요.

독서 관련 대회에 참가하는 것도 추천해요. 대회 참가를 준비하는 동안 아이는 부쩍 자라기 마련입니다. 독서 대회에 참가해서 상이나 칭찬을 받게 되면 자신감이 자라나요. 또 책 읽기에 더 큰 관심을 갖게 되고 책을 더욱 효율적으로 읽을 수 있게 되는 장점이 있어요. 무엇보다 친구들이나 주변의 의미 있는 사람에게 인정을 받게 된다는 점도 무시할 수 없습니다.

중요한 독서 대회를 놓치지 않으려면 도서관에 자주 드나들어야겠죠. 도서관에 가면 독서 대회를 알리는 홍보 자료가 때마다 붙어 있어요. 사서 선생님의 도움을 받아 대회의 일정이나 규모를 파악하고 아이의 특성 등을 고려해서 준비하면 좋은 결과를 얻을 수 있을 거예요.

하지만 가장 중요한 건 아이의 의지랍니다. 참가 전에 반드시 아이의 의사를 물어봐 주세요. 부모의 강요로 참여해서 결과까지 좋지 않으면 아이는 책 읽기에 대해 부정적인 감정을 형성할 수도 있어요. 아무리 어린아이라 하더라도 자신이 동의한 것과 그렇지 않은 것에 대해서는 태도가 다르기 마련입니다. 그리고 대회에 참가하는 과정을 즐기게 하는 것이 중요해요. 부모가 너무 결과에 집착하는 모습을 보이면 오히려 역효과가 날 수 있어요.

주 1회 규칙적인 방문

학교도서관은 최고의 체험 학습 장소이기도 합니다. 학교도서관에서 자기 또래의 아이들이 책을 읽는 모습을 보며 자극받을 수도 있고, 아무리 집에 책이 많아도 도서관만큼 많을 수는 없으니까요. 학교도서관에는 단행본, 잡지, 신문 등 인쇄 매체 읽기 자료 외에도 DVD, 전자책 등 멀티미디어 자료가 많아 흥미로운 교육을 할 수도 있어요. 도서관의 풍부한 읽기 환경은 더 많은 독서를 하게 하고, 즐거운 독서는 학생들의 읽기 성적에 긍정적인 영향을 미칩니다. 그러므로 학교도서관은 아이들의 읽기 동기를 길러 줄 수 있는 최적의 공간이라 할 수 있어요.

일주일에 하루 정도 요일을 정해 놓고 규칙적인 방문을 하는 것도 좋아요. 오전 시간에는 학급별 도서관 활용 수업이 있기 쉬워 방과 후 시간을 이용하면 좋습니다. 아이가 스스로 도서관에서 책을 빌려 오면 칭찬을 아끼지 말아 주세요. 부모님의 이런 관심과 정적 강화는 지속적인 책 읽기를 불러올 거예요.

희망 도서 신청으로 읽기 동기 강화

학교도서관에 새 책이 들어오면 인기가 많습니다. 사서 선생님들은 아이들에게 새 책을 빨리 접하게 해 주려고 새 책 맞이 이벤트를 하기도 합니다. 이때에는 평소에 책을 별로 좋아하지 않았던 아이들까지 서로 책을 보려고 도서관은 북새통입니다. 새 책은 아이들에게 읽기 흥미와 의욕을 불러일으키는 마중물인가 봅니다.

학교도서관에서는 해마다 책을 구입하기 전에 도서관 모든 이용자를 대상으로 희망 도서 신청을 받아요. 이왕이면 부모님과 아이가 읽을 책을 아이와 함께 신청해 보세요. 내가 필요로 하는 책이 새 책으로 들어와 누구보다 먼저 맞이할 수 있는 것도 기쁨이랍니다.

도서관 친구 사귀기

아이들은 다른 사람이 책 읽는 모습을 보면 더 많이 읽는답니다. 그래서 교사나 부모님 역시 즐겁게 독서하는 모습을 보여야 해요. 아이들은 특히 또래의 영향을 많이 받아요. 학교에서 도서관에 자주 다니는 아이라는 인식은 자존감 향상과 함께 또래 친구들에게 인정받는 중요한 지표 중 하나가 될 수 있어요.

아이가 즐겁게 지속적으로 책을 읽기를 바란다면 도서관 친구를 사귀게 하는 것이 좋아요. 학교도서관에서 자주 마주치게 되는 친구가 있다면 책 친구로 더할 나위 없지요. 서로에게 책을 추천하고 빌려 주거나 선물할 수도 있지요. 책을 매개로 자연스럽게 가까워질 수 있는 도서관 친구는 평생 좋은 친구로 남을 수 있어요.

학교도서관 사서와 친분 쌓기

"선생님, 뭐 재미있는 책 없어요?" 아이들에게서 가장 많이 듣는 질문 중의 하나예요. "뭐가 재미있을까? 같이 한번 찾아볼까?" 서가를 돌며 간단한 책 소개와 함께 한두 권의 책을 골라 주면 "우와! 선생님은 여기 있는 책을 다 읽으셨어요?"라고 묻지요. 사실 초등학교 도서관에 근무하는 사서 선생님들이 아이들 책을 읽을 시간은 그리 많지 않아요. 그런데도 책을 손에서 놓지 못하고 책의 서평이라도 틈틈이 읽는 까닭은 아이들과 대화하기 위해서예요. 책을 매개로 한 대화만큼 값진 것이 어디 있을까요?

방앗간을 찾는 참새처럼, 꿀단지를 모셔둔 꿀벌처럼 학교도서관에 매일 들르는 단골손님들이 있어요. 물론 대부분 책이 좋아서 방문하지만, 교실을 벗어나 편안한 분위기가 좋다는 등 도서관에 들르는 이유는 다양해요. 그중에는 사서 선생님이 좋아서 방문하는 아이들도 꽤 있지요. 아이가 도서관에 자주 다니길 바란다면 학교도서관 사서 선생님과 친분을 쌓게 하는 것 또한 좋은 방법이에요.

입학식이나 학부모 총회, 공개수업, 학부모 상담 등으로 학교를 방문하게 된다면 학교도서관도 들러 보세요. 사서 선생님과 인사도 나누고 자녀의 독서 상담도 해 보세요. 부모가 자녀에게 쏟는 관심만큼 사서 선생님도 아이에게 더 관심을 갖고 지켜볼 거예요. 학교도서관 사서 선생님은 가정 또는 교실 환경에서 볼 수 없는 아이의 재능을 발견해 낼 수도 있고 아이의 마음을 읽어 낼 수도 있어요.

학부모 대상 독서 연수나 봉사 활동 참여

학교도서관에서는 학부모 교육과 학교 교육 참여를 위해 다양한 연수 프로그램을 운영하기도 해요. 부모 독서 프로그램을 통해 자녀 독서 지도를 위한 역량을 개발하고 자기 계발도 할 수 있어요. 교육 활동(예: 책 읽어 주기, 전래놀이·보드게임 지도 등)이 적성에 맞는다면 학교도서관이 경력 개발에 디딤돌 역할을 하기도 해요. 자연스럽게 마음 맞는 학부모들의 모임이 생기기도 하고, 아이들 책동아리 구성의 구심점이 될 수도 있겠지요.

한편, 사서 선생님이 혼자서 다 해내기에는 학교도서관의 일은 아주 많습니다. 학교도서관은 첨단 시설과 풍부한 장서 등 물리적 환경도 중요하지만, 도서관 서비스와 정서적 지원을 해 줄 인적 자원도 중요해요. 학부모님들이 적극적으로 도서관 봉사 활동에 참여해 주실 때 학교도서관은 훨씬 더 활성화될 수 있답니다. 전문적인 지식이 없어도 도서관에서 다양한 경험들을 쌓아 나갈 수 있어요. 책 골라 주기, 책 읽어 주기, 도서관 이용 지도하기, 책 대출 반납, 책 보수, 도서 정리, 장서 점검 등 할 수 있는 영역은 다양합니다. 직장이 있더라도 약간의 시간만 낼 수 있다면 할 수 있는 일은 얼마든지 있어요. 학부모의 학교 봉사와 자녀의 학교생활 적응과 학업성취 간에는 상관관계가 있답니다.

'책 읽어 주는 엄마'

최나야 교수의 초등학교 도서관 봉사 후기

요즘은 초등학교 도서관이 정말 좋아졌더라고요. 어릴 때 저 같으면 집에 안 가고 거기서 살고 싶었을 것 같아요. 아이가 학교에 들어가면 먼저 학교도서관에 가 보세요. 보통은 걸어갈 수 있는 거리에 학교가 있으니 집에서 가장 가까운 도서관이 될 거예요. 어떤 책이 어느 서가에 있는지 미리 훑어보고, 하교하면서 아이랑 책도 빌려 오세요. 아이 책, 부모 책 함께 빌릴 수 있습니다.

급식 검수, 등·하교 교통지도, 학습 준비물 마련 등등 아이의 입학과 함께 어머니들이 열심히 참여하는 봉사활동이지요. 약간의 노력만 하면 되는 재능 기부로 딱 좋은 걸 추천합니다. 바로 '책 읽어 주는 엄마' 활동이에요. 학교도서관에서 아이 친구들도 만날 수 있고, 아이들이 좋아하는 책도 살펴볼 수 있어요. 아이들에게 좋은 책을 추천하겠다는 의지도 샘솟고 뿌듯함도 상당합니다. 저는 아이가 1~3학년 때, 2~3주에 한 번 간격으로 학교도서관에 가서 아이들에게 책을 읽어 주었어요. 다음번엔 어떤 책을 읽어 줄지 고르고, 주제나 작가별로 그 밖의 추천 도서들을 골라 A4 용지 한 장에 담았어요. 제가 읽어 준 책에 대해 아이들이 생각해 봤으면 하는 질문도 몇 개 넣고요. 반짝반짝 빛나게 컬러 출력해서 아이들에게 나눠 주면 왠지 배가 부른 느낌이 들었어요. 이 중에서 한 권이라도 아이들이 관심을 갖고 읽어 보길 바라면서요.

어떤 아이는 유아기에 어른의 책 읽어 주기를 별로 경험하지 못한 것이 티가 나기도 했어요. 어찌나 신기해하며 집중을 하던지……. 이렇게 공립학교에서는 아이들의 읽기 경험에 큰 차이가 있답니다. 이 활동을 통해 정말 의미 있는 일을 하고 있다고 느꼈어요.

잘 모르는 어휘에 대해 묻는 아이도 있고 듣다가 불쑥불쑥 자기 얘기를 꺼내는 아이, 제가 질문을 할 때마다 손을 높이 들고 대답하려는 아이, 집중하지 못하고 친구를 괴롭히는 아이…… 한 학급에도 이렇게 다양한 아이들이 있다는 것을 알게 되니 초등학교 선생님이 존경스러워지더군요. 내 아이만이 아닌, 많은 아이들을 만날 수 있다는 것도 큰 기쁨이었어요.

이런 활동을 하기 위해 엄마들끼리 조직(?)도 생기고 가끔은 회의도 했어요. 그러다가 '책 읽어 주는 엄마' 모임이 '책 읽는 엄마' 모임으로 변질되기도 했답니다. 책을 아이들한테 읽어만 주지 말고 우리도 좀 즐겨 보자는 생각에서 시작되었죠. 한 달에 한 번 학교 앞 카페에서 만나 차 한 잔 마시면서 지난달에 정해서 읽은 책에 대해 이야기를 나누었어요. 소설, 시집, 아동문학, 평론집……. 아이들 키우는 얘기에서 살짝 벗어나 엄마가 아닌 내가 되는 비밀 서클을 만든 것 같았어요. 책 읽는 엄마 모임도 꼭 한번 해 보시라고 권하고 싶어요.

왜 엄마표
책동아리인가?

문해력이 훗날 아이의 사회경제적 지위에 영향을 미친다는 연구 결과를 보고 서둘러 독서 논술 학원을 알아보셨나요? 독서 논술 학원을 보내기만 하면 정말 내 아이의 문해력이 쑥쑥 길러질까요? 문해력은 정말 사교육으로밖에 기를 수 없을까요? 다른 교육은 몰라도 독서 교육만큼은 엄마표로 해 보시라고 권하고 싶습니다. 사교육에 비해 훨씬 다양한 장점이 있거든요.

지속적이고 꾸준한 독서 지도를 위해서는 아이와 단둘이 하는 독서 활동보다는 친구들과 '약속'처럼 정하고 하는 책동아리가 더욱 효과적입니다. 잘 아시다시피 독서는 생각을 깊게 해 줍니다. 혼자 하는 독서도 좋지만, 주변의 친구들과 함께 읽고 이야기를 나누면 생각은 깊어질 뿐 아니라 넓어지기까지 합니다. 혼자 가면 빨리 가지만 함께 가면 멀리 갈 수 있다지요. 함께 문해력을 키워 나가는 건 어떨까요?

독서 사교육,
꼭
해야 할까?

과연 독서까지 사교육에 매달려야 할까요? 제가 아이 키우며 경향을 살펴보니 이 영역에서도 아이가 고학년이 되려 할 때부터 엄마들이 바빠지더군요. 독서 논술을 위해 학원에 보낸다, 팀을 짜서 전문가에게 맡긴다 하면서요. 저도 아이가 3, 4학년일 때 독서 논술 팀에 들어오라는 연락을 두세 번 받았습니다. 제가 직접 지도한다는 말씀을 드리며 거절해야 해서 죄송했지요.

학원에서는 초등학생에게 독서 논술을 어떻게 지도하나 조사를 해 보았어요. 학원에서 밝힌 도서 목록도 보고, 사용한다는 교재도 살펴보았습니다. 결론은, '내가 한번 해 보자!'라는 용기였답니다.

재미있는 책부터 읽는다

제가 보기에는 이른바 '필독 도서' 목록이 너무 어렵고 따분하게 느껴졌어요. 특히 저학년 시기는 독서에 재미를 느껴 읽기 동기를 탄탄하게 갖추어야 할 때로, 꼭 읽어야만 한다는 책들이 흥미롭지 않으면 오히려 동기를 떨어뜨릴 우려가 있거든요. 그래서 저는 저학년 때는 무조건 아이들이 좋아할 만한 재미있는 책을 같이 읽고 싶었습니다. 고학년 때 읽기 자료를 확대해 보기로 하고요.

아이를 주도적인 독자로 키우는 독서

사교육 시장에서는 책을 요약해 아이들에게 떠먹여 주는 전략을 쓰는 것 같았어요. 선행 학습처럼 일찌감치 많은 책들을 읽히고 떼는 것에 집중하면서요. 시간에 쫓기며 다이제스트로 책의 줄거리와 주제, 교훈 등을 훑어보는 게 과연 독서일까요? 시도 읽는 사람에 따라 다르게 읽히는 게 맞지, '이 시어는 무엇을 상징한다, 외워라' 하고 배우는 것이 얼마나 무의미한지 다들 아시죠?

저는 아이 자신이 책을 읽고 스스로 느끼고 정리하는 게 중요하다고 믿어요. 어른은 옆에서 필요한 도움만 주고요. 자녀에게 물고기를 잡아 주는 것보다 잡는 방법을 가르쳐 주는 게 부모가 해야 할 역할이고, 훨씬 효과적이니까요.

책마다 지닌, 책의 지문을 활용하자

독서 논술 교재에서는 독후 활동이 너무 천편일률적인 점이 눈에 띄었어요. 일단 무슨 책인지에 상관없이 활동지가 똑같이 생기고, 같은 질문이 계속 반복되더군요. 그렇게 되면 책 읽기가 지루하고 재미없어져요. 아이들이 '이 책 읽으면 또 느낀 점 말해야 해', '주인공한테 편지 쓰기 지겨워', '아무것도 안 하고 그냥 읽고만 끝내고 싶어' 이런 생각을 할 수 있어요.

'논술'이라는 표현도 사실 거리감이 좀 느껴지지 않나요? 저는 사립대학에서 가르칠 때 9년간 입시 논술 채점을 해 봤지만 어린아이들의 독서에까지 논술이라는 단어를 붙여 공부로 만드는 게 안타까워요. 초등학생들에게 대학 입시 준비를 시키는 것 같이 삭막한 느낌이 들어서요.

물론 우리나라 아이들에게 문해력 교육은 더 강화되어야 한다고 생각합니다. 학교에서 경험하는 읽기, 쓰기 교육만으로는 부족하거든요. 그래서 저는 문해력을 강화하는 독후 활동을 기획하고 싶었어요. 특히 책마다 다른 방식으로요. '책에서 지문 찾기'를 신조로 해 보자고 다짐했습니다. 독해 문제를 풀기 위한 '주어진 내용의 글'인 지문(地文)이 아니고 '사람마다 다른 손가락무늬'인 지문(指紋)이요. 저는 각각의 책은 고유한 힘을 갖고 있다고 믿어요. 내용이 다른 것은 당연하고, 아이들의 사고력과 문해력에 도움이 될 수 있는 포인트도 제각각이거든요. 독서지도에서 그런 점을 찾아낼 수 있다면 매번 다르고, 매번 재미있는 활동을 할 수 있겠다고 생각했어요.

독서 지도만은 엄마표로

아이들 공부 지도하기 힘들지요? 정보 구하랴, 학원 보내랴, 그룹 만들어 체험학습이나 과외 시키랴…… 각종 '엄마표' 학습이 유행인 요즘은 유아기 때부터 엄마들의 마음이 더 분주할 겁니다. 책임감까지 더해져서요. 하지만 내 아이를 직접 가르친다는 건 쉬운 일이 아니에요. 진도 짜고 교재 고르는 것도 어렵고, 아이가 이해를 못 하거나 하기 싫어하거나 속도를 못 따라오면 화도 나지요.

하지만 독서 지도는 좀 달라요. 엄마랑 아이랑 얼굴 붉히며 씨름하지 않아도 되거든요. 왜 그런가 생각해 봤더니, 책을 읽고 이야기 나누는 건 다른 학습과 좀 다른 것 같아요. 질문하고 대답하는 과정에서도 명확한 정답이 있는 게 아니기 때문에 마음 편하고요.

특히 내 아이만 지도하는 게 아니라 아이 친구들까지 같이 모이면 그냥 다 사랑스러워 보여요. '이 또래 아이들은 다 이렇구나'라는 생각을 자주 하게 되어서 편안한 육아 마인드로 돌아가기 좋지요. 아마 독서 지도 역시 내 아이만 앉혀 놓고 단둘이 하다 보면 엄마는 마음 급해져서 소리 높이고, 아이는 엄마랑 책을 놓고 얘기하는 게 어색하다고 도망가기 바쁠 거예요.

책동아리, 자신 있게 시작하자

그래서 독서 지도만은 엄마표로, 그리고 책동아리의 형태로 해 볼 것을 강력 추천합니다. 내 아이만 챙기는 게 아니라서 근사한 '재능 기부'가 될 수 있어요. 물론 여기서 '엄마'는 대명사로 쓴 거고 아빠가 해 줘도 최고이니 용기 있고 자녀 사랑하는 아버님들, 힘내 주시길 바랍니다.

저는 책동아리를 시작할 때도, 격주로 아이들을 만날 준비를 할 때도, 6년이 지나서도 계속 설레었어요. 학원이나 전문가에게 보내지 않아도 아이들과 함께 즐겁게 책을 읽으며 모두가 조금씩 발전하고 있다는 생각이 들 거예요. 인간은 누구나 그런 발전이 중요해요.

사교육이 반드시 성과를 보장하는 것은 아니지요. 오히려 아이의 진을 빼고 동기를 갉아먹을 수도 있습니다. 부모는 비싼 학원비를 지출하며 안심을 할지라도, 이에 시달린 아이의 눈에서는 이미 총기와 호기심이 사라진 경우를 정말 자주 목격합니다. 그러니 불안한 마음이나 팔랑귀는 버려 두고, 흔들리지 않는 엄마로 살아 보아요!

책동아리의 장점:
아이랑 대화하며 함께 크는 엄마

저 또한 바쁜 엄마로서 아이한테 해 주는 게 많지 않아 늘 아쉽고 반성도 하게 됩니다. 아이를 낳아 지금까지 키우면서 정말 잘한 게 뭐였나 돌아보면, 오래 기다리던 아이를 임신했을 때 인생 최고로 행복하게 지내며 태교에 신경 쓴 것과 함께, 바로 초등학교 6년 내내 책동아리를 이어 온 것이에요. 이 책을 정리하며 절실하게 느꼈습니다. 어떤 점이 좋았는지 말씀드릴게요.

최소한의 독서를 보장한다

아이는 부모의 축소판이 아닙니다. 하지만 우리는 자식이 나를 닮았을 거라고 착각을 많이 하지요. 제가 제일 이상했던 부분은 '얘는 왜 나처럼 책을 좋아하지 않을까?'였어요. 아이가 모든 면에서 아빠나 엄마를 꼭 닮는 것은 아니라고 한 담임선생님이 말씀하셨던 게 기억나네요(하지만 책 읽기 싫어하는 것은 아무래도 아빠를 닮은 것 같긴 해요).

제 아이는 영유아 때 그림책을 아주 좋아했답니다. 그림책을 연구하며 소장 도서도 꽤 많은 저는 열과 성을 다해 그림책 육아를 실천했지요. 아이는 초등학교에 들어가서도 책을 많이 읽는 편이긴 했어요. 하지만 학년이 올라갈수록 스스로 읽는 양이 초라해지기 시작했어요. 제가 워낙 잔소리하기를 싫어해서 "책 읽으렴"이라는 말을 잘 안 하지만 속으로는 참 아쉬운 부분입니다.

많은 아이들이 이와 비슷한 경향을 보이긴 해요. 읽기 동기의 발달 경향을 살펴보면, 초등학교 이후 학년이 올라갈수록 읽기 동기가 낮아집니다. 사교육 받느라 바쁘고, 여유 시간은 게임이나 동영상 시청이 우위를 차지하니 어쩔 수 없다고 포기하기에는 가슴 아픈 현실이지요.

그런데 책동아리를 하면 적어도 주(또는 격주) 1권의 좋은 책을 공들여서 읽게 됩니다. 엄마가 먼저 읽고 챙기는데 안 읽을 수는 없고, 그 내용으로 친구들과 독서 활동을 하니 다른 책보다 더 꼼꼼하게 읽게 돼요. 이렇게 읽은 목록을 무시할 수 없더라고요. 책동아리를 하지 않았으면 절대로 안 읽고 지나갔을 책이 꽤 됩니다. 고학년이 될수록 자산이 되는 시간이지요. 물론 책동아리에서 읽은 책은 그야말로 꼭 필요한 최소량입니다. 지도적 읽기(guided reading)를 위한 독서니까요. 아이들이 그 이상을 읽을 수 있게 계속 격려해 주세요. 아이 혼자서 읽는 책도 아주 중요합니다.

아이의 문해력과 사고력 발달이 보인다

이 책을 준비하면서 6년간 쌓인 활동지를 다시 들춰 보다가 여러 번 놀랐어요. 어쩌면 이렇게 컸지 싶을 만큼 아이의 문해력과 사고력의 발달이 여실히 보여서요. 아이가 했던 말, 글로 남긴 표현에 새록새록 과거의 순간들도 기억났고요. 아무래도 저의 기억이 잘 남아 있을 6학년부터 1학년의 순서로 거슬러 올라갔더니, 학년별로 보인 아이의 변화가 더 크게 느껴지더라고요. 책동아리를 하지 않았으면 아이 친구들을 가끔 마주치더라도 겉모습의 성장만 보였을 텐데, 이렇게 속속들이 내면의 성장을 들여다볼 수 있으니 얼마나 의미 있는 일인지요.

거기에 더해 독서 모임을 꾸준히 하면 아이들의 문해력과 사고력이 확실히 탄력 넘치는 성장을 보입니다. 읽기 동기가 줄어들기 쉬운 초등학생 시절에 수준을 점점 높여 가며 좋은 책들을 읽고, 학교 공부와 별도로 쓰기 경험을 갖게 되니 당연한 것이겠죠. 특히 이야기를 나누고 질문에 답하려면 깊이 있게 생각해야 하니 생각하는 힘도 자연스레 길러지고요.

문해력은 읽고 쓰기뿐 아니라 의사소통을 포함한 넓은 영역을 포괄합니다. 개인의 문해력 수준은 진로뿐 아니라 사회경제적 지위까지 좌우한다고 봐도 과언이 아닐 만큼 중요합니다. 사회와 국가적 수준에서도 문해력 발달은 핵심적인 교육 목표입니다. 집안의 기둥에 눈금을 그어가며 아이의 키가 커 가는 것을 지켜보듯이, 책동아리를 통해 아이의 독서 이력과 글쓰기에 나타나는 성장을 관찰해 보세요. 양육의 기쁨을 느낄 수 있을 거예요.

쳇바퀴 돌 듯 사교육에 길들기 시작하면 아이들의 눈빛이 흐려지고 기본적인 스트레스 수준이 높아지는 걸 관찰하게 돼요. '이 아이도 벌써 지쳤구나' 하는 생각이 듭니다. 질문을 해도 귀찮아만 하지요. "질문하지 말고, 빨리 그냥 답을 말해 주세요. 쇼처럼 문제 푸는 과정만 보여 주세요"라고 말하는 것 같아요.

하지만 스스로 생각하고 스스로 문제를 해결하는 것은 인간에게 절대적으로 중요한 능력입니다. 평생 끊임없이 발달하며 인생을 굳건하게 살기 위해서는 이름 있는 대학에 가는 것보다 사고력과 문제해결력을 갖추는 게 훨씬 가치 있어요. 이 모든 건 문해력에 달려 있습니다. 그러니 아이들이 좋은 책을 읽을 시간, 다양한 글을 써 볼 기회, 질문을 듣고 생각을 정리해 나만의 답을 말해 보는 경험을 충분히 제공해 주세요.

노력하는 모습과 성실성을 모델링할 수 있다

우리는 아이를 사랑한다는 이유로 "공부해라, 책 읽어라, 운동해라" 등의 잔소리를 하게 됩니다. 이런 말이 합당한 이유나 설명 없이 전달되면 그야말로 잔소리에 그치게 돼요. 하지만 부모의 행동 그 자체로 보여 주면 전달력이 크지요. 부모가 공부하고, 책 읽고, 운동하면 아이들은 따라 하게 되어 있어요.

엄마가 딸이나 아들을 위한 책을 읽고, 독서 활동 자료를 만들고, 친구들과의 모임을 위해 청소를 하고, 간식을 준비하고, 목소리가 흔들릴 만큼 열정적으로 모임을 리드하는 모습은 그 자체로 살아 있는 교육이 됩니다. 무엇보다도 노력과 열정의 의미를 전달하는 일이 될 거예요.

제 아이도 '엄마가 나를 위해 이 일을 해 준다는 생각'을 하긴 하는 것 같더라고요(비록 단 한 번도 고맙다거나 하는 말을 들은 적은 없지만요!). 독서량은 엄청나게 줄었지만, 모임에서 읽기로 한 책만은 진지하게 읽어 주고 친구들과의 모임에도 책임감을 갖고 임하는 모습에서 알 수 있었어요. 그런 부분도 책동아리가 아이랑 엄마를 연결해 주기에 가능하다고 느꼈어요.

또 저는 무엇이든 시작하면 꾸준하게 해야 한다는 것을 강조해요. 아이에게만 강요하고 말로만 그러면 안 되겠죠. 약속처럼 철저히 지키는 책동아리 모임을 통해 이런 태도를 보여 주고 키워 줄 수 있어요. 춘계, 추계 학술대회가 있는 날도 참여 가족들에게 미리 양해를 구해 모임을 좀 일찍 가진 뒤 학회장으로 출발하곤 했었지요.

가정의 분위기라는 게 있긴 있나 봐요. 부모의 가치관은 자녀에게 자연스럽게 스며든답니다. 저희 아이도 뭐든 시작하면 지치지 않고 꾸준히 해요. 피아노, 야구, 축구 모두 초등학교 입학 전부터 중학생인 지금까지 줄곧 하고 있거든요. 그러니 꾸준히 책동아리를 해 보세요.

읽고 준비하고 이끌며 엄마도 성장한다

6년간의 책동아리 자료들을 보며 또 하나 느낀 것이 있어요. 저 자신도 그 시간 동안 많이 컸다는 것이었죠. 아이들이 1학년 때는 그야말로 마음 하나로만 시작했다는 것이 보여 부끄러울 만큼……. 그래서 이번에 1~2학년 내용은 많이 보완해야 했답니다.

아동문학을 읽고, 질문거리와 활동지를 만들고, 아이들을 직접 만나 반응을 접하고……. 그러면서 다음번 모임에선 그 전보다 조금 더 나아지게 돼요. 아무래도 책임감이 생기니 이것저것 아이들의 독서에 관심을 갖게 됩니다. 어떤 신간이 나왔나, 도서관에서는 어떤 책을 추천하나, 요즘 아이들은 교과서에서 무엇을 배우나, 독서 논술 학원에서는 무엇으로 가르치나 등등요.

양육효능감(부모 노릇을 잘하고 있다는 신념이에요)도 긍정적인 영향을 받는 것 같아요. 모임이 잘 진행될 때는 대학 강의 이상으로 희열을 느끼고요. 무엇보다 내가 아이들과 이 일을 꾸준히 하고 있다는 사실이 주는 만족감과 기쁨이 상당히 크답니다. 시작을 하지 않으면 성장도 할 수 없으니 일단 시작하세요. 처음에는 잘 못해도 괜찮아요.

책을 매개로 아이와 대화할 수 있다

아동문학을 공부하고, 그림책 수집가인 저는 아들이 3학년일 때까지는 아이가 읽는 책은 저도 다 읽었어요. 집은 책으로 가득 차 도서관이나 다름없었지요. 한 권 한 권 정성스럽게 골라 둔 단행본들이 작가별로, 장르별로 정리되어 있었답니다. 왠지 아이가 읽는 책을 엄마가 모른다는 것이 용납이 안 되고 아쉬웠던 것 같아요.

아이가 고학년이 되면서 제가 모르는 책도 읽고, 특정 책에 대한 선호도 생기다 보니 자연스럽게 독서 분리가 일어나더군요. 책뿐 아니라 생활 습관이나 행동에서도 점점 개성을 찾아가며 성장하는 게 당연하지요. 이제 엄마보다는 친구를 찾고, 혼자만의 시간을 원하고⋯⋯. 특히 남아는 성별이 다른 엄마가 이해하기 어려운 특징이 많잖아요.

첫 아이의 사춘기가 찾아올 때, 부모는 당황하기 쉽습니다. 어떻게 나한테 이러나 싶어 배신감도 들고, 이제 어떻게 키우나 하는 불안감에도 휩싸이지요. 잔소리도 잘 안 먹히고, 도대체 무슨 생각을 하며 지내는 건지 알 수 없고요. 그런데 책동아리를 함께 하면서 이런 과정이 부드럽게 흘러간다고 느꼈어요. 부모-자녀 관계에 책이 다리를 놓아 주는 느낌이랄까요. 일단 적어도 한 달에 2~4권의 책을 둘이 함께 읽는 거잖아요. 그 공통 분모를 무시할 수 없습니다. 하나의 이야기, 한 작가, 책에 대해 나눈 이야기와 남긴 글을 공유하며 서로 간에 교집합이 생겨요. 아이가 커 갈수록 함께 할 일이 점점 줄어드는데 이야기할 거리가 생긴다는 건 참 기쁜 일입니다.

'요즘 아이들'에 대한 감을 유지할 수 있다

아이들은 어찌나 빨리 크는지요. 아이의 어린 시절 사진을 보며 시간을 붙잡고 싶은 마음이 들 때가 참 많습니다. 책동아리를 통해 아이의 친구들을 계속 만날 수 있다는 것도 장점이에요. 학교 일은 집에 와서 절대로 얘기 안 하는 아이인데 친구들을 통해 이런저런 학교 얘기도 듣고, 아이들의 신조어나 최신 유행 패션도 알게 되고, 눈부신 속도로 매일 달라지는 아이들의 관심사도 눈치 챌 수 있으니 아이 키우며 참 좋은 방법이다 싶어요.

지속적으로 교류하며 정을 쌓을 수 있는 친구가 생긴다

책동아리를 통해 만난 가족들은 보물 같아요. 서로 같은 마음으로 같은 곳을 바라보는 친구가 생긴 것 같지요. 아이들은 아이들대로 수년간 정기적으로 보면서 안정적인 친구를 갖게 돼요. 요즘은 아이들이 집에 모여서 놀 일이 적고 학원이 아니면 만날 일도 없는데 책동아리를 통해 모이게 해 주는 건 선물이 될 수 있어요.

엄마들도 친구가 생기는 건 마찬가지랍니다. 엄마가 되고 아이가 어린이집, 유치원, 학교에 가면서 아이 친구 엄마가 내 친구가 되지요. 하지만 주로 그 해에만 가깝게 지내다 시간이 조금 지나면 흐지부지되기 쉬운 관계입니다. 그런데 책동아리를 꾸준히 하면 아이 친구 엄마를 넘어 정말 내 친구 같다는 느낌이 들기 시작해요. 경조사를 함께 하고, 안부를 묻고, 서로의 편안함과 행복을 빌어 주는⋯⋯. 지역 사회는 부동산, 자녀의 학교, 상점으로만 의미가 있는 게 아니지요. 사람, 즉, 이웃이 먼저입니다.

6년간 책동아리를 할 수 있었던 비결

제가 아이들과 해 온 책동아리 얘기를 들은 지인들은 "좋은 아이디어인데?"와 함께 "어떻게 그렇게 오랫동안 할 수가 있어?"라는 반응을 많이 보입니다. 저도 아이도 성격상 꾸준한 편이긴 하지만, 격려를 위한 감탄이라기보다는 비결을 묻는 질문으로 들렸어요. 어떻게 하면 지치지 않고 꾸준하게 책동아리를 할 수 있을까요?

책동아리 회원이 곧 원동력

곰곰이 생각해 보니 저와 아이의 꾸준한 성격보다는 다른 곳에 비결이 있는 것 같더라고요. 바로 '회원들'입니다. 회원이라고 하니 거창하게 들리지만, 책동아리를 구성하는 아이들을 말하는 거예요. 이 아이들이 없었다면 결코 오래는 하지 못했을 것이라는 생각이 들었어요. 내 아이만 챙기는 방식이었다면 몇 번, 길어야 한 학기, 1년 정도 아니었을까요?

'아이의 친구들이 온다!'는 생각은 꽤 대단한 자극이 됩니다. 늘어지고 싶은 주말 오후에 함께 읽을 책을 붙들게 되고, 읽고 생각해 낸 활동 아이디어가 사라질까 서둘러 활동지를 만들게 되니까요.

독서 지도가 아무리 '공부를 가르치는' 방식이 아니라고 해도 부모가 직접 지도할 때 자녀는 반발심을 갖기 쉽습니다. 책을 사이에 두고 하는 문해 활동이고, 언어적 상호작용도 일상 대화와는 차이가 있으니까요. 저도 제 아이 한 명만을 대상으로 책에 대한 이런저런 질문을 하고, 첨삭해 줄 테니 글을 써 보라고 하는 건 상상이 잘 안 되네요.

반대로, 친구들과 함께 하는 모임에서 뭔가 다른 아이의 눈빛과 태도를 보면 엄마로서 얼마나 힘이 나는지요. 우리 집에 친구들이 왔고, 우리 엄마가 이런 준비를 했다는 사실에 조금은 의기양양해지고, 열심히 참여해야 한다는 책임감도 느끼는 것 같았어요.

그런데 그런 눈빛이 여러 개입니다. '우리는 모였다'가 느껴지거든요. 그건 바로 '멤버십'이라고 생각해요. 학원과는 많이 다른 분위기지만, 그냥 놀기 위해 모인 것과는 확연히 다르지요. 일단 같은 책을 읽고 모였거든요. '나는 회원이다, 지금 뭔가 의미 있는 일을 하고 있다'라는 마음이 모인 책동아리, 어른에게도 책임감과 기쁨이 되어 시작한 이상, 지속하게 만드는 원동력이 됩니다.

부담 없고 여유 있는 일정

그리고 비결이 또 하나 있어요. 제가 바쁜 편이고, 매주 모이면 아이들도 부담스러울 수 있다는 핑계로 격주로 모였습니다. 책 읽는 부담이 적은 저학년 때는 매주 해도 괜찮을 것 같아요. 고학년부터는 격주가 이상적이라고 생각하지만요. 이렇게 여유 있는 주기로 모이니 서로가 부담감이 덜 하고, 아이들 만날 날이 많이 기다려집니다.

일하시면서 바쁜 부모님이라면 처음에 너무 빡빡하지 않게 일정을 짜 보세요. 여러 어머니가 돌아가며 진행한다면 부담은 더 줄어들겠지요.

책동아리가 한두 번의 쇼가 되지 않으려면 많은 사람들이 합심해야 해요. 부디 많은 분들이 꾸준하게 책동아리 모임을 지속하게 되길 바랍니다.

엄마표 책동아리,
무엇을 어떻게 할까?

아이의 문해력을 위해 엄마표 책동아리를 한번 시작해 보고 싶어지셨나요? 제가 했던 방식을 공유해 드릴게요.

적정 인원수를 비롯한 멤버 구성부터 함께 읽을 책 목록을 작성하고 활동에 사용할 활동지 만드는 법과 실제 활동에서 엄마의 역할까지 세세하게 알려드려요. 차근차근 따라만 해도 한 학기가, 1년이 쓱 지나가 있을 거예요. 그리고 아이들의 문해력도 쑥 쑥 자라나 있을 겁니다.

책동아리 꾸리기:
누구랑 할까?

책동아리는 구성원이 정말 중요해요. 일단 아이와 잘 맞는 친구들이 모여야 하고, 엄마들끼리도 잘 통해야 하지요. 어떤 친구랑 함께 책동아리를 꾸리면 좋을까요? 성비는? 인원수는? 초기 구성에 대해 궁금한 점을 알려드릴게요.

적합한 책동아리 멤버 구성

아이 친구 중에서 이런 친구들을 눈여겨 살펴보세요. 서로 즐겁게 놀 수 있고, 둥글둥글하게 잘 어울리는 아이들이요. 책 읽기가 아무래도 정적인 활동이다 보니, 만나면 늘 격하게 노는 친구랑은 좀 안 맞을 수 있어요.

성비도 중요한데 저는 동성끼리 모이기보다는 반반 섞는 걸 추천해요. 여아 둘, 남아 둘 이런 식으로요. 일단 남자아이들끼리 진지한 의견 나누는 모습은 상상이 잘 안 가잖아요. 성별에 따라 독서와 문해력의 성향이 많이 다르기 때문에 그런 차이를 어릴 때부터 서로 경험하고 존중하며 장점을 관찰해서 나눌 필요가 있습니다.

인원도 지나치게 많으면 고르게 지도해 주기 어려울 수 있어요. 어른이 동시에 여러 명의 아이들을 케어하는 데에도 한계가 있으니까요. 저는 네 명 정도가 적정한 것 같습니다. 토론을 할 때도 있다 보니 홀수보다는 짝수가 좋다고 생각해요.

가족들의 합심이 중요

그다음엔 아이 친구 엄마들한테 취지를 설명해서 의기투합을 해야 합니다. 한 집에서만 모인다고 해도 리더 엄마 혼자 해나가는 게 아니니까요. 일단 시작하면 꾸준함이 참 중요하다 보니 모든 엄마들의 진심과 노력도 계속 필요하답니다. 가족마다 돌아가며 바쁜 일이 생기기도 하고, 학원도 아닌 독서 모임이라 소홀해지기도 쉽다 보니 모두가 책동아리 자체를 중요하게 여겨야 오래갈 수 있거든요. 제가 아이들과 6년 동안 책으로 만날 수 있었던 것도 모든 가족의 합심 덕분이었어요. 그러니 여러분도 궁합이 잘 맞는 아이들, 엄마들을 꼭 만나게 되길 바랍니다.

엄마(또는 아빠) 한 사람이 여러 아이들의 독서 지도를 떠맡는 게 부담스러울 수 있어요. 복수의, 또는 모든 어머니가 돌아가면서 지도하는 것도 좋다고 봅니다. 방식을 통일할 필요도 없고요. 그러니 부담 갖지 마시고 일단 시작해 보세요!

이렇게 모여 꾸준히 책 모임을 갖다 보면 일종의 '케미'가 생겨납니다. 저는 아이들이 중학생이 된 지금도 격주로 만나며 책동아리를 계속 하고 있어요. 서로 말을 안 해도(사춘기 이후 아이들의 말수가 줄었습니다) 속을 다 아는 친구랄까요? 이제는 이런 모임 어디 가서 못 구한다고 생각해요. 여러분도 꼭 만나게 될 거예요.

책 고르기:
어떤 책을 읽자고 할까?

책동아리에서 읽을 책은 어떤 게 좋을까요? 아이에게 어떤 책을 읽히면 좋을지 고민하는 분들이 정말 많아요. 앞에서도 여러 번 말한 것처럼 '필독 도서'나 '권장 도서'에 얽매여 책 목록을 구성하지 마세요. 아이들의 읽기 동기를 꺾지 않고 모두가 지치지 않고 지속적으로 해 나가려면 무엇보다 재미있는 책이어야 합니다.

제가 어떠한 방법으로 책 목록을 구성했는지 힌트를 드릴게요.

최소 한 학기 단위로 목록을 정한다

적어도 학기 단위로 책 목록을 미리 정해 두는 것이 좋아요. 책을 구매하든 도서관에서 빌리든 몇 주 후에 읽을 책은 준비되어 있어야 하니까요. 책 제목, 글·그림 작가·옮긴이, 출판사, 출판연도 등의 서지 사항과 책 표지(인터넷 서점에서 캡처해서 작은 사이즈로)를 표에 담아 목록을 만드세요.

모일 날짜를 각 가족들과 논의해서 정한 뒤, 날짜별로 책을 배정해 둡니다. 한 학기라 하더라도 아이들의 발달은 무시 못 해요. 그러니 텍스트의 양과 주제의 깊이 등을 고려해 난이도를 따져 쉽고 부담 없는 것부터 수준 높은 것까지 순차적으로 배열하는 것이 좋아요.

또는 계절이나 특별한 날을 고려해서 책을 배정하는 것도 좋은 방법이에요. 봄에 어울리는 책, 가을에 딱인 책이 따로 있으니까요. 예를 들어, 소년들이 사막에서 종일 삽질을 하는 내용이 담긴《구덩이》는 읽기만 해도 목말라지는 책이에요. 그래서 저는 여름방학을 앞둔 학기 마지막 날에 배정했지요.

각 가정이나 아동이 함께 선정한다

도서 목록을 작성할 때는 마치 영양사가 영양소의 균형을 고려해 식단을 짜듯이, 책의 장르나 주제, 국내 창작서와 번역서 등을 골고루 고를 필요가 있어요. 엄마 한 명의 식성대로 한쪽에 치우친 책을 고르면 그 영향은 여러 아이들에게 강력하게 미치게 되겠죠. 어린이는 독서 측면에서도 하얀 도화지 같아서, 아직 어떤 책을 좋아하는지 알기 어렵고 취향을 단정할 수 없어요. 다양한 책을 읽어 봄으로써 읽기 경험이 쌓이고 책에 대한 취향도 생겨납니다. 다양한 책을 만날 기회를 주는 건 어른들의 몫이에요.

읽을 책 목록은 리더 엄마가 혼자 정해도 되지만, 각 가정에서 원하는 책들을 모아서 정해도 좋아요. 그리고 매 학기 적어도 한 권씩은 참여하는 아동이 스스로 골라 보는 것도 추천합니다. 서점이나 도서관에 직접 가서 친구들과 함께 읽고 싶은 책을 고르는 거지요. 이렇게 자신이 추천한 책을 함께 읽을 때는 활동에 주인의식도 생기고 더 몰입해서 참여하게 될 거예요.

온라인 서점, 블로그, 도서관 등의 각종 정보를 활용하자

아이들이 읽을 책을 고를 때는 여러 출처의 정보를 활용할 수 있어요. 일단 다니는 학교에서 제공하는 추천 도서 목록을 참고할 수 있지만, 그건 굳이 책동아리에서 다룰 필요는 없어 보입니다. 이미 아이들 모두에게 주어진 목록이니 각자 흥미에 따라 스스로 선택해서 읽을 기회를 만드는 것이 더 좋지요.

권장 도서의 함정이 뭔지 아시죠? 읽으라고 하니 읽기 싫어지는 면이 있고, 숙제같이 느껴지기도 하니까요. 사실 아이들 눈높이에서 선택되지 않은 책은 읽기 동기를 떨어뜨리는 경우가 많아요.

도서관이나 도서협회, 그 밖의 공신력 있는 기관에서 제공하는 추천 도서 목록도 참고할 수 있습니다. 아이들 눈높이에 맞는 양질의 책을 출판하는 회사들의 모임(예: 한국어린이출판협의회)에서 추천하는 단행본들도 안심하고 찾아보세요.

온라인 서점도 좋은 정보원이 됩니다. 여기에서는 학년별로 적절한 책을 추려 볼 수 있다는 것이 장점이에요. 물론 스테디셀러, 베스트셀러 순위도 무시 못 하죠. 다른 아이들은 어떤 책을 읽고 있나, 어떤 책이 오랫동안 사랑받고 있나에 대한 정보에는 관심을 기울일 수밖에 없어요. 어린이책은 미리 보기 기능을 통해서 어느 정도 책의 질에 대한 감을 잡을 수 있어요. 소비자들의 짧은 서평도 둘러 보세요. 부모님들뿐 아니라, 아이들의 소감도 볼 수 있어서 생생한 목소리를 접할 수 있지요.

블로그, 카페, 개별 출판사나 작가의 홈페이지에서도 좋은 책에 대한 정보를 얻을 수 있어요. 온라인 서점보다 더 길고 전문적인 서평도 많답니다. 책을 고르는 엄마가 전부 읽어 본 책이 아니기 때문에 이런 정보는 많이 얻을수록 결정에 도움이 될 거예요.

신간 소식은 신문, 잡지, 뉴스레터 등을 통해 접할 수 있어요. 짤막한 소식을 보고 특별히 눈길이 가는 주제, 작가, 내용의 책이라면 바로 검색을 해서 더 알아본 후에 책동아리에서 읽을지 여부를 결정해 보세요.

예전처럼 오프라인 서점에 자주 방문하지 않는 세태가 안타깝습니다. 책이 가득한 공간에서 오감을 만족시키며 읽고 싶은 책을 고르는 경험은 단순하지 않아요. 직접 손으로 책장을 넘겨 보며 고르는 맛은 스크린 속의 미리 보기와는 차원이 다르지요. 그러니 서점 나들이를 자주 해 보세요. 아이와 함께 가는 것이 최선이지요. 물론 도서관도 비슷한 기능을 해요. 대출이 무료라서 더 좋기도 하고요.

하나 더, 혹시 부모님이 어릴 때 읽었던 책 중에 잊지 못할 책이 있나요? 그런 책이 지금도 서점이나 도서관에 여전히 남아 있다면 아마도 고전 또는 그에 준하는 책이겠지요. 이렇게 세대를 넘어 이어질 수 있는 책도 책동아리용 도서로 아주 좋아요. 그러니까 어릴 적 기억을 되살려 보세요.

저학년 및 고학년용 도서 선정 포인트

초등학교 저학년생과 고학년생들을 위한 책동아리용 도서 선정의 포인트는 조금 다를 수 있어요. 제 생각에는 저학년 때는 일단 재미있는 이야기책이 우선시됩니다. 그림책 수준을 벗어나 글 텍스트의 양이 많아지는 무렵에 읽는 재미를 느껴야 독서와 친한 아이가 되거든요. 특히 요즘에는 TV뿐 아니라 유튜브 동영상이나 각종 게임과 경쟁해야 하는 책의 운명이 다소 암담해요. 아이들의 눈높이에서 비교해 보면 이런 경쟁 상대에 비해 책이 주는 자극이 훨씬 잔잔한 건 사실이라서 여유 시간이 생겼을 때 아이가 책을 먼저 펼치기를 기대하는 것이 점점 어려워지고 있어요. 그렇기 때문에 저학년 때 책 읽기의 재미를 확실하게 느껴야 독서라는 세계의 문턱을 넘을 수가 있답니다. 물론 저학년 때도 정보책을 다양하게 보는 것은 좋아요. 다만 책동아리에서 함께 읽고 나눌 책으로 제가 이야기책을 우선시한 것뿐이에요.

고학년이라면 읽기 경험도 쌓였을 테고, 다른 교과와의 연결도 생각하지 않을 수 없지요. 게다가 '논술' 학원에 다니는 친구들도 많다 보니, 사고력과 쓰기 능력을 키우는 활동도 반드시 필요하고요. 그래서 비문학이라고 불리는 논픽션 책들도 반반 섞어서 선정했습니다(사실 '비문학'이라는 표현에는 어폐가 있어요. 논픽션도 문학의 범주에 들어가거든요). 격주로 진행하면서 한 번은 문학, 한 번은 비문학 이렇게요. 역사, 인물, 사회, 문화, 과학, 예술, 환경, 철학 등등 다양한 내용이 골고루 포함되게 신경을 썼어요. 하지만 고학년용 도서 역시 '아이들이 재미있어 할까?'의 기준을 중요시해서 골라야 합니다. 마치 '쇼는 계속 되어야 한다'처럼 '책동아리는 재미있어야 한다'를 전제로 삼아 주세요.

엄마가 먼저 읽기:
이 책의 포인트는 뭘까?

책동아리를 진행하기 위해서는 우선 엄마가 먼저 책을 읽어야 합니다(이 책에서 아무리 활동지를 다 만들어 드렸어도 책은 꼭 읽으셔야 해요!). 학기 초에 책들을 고르기 위해 훑어보며 읽을 수도 있고, 어떤 이유로든 이미 읽어 본 책도 있을 수 있어요. 하지만 보통은 모임 1~2주일 전에 제대로 정독하는 게 일반적이에요.

저는 격주로 주말에 모임을 열었기 때문에 한 주는 책을 읽고, 한 주는 활동 자료를 준비하며 보냈어요. 매주 모인다면 엄마가 좀 더 부지런해야겠지요. 어린이책이기 때문에 한 권을 읽는 데는 1~3시간 정도면 돼요(1학년 때 그림책이라면 10분!). 다만 바쁜 일과 중에 책을 틈틈이 펼쳐야 할 때도 있고, 활동 계획을 위해 생각할 시간도 필요하니 여유롭게 준비하는 게 좋겠지요.

즐겁게 책을 읽는다

일단 엄마가 책을 즐겁게 읽는 게 아주 중요해요. 일, 의무, 숙제로 생각하지 마시고 어린 시절로의 회귀, 일상 탈출, 스트레스 해소, 아이들을 위한 봉사라고 생각하면 힘들지 않을 거예요.

특히 엄마가 책 읽는 모습을 아이가 보는 것은 말로 설명할 수 없는 긍정적 효과가 있답니다. 책 좀 읽으라는 잔소리보다 부모가 독서하는 모습을 보여 주는 모델링이 더 효과적인 데다, 아이가 보기에 자신을 위해 어린이책을 읽는 부모의 모습이 얼마나 신선하고 강력하게 각인되겠어요. 저는 아이가 어릴 때 일부러 아이 보는 앞에서 어린이책을 읽으면서 혼자 낄낄대기도 하고, "이 책 진짜 재밌다!" 하고 말을 건네기도 했어요. '도대체 어떤 책이길래 엄마가 그럴까?' 하는 마음이 들도록 '낚은' 거지요. 꽤나 효과적인 방법이랍니다.

어른의 시선에서 아이의 입장을 고려하여 읽는다

어른의 눈으로 읽지만 아이의 마음으로 읽는 것도 필요합니다. 시간을 아끼기 위해 속독으로 훑어보며 줄거리만 파악한다든지, 어린이책이라 단순하고 문체도 유치하다고 생각하는 것은 좋지 않은 마음가짐입니다. 아이들이 그 책을 읽을 때 어떨지를 생각하면서 읽어야 해요. 어떤 호흡으로 읽게 될지, 무엇을 궁금해할지, 어떤 부분을 이해하기 어려워할지……. 즉, 아동용 책의 '이중독자구조'를 의식하고, 어른의 눈과 아이의 눈을 동시에 가동해야 한다는 뜻입니다.

읽으면서 표시를 하거나 메모를 남길 필요가 있어요. 금방 읽으니 다 기억 날 것 같아도, 뒤표지까지 덮고 나면 그렇지 않답니다. 생각은 풍선처럼 날아가 버리니까요. 읽으면서 뭔가 쿵 하고 느껴지는 것이나 활동을 위한 아이디어가 떠오를 때마다 기록을 하면 며칠 후에 활동 자료를 만들 때 큰 도움이 되더라고요. 접착식 메모지 아시죠? 이걸 책 뒤표지에 붙여 놓고 읽다가 기록할 일이 생기면 바로 적어 두면 좋아요. 쪽수를 먼저 적고, 알아볼 수 있게 질문이나 활동 내용을 간략히 적어 두면 됩니다.

책의 지문을 찾는다

제가 앞에서 책마다 지문(指紋)이 있어서 개성이 전부 다르다고 말씀드렸죠? 읽고 있는 책에서 어떤 점이 가장 돋보이는지를 찾아보세요. 책동아리 모임에서 그 책 한 권을 샅샅이 분석할 수는 없어요. 시간도 부족하지만, 그렇게 하면 모두가 지쳐요. 매번 비슷한 방식, 같은 이야기가 반복될 가능성이 높으니까요.

꼭 짚어야 하는 내용상의 흐름이나 아이들의 이해, 글쓰기에 도움이 될 질문들 몇 개씩은 포함할 수 있겠지만, 각 책에서 가장 중요한 포인트 한 가지에 집중하는 게 좋은 방법이라고 생각합니다.

활동지 만들기:
어떤 질문을 할까?

활동지는 독서 활동의 흔적이 되어 쌓이기 때문에 스크랩해 두고 다시 볼 수도 있어 좋아요. 저는 이번에 이 책을 준비하면서 6년 동안 쌓인 아이의 독서 활동지들을 꼼꼼히 보았는데 수도 없이 뭉클했습니다. 추억 가득한 사진첩을 보는 것 이상이었어요. 아이의 기발한 생각, 삐뚤빼뚤하고 큼직한 글씨, 한 학기 또는 일 년이 지나가면서 눈에 보이는 발전……. 틀리게 쓴 글자마저 소중하고 사랑스럽게 느껴졌습니다.

활동지를 만드는 일이 책 읽기보다 어려운 건 사실이지만, 보람 있는 창조의 시간이기도 해요. 아이에게 먹이고 싶은 영양가 높은 음식처럼, 독서 활동 자료도 각종 재료로 만들어 낼 수 있는 창작물이랍니다. 이제부터 솜씨 좋은 독서 요리사가 되어 보세요!

참고 자료를 활용한다

엄마가 먼저 책을 즐겁고 재미있게 읽었어도 '이번엔 모여서 뭘 하지?' 하고 생각해 보면 막막한 마음이 들 거예요. 그럴 때 일단 참고 자료들을 활용할 수 있어요. 어떤 자료가 있는지 찾는 데는 인터넷이 최고지요. 책 제목으로 검색을 해 보면 예상보다 많은 자료를 찾을 수 있어요. 제가 특히 좋아한 자료는 작가의 홈페이지나 인터뷰 기사예요. 그 책의 집필에 어떤 배경, 어떤 의도가 있었는지 알 수 있어서 좋고, 아이들이 추가로 읽을 텍스트가 되기도 하거든요.

독자 개인의 블로그나 인터넷 서점에서 서평도 찾을 수 있어요. 다른 사람들은 어떻게 읽었는지 살펴보는 것도 도움이 됩니다. 단, 내 생각이 어떤지 정리도 안 되었는데 남의 생각부터 읽다가는 그대로 흡수되어 버리는 수가 있어요. '아, 저게 정답이구나' 하고요. 하지만, 책을 읽은 소감에 정답이 어디 있겠어요. 그러니 다른 사람의 생각은 존중하되 복사할 필요까지는 없습니다.

추가 읽기 자료를 제공한다

책을 읽다가 아이들에게 소개하고 싶은, 또는 아이들이 모를 텐데 중요한 개념이나 어휘가 있다면 정의를 찾아보는 것도 필요해요. 너무 어렵게 설명된 자료라면 이해하기 쉽게 수정해 주세요. 뒤의 활동지에서 그 예를 찾을 수 있을 텐데, 예를 들면, 문학에서 '시점'이나 '액자식 구성'이 무엇인지, 독후 활동으로서의 '토론'이 무엇이며 어떻게 하는 것인지, '노블레스 오블리주'는 어떤 개념인지와 같은 내용을 정리해서 간단하게 읽을거리로 제공하는 거예요. 이런 내용은 활동지에 글상자로 넣고 모임 첫머리에 아이들과 함께 읽은 후 관련된 활동으로 들어가면 좋습니다.

그밖에 신문이나 잡지에서도 귀한 자료를 건질 수 있어요. 저는 기사를 읽다가 문해 활동으로 엮기 좋은 자료는 신문 활용 교육(NIE: Newspaper In Education)을 위해 스크랩해 두었어요. 관련된 활동을 할 때 추가 텍스트로 활용하면 좋습니다.

나만의 독서 활동지 만들기

나만의 독서 활동지를 만들 때는 A4 용지로 출력할 수 있게 활동지 형식을 구성해 두고 한글 프로그램이나 마이크로소프트 워드 등 워드 프로세서로 활동 내용을 작성하면 됩니다. 쓰기를 할 수 있는 공간을 충분히 제공했을 때, 저학년은 1~2쪽, 고학년은 3~4쪽 분량이 적절해요. 저는 양면 출력으로 종이를 절약하는 동시에 아이들에게 분량이 부담 없어 보이게 했어요.

제가 학년별로 20회씩 120개의 활동지는 제공해 드릴 테니 그대로 사용해도 됩니다. 또 그 방식과 내용을 참고해서 나만의 독서 활동지를 만들어 보세요. 특히 저학년 때 매주 모임을 한다면 더 많은 책, 더 많은 독서 활동지가 필요할 거예요.

책동아리 이끌기:
모여서
뭘 할까?

책동아리의 가장 중요한 목적은 모여서 책에 대해 이야기 나누는 것이겠지요. 하지만 그 전에 준비도 필요해요. 무엇을 어떻게 준비하면 좋을지, 모임 시간이나 전체 구성은 어떻게 하면 좋을지 알려드릴게요.

아이들이 모이기 전에 준비할 것들

일단 집 청소! 힘들다고 생각 말고 책동아리 모임 덕분에 우리 집이 자주 깨끗해진다고 여긴다면 어떨까요? 모이는 공간이 깨끗해야 마음도 안정되고 독서 활동에 집중할 수 있어요. 아이들을 산만하게 만들기 쉬운 놀잇감 등도 일단은 눈에 안 보이는 곳에 치워 주세요.

간식도 필수겠지요. 다행히 여러 가족의 아이들이 모이다 보니 간식은 끊이지 않을 거예요. 서로 부담 없으려면 한 번에 한 집씩 돌아가며 간식을 담당하는 것도 방법일 것 같아요. 그렇지 않으면 어떤 날은 무슨 잔치 같답니다. 마치 먹으려고 모인 것처럼요. 간단한 음료 정도로도 충분해요. 저는 처음 시작할 때 어린이 손님들을 위한 음료 메뉴판을 만들어 코팅해 사용했어요. 과일 주스 몇 가지나 우유 또는 생수와 과일청으로 만들 수 있는 음료 등이 적절해요. 메뉴판은 처음 몇 번 잘 사용하고 어딘가로 사라졌지만, 손님 대접은 좋은 생각 같아요. 아이들의 선택권은 언제나 소중하니까요. 보통 계절 과일이나 쿠키, 구운 계란, 작은 크기의 빵 등이 인기 간식이었답니다. 간식이 많은 날은 아이들이 집에 돌아갈 때 조금씩 싸 주세요. 책 나눔을 통해 마음도 뿌듯해지고 가방도 불룩해지니 일석이조지요.

한 시간 정도 집중해서 진행

가장 중요한 책 모임은 집중해서 한 시간 정도만 진행했어요. 자주 보는 친구들인데도 항상 모이자마자는 좀 어색한 기운이 있어요. 그런 분위기를 바꾸기 위해 워밍업이 좀 필요합니다. 그동안 지낸 이야기나 읽고 온 책에 대한 인상 같은 걸로 대화를 주고받으면 좋아요.

본격적으로 책에 대한 대화를 나누고 추가 읽기나 쓰기 활동을 진행하려면 활동지가 있는 것이 좋아요. 처음 시작했던 1학년 초반에는 아무 자료도 없이 책만 가지고 대화만 나눴는데, 활동지가 필요하다는 걸 절실히 느끼게 되어 그다음부터는 활동지 제작에 관심을 많이 기울였어요.

이 활동지라는 뼈대만 있으면 진행은 그리 어렵지 않아요. 아이들도 뭘 해야 하는지 금방 알게 되어 집중하기 좋고요. 다만, 아이들이 활동지에 답을 쓰며 활동을 금방 마치려고 하는 태도를 갖지 않도록 주의해야 해요. 쓰기는 이야기를 나누고 생각을 정리해서 최종적으로 하는 것이니까요. 서로 충분히 대화해서 생각을 더 다듬을수록 발전된 내용을 쉽게 쓸 수 있습니다.

책 모임만큼 중요한 놀이 시간

책 모임을 한다고 공부(?)만 하다 돌아가야 한다는 생각은 버려 주세요. 아이들이 함께 놀 수 있는 기회가 생겼는데 그냥 보내기는 아깝잖아요. 요즘 아이들은 친구들과 모여 노는 경험이 너무나 부족합니다. 학년이 올라갈수록 심해져요. 다들 학원 다니고 미세먼지 피하느라(이제 코로나19까지!) 모여서 놀 기회가 적으니 스트레스를 풀 수도 없고, 사회성도 제대로 발달하기 힘들어 심각한 문제예요.

아이들이 잘 크려면 놀이가 참 중요해요. 책 모임은 한 시간 정도 이내로 끝내고 적어도 30분은 꼭 온 마음으로 놀게 해 주세요. 저는 각종 보드게임을 준비해 두었고요, 아이들은 공 같은 간단한 놀잇감으로도 온갖 놀이를 만들어 내서 놀아요. 날씨 좋은 날에는 가끔 놀이터나 공원에도 나갔어요. 이렇게 주기적으로 만나서 노는 친구들이 있으면 든든해요. 서로를 잘 이해하고 점차 말 없이도 통하는 사이가 되거든요.

한 학기에 한 번씩은 엄마들까지 모두 모여 동네에서 밥도 먹고 파티 비슷하게 아이들이 그동안 열심히 참여한 것을 축하해 주었답니다. 이런 마디가 하나씩 모여 아이들은 대나무처럼 쑥쑥 크더라고요. 몸도, 마음도, 문해력도요.

책동아리 리더 엄마의 역할:
어떻게
진행할까?

책동아리 모임을 진행하는 MC, 사회자로서 엄마는 어떠한 역할을 해야 할까요? 소위 명MC라고 불리는 사람들의 모습을 한번 떠올려 보세요. 왜 그들이 명MC라고 불리는지도 생각해 보시고요. 그들은 전체적인 흐름을 통제하지만 마이크는 항상 패널들에게 주고 있지 않나요? 질문을 던진 뒤 답을 경청하고, 전체 분위기를 끌어올리거나 전환시키고, 사람들을 격려합니다.

책동아리에서 리더 엄마의 역할도 이와 같아요. 질문, 촉진, 격려로 아이들을 이끌고 뒤에서 조용히 뒷받침해 주면 됩니다. 구체적인 방법을 하나씩 함께 짚어 볼까요?

좋은 질문을 준비한다

요즘 아이들은 스스로 질문하기 싫어하는 것 같아요. 어려서부터 동영상 시청에 익숙하고 학원 수업과 인터넷 강의도 일찍 접하다 보니 앉아서 시청(?)하며 수동적으로 받아들이는 것에 길들여졌나 봐요. 질문을 해도 단답식으로 하기 일쑤입니다. 남과 다른 대답을 하는 것을 두려워하고, 틀릴까 봐 겁을 먹어요. 이런 점은 활발한 독서 모임을 통해 개선할 수 있어요. 어릴 때부터 충분히 연습할 수 있거든요. 무엇보다 개인마다 생각이 다를 수 있음을 느껴야 하는데, 그러기에는 독서를 중심으로 하는 이야기 나누기가 최고로 좋은 기회입니다.

그렇다고 시작하자마자 아이들이 앞다투어 뭔가 말을 하는 것은 기대할 수 없어요. 그래서 질문이 필요합니다. 우문(愚問) 말고 현문(賢問)이어야 하지요. 그럼 어떤 질문이 좋은 질문일까요? 단답식의 대답만 가능한 수렴적, 폐쇄적 질문 말고, 어떤 대답이든 가능하고 생각이 꼬리에 꼬리를 물 수 있는 확산적, 개방적 질문이 좋아요. 아이들의 이해를 파악하기 위해 시험 문제 같은 질문을 일삼는 것은 피해야 합니다. 한두 번이야 필요할 수도 있지만, 이런 질문이 반복되면 아이들은 움츠러들게 돼요. 책을 읽고 모여서 친구 엄마에게 검사를 받거나 시험을 본다는 느낌이 들거든요. 모든 책을 암기하듯 정독해야만 한다고 여기게 되지요.

반면에, 육하원칙은 '언제, 어디서, 누가, 무엇을, 어떻게, 왜'를 다루지요. 소위 Wh-question에 해당하는 질문입니다. 이 중에서도 '어떻게'와 '왜'가 가장 풍부한 대답을 이끌어내요. 엄마가 미리 책을 읽으면서 아이들이 생각해 보면 좋을 만한 포인트를 찾아내고 미리 질문을 만들어 두세요. 즉석에서도 가능하지만 푹 익힌 질문이 강력한 법입니다. 이런 질문을 활동지에 담아내면 진행하기 편리해요.

아이의 생각에 불꽃을 붙이는 엄마

아이들이 맥락을 파악하고 생각을 확장하려면 지금 무슨 이야기를 하고 있는지에 초점을 맞추어야 하는데, 그럴 때 진행자의 말을 잘 듣는 게 도움이 되지요. 어떤 개념을 소개했을 때 이해를 잘 못 하는 것 같거나 질문에 뭐라고 대답할지 모르고 멍할 때(아주 자주 있는 상황입니다), 당황하지 말고 부연 설명을 하거나 예시를 들어 주어야 해요. "예를 들면 이런 거야"로 시작하는 말은 아이들의 이해를 강화해 줍니다.

주변의 일상에서 일어나는 일이나 엄마 때 옛날이야기도 가끔은 괜찮아요. 잔소리 타임이 아닌 독서 모임을 통해 세대 간의 이야기가 나오는 것은 나쁘지 않습니다. 특히 책의 시대적 배경과 관련된 실제 이야기라면 아낄 이유가 없죠.

또, 진행하는 엄마 자신의 감상이나 생각을 들려주는 것도 큰 도움이 됩니다. 성인과 아동 간의 수준 차이가 명확한, 거창한 정답만 떠먹여 주는 건 금물이지만, 어느 정도 멍석을 깔아 줘야 마당놀이가 신나게 진행되더라고요. "이 부분을 읽어 보니 나는 이런 생각이 들더라"와 같은 말이라면 충분히 마중물 역할을 합니다. 책동아리를 이끌면서 아이들의 생각에 불꽃을 붙이는 건 엄마의 몫이라고 생각하게 되었어요.

칭찬은 고래도 춤추게 한다

독서도 하고 배우는 것도 있는 책동아리지만, 딱딱한 의미의 공부나 숙제는 아니니 아이들이 언제나 즐겁게 모이는 시간이 되어야 해요. 그래야 꾸준하게 모이고 힘들지 않게 해 나갈 수 있습니다. 함께 읽기로 한 책을 다 읽고 모인 것만으로도 칭찬받을 만해요. 처음부터 끝까지 즐겁게 읽기만 하면 됩니다. 모임에 가서 잘하라고 한 권을 여러 번 반복해서 읽게 할 필요까지는 없어요. 자발성을 잃는 순간, 독서가 괴로움이 될 수 있습니다.

그러니 모였을 때 칭찬부터 해 주세요. 그리고 대화를 이어나가는 내내 아이가 스스로 먼저 말을 하거나 친구에게 도움을 주거나 질문에 대답했을 때, 그런 행동 자체에 대해서도 칭찬을 해 주세요. "굉장히 창의적인 생각을 했네!", "딱 맞는 어휘를 써서 표현했구나!", "아주 순발력 넘치는 대답이었어!"처럼 구체적인 행동을 언급하면서요.

칭찬을 받은 아이는 뿌듯해지고 참여 동기가 더욱 강화됩니다. 다른 아이들에게도 자극과 모델링이 되고요. 독서 모임에서는 정해진 정답이 없기 때문에 아이들의 발화가 대부분 가치 있고 귀해요. '이런 말을 해도 괜찮을까?' 하고 살짝 걱정하면서 한 말에 기대 이상의 칭찬을 들었을 때, 아이들의 눈빛이 반짝 빛난답니다. 그걸 보는 엄마에게도 감동적인 순간이에요.

때로는 상장이나 먹거리, 기념품 같은 보상도 필요해요. 저는 낭독대회, 사전 찾기 대회를 열어 봤어요. 이런 특별한 이벤트를 마련해서 대회를 열고 상장을 줄 수 있습니다. 저학년들에게 환영받는 행사지요. 아이들 수대로 개성 있는 상 이름을 정하면 좋아요. 골고루 못 받으면 속상할 수 있으니까요.

그 나이대 아이들이 좋아하는 간식도 돌아가며 준비해 주세요. 한 학기에 한 번씩은 같이 모여 식사해도 좋아요.

옛날 서당에서 했다는 책씻이처럼 그동안 책 잘 읽고 잘 자랐다는 상입니다. 아이스크림 매장에서 했던 디저트 파티도 기억에 남네요.

아이들에게 주도권 넘기기

책동아리에서는 학년이 올라갈수록 아이들의 비중이 커져야 해요. 말 그대로 '동아리'잖아요. 아이들이 회원이고 주체입니다. 엄마는 조직하고, 자료를 준비하고, 진행을 돕는 존재라고 생각하시면 돼요.

저학년 때라면 엄마의 진행이 주가 되겠지만, 고학년이 될수록 점점 아이들이 말하고 묻고 대답하는 비율이 높아지는 게 좋습니다. 엄마가 조금씩 빠지는 거죠. 그런데 엄마가 빠지기 위해서는 기술이 필요합니다. 그야말로 슬쩍 빠지기 위해 아이들의 대화를 촉진해 주어야 해요. 처음에는 일단 아이들이 입을 많이 여는 게 중요하니 적절한 질문이 도움이 됩니다. 어떤 질문은 구성원 모두에게 묻지 마시고, '콕' 찍어 지명을 해서 물어보는 것도 좋아요. 아이들이 집중하며 어느 정도의 긴장을 하는 것도 필요하니까요(대학 수업에서도 마찬가지랍니다).

그다음이 좀 어려운 부분인데, 아이의 발화에 어른이 바로바로 응답해 주는 방식이 굳어지지 않게 해야 해요. 어른은 질문하고, 한 아이가 대답하고, 그에 대해 다시 어른이 평가해 주는 식이면 여러 아이들이 섞일 수 있는 여지가 줄어들기 때문입니다. 방식이 이렇게 굳어지면 아이가 먼저 질문을 하거나 생각을 표현하지 않게 돼요. 한 아이에서 다른 아이로 발화가 이어지는 순간을 기다렸다가 격려해 주세요. 어떤 활동은 다양한 의견이 우르르 나올 수 있게 짜 보고, 특히 토론을 집어넣으면 좋아요. 개인별로, 또는 팀별로 찬성과 반대로 나누어 의견을 개진하다 보면 활발한 표현이 이루어질 거예요. 진행자 어른은 필요할 때만 중재하면 됩니다.

한편, 팬데믹으로 온 인류가 어려움을 겪는 요즘, 불가피하게 온라인으로 책동아리 모임을 한 적이 있어요. 아이들은 이미 학교나 학원을 통한 온라인 수업에 익숙해져서 별문제 없이 진행이 되더군요. 이럴 때 아이들이 좀 더 주도적이 될 수 있게 신경 써야 해요. 소집단이니 학교 수업과는 달리 개인 오디오를 꺼두지 않고 언제든 말할 수 있게 규칙을 정하세요.

아이들이 중학생이 된 후에는 단톡방도 만들었어요. 온라인 모임 후, 각자 쓴 글을 사진이나 파일로 올려서 공유하기도 하고, 다음번 읽을 책에 대한 안내나 과제도 전달하니 편하더라고요. 초등 고학년 정도면 적용할 수 있겠네요.

Chapter 2

초등 문해력을 키우는 엄마표 책동아리 활동

독서 활동지 활용법

Chapter 2에는 학년마다 총 20회의 책동아리 활동을 할 수 있는 독서 활동지를 수록했어요.
회차별로 활동 도서를 소개하는 페이지와 활동을 지도하는 방법,
그리고 아이가 실제로 활용하는 독서 활동지로 구성되어 있어요.

활동 도서 소개 페이지

책동아리에서 함께 읽을 메인 도서를 소개합니다

> 간단한 서지 정보와 함께 이 책에
> 담긴 주제를 해시태그로 보여 줘요.

잘 받아들이지요. 사실 의인화를 활용한 이 정도의 이야기는 환상성의 수준이 낮아 판타지로 분류하기 어려운 측면이 있어요.

🐭 생쥐 아가씨와 고양이 아저씨

원제: Rats on the Range and Other Stories, 1993년

#친절 #사랑 #신뢰 #우정
#관용 #이야기 짓기

글·그림 제임스 마셜
옮김 햇살과나무꾼
출간 2000년
펴낸곳 논장
갈래 외국문학(판타지 동화)

📖 이 책을 소개합니다

　제임스 마셜의 재기발랄한 단편 모음집이에요. 생쥐, 고양이, 돼지 등 여러 동물들이 등장하는, 배꼽 잡도록 재미있으면서도 교훈까지 담은 여덟 편의 이야기가 실려 있어요.
　생쥐 아가씨와 고양이 아저씨가 우여곡절 끝에 먹이사슬을 뛰어넘고 진실한 친구가 되는 〈생쥐 아가씨와 고양이 아저씨〉를 비롯해, 〈돼지가 천국에 갔을 때〉, 〈돼지, 차를 몰다〉, 〈생쥐 파티〉, 〈일기 예보 하는 돼지〉, 〈돼지, 드디어 철이 들다〉, 〈쥐 특공〉, 〈발통거리의 유연장〉으로 구성되어 있어요. 제목만 봐도 궁금증이 일어나는 이야기들이 이 등장인물을 중심으로 서로 엮어 있기도 해서 단편집으로서의 묘미를 더해 줍니다.
　아이들이 읽는 책에는 서로 어울릴 수 없는 동물들이 친구가 되는 이야기가 많이 나와요. 아이들은 선입견 없이

📖 도서 선정 이유

　호흡이 짧고 재미난 이야기를 읽는 동안 읽기 이해력을 쑥쑥 높여 주는 동화입니다. 친숙한 동물 캐릭터들을 반복적으로 등장시켜 한 마음의 이야기를 들려보는 느낌이 들어요. 사랑, 신뢰, 우정, 친절, 화해 등의 요소가 고르게 담겨 노골적이지 않은 교훈도 주고요. 서정적인 표현이 저학년 아동에게 잘 맞고, 제임스 마셜의 아기자기한 삽화도 매력 있어요.

📖 함께 읽으면 좋은 책

비슷한 주제

○ 너무 지혜로워서 속이 뻥 뚫리는 저학년 탈무드 | 김정환·서유진 글, 유정연 그림, 키움, 2017
○ 하루에 한 편 탈무드 이야기 | 이수지 글, 전정환 그림, 엠앤키즈(M&Kids), 2019
○ 반짝이고양이와 꼬랑내생쥐 | 안드레아스 슈타인회펠 글, 율레 뢰네케 그림, 이명아 옮김, 여유당, 2016
○ 진짜 도둑 | 윌리엄 스타이그 글·그림, 김영진 옮김, 비룡소, 2020

같은 작가

○ 빙글빙글 즐거운 조지와 마사 | 제임스 마셜 글·그림, 윤여림 옮김, 논장, 2017
○ 넬슨 선생님이 사라졌다! | 해리 앨러드 글, 제임스 마셜 그림, 김혜진 옮김, 천개의바람, 2020
○ 넬슨 선생님이 돌아왔다! | 해리 앨러드 글, 제임스 마셜 그림, 김혜진 옮김, 천개의바람, 2020

170

▶ 이 책을 소개합니다

줄거리 등을 엿볼 수 있습니다.

▶ 도서 선정 이유

책동아리 도서로 이 책을 선택한 이유를 알려드려요.

▶ 함께 읽으면 좋은 책

활동 도서의 주제와 비슷한 주제가 담긴 책들과 활동 도서의 글 또는 그림 작가가 쓴 다른 책들을 소개했어요. 아이가 이 책의 주제를 마음에 들어 하거나 작가를 마음에 들어 한다면 곁들여 읽을 수 있도록 도와주세요.

2 문해력을 높이는 엄마의 질문

독서 활동지를 활용해 지도하는 방법을 알려드려요.

이렇게 활용해 보세요

지도 방법뿐 아니라 왜 이러한 질문을 했는지, 질문에 담긴 의도를 설명합니다. 이 책에서 소개한 활동 도서 외의 책으로 책동아리 모임을 가질 때, 이 내용들을 참고로 나만의 독서 활동지를 만들어 보세요.

🔍 문해력을 높이는 엄마의 질문

1. 단편 요약하기

《생쥐 아가씨와 고양이 아저씨》에는 짧은 이야기들이 가득 담겨 있어요. 각 이야기의 내용을 한 문장으로 '요약'할 수 있나요?

서로 이어질 수 있는 이야기가 있나요? 표의 왼쪽 빈 공간에 구부러진 화살표 '↳'로 연결해 보세요.

제목	내용	연관성
생쥐 아가씨	생쥐 아가씨가 고양이 아저씨 집에서 밀을 하며 살다가 위험을 피했다.	
돼지가 천국에 갔을 때	돼지가 풀라 선생님을 사랑해서 데이트를 신청했다가 서로 친해진다.	
돼지 차를 몰다	운전면허를 딴 돼지가 차를 너무 위험하게 몰아서 다리 밑으로 빠진다.	
생쥐 파티	고양이 아저씨가 초대한 시궁쥐 가족의 음식을 많이 먹어댔다.	
일기 예보 하는 돼지	돼지가 기상캐스터로 해서 엉망진창으로 기상 예보를 하다가 진행 미끄럼을 장사를 챙다.	
돼지 드디어 철이 들다	돼지가 학교 안 다니는 아이들을 찾다가 부끄러워서 다시 학교에 다닌다.	
쥐 목장	시궁쥐 가족들이 눈에서 너무 잘 먹어서 시크개들이 못 잡아먹고 사랑에서 구경거리가 된다.	
말똥가리의 유언장	말똥가리가 죽은 줄 안 동물들이 재산을 탐내서 유언장을 가짜로 바꿨다가 들통이 났다.	

172

이렇게 활용해 보세요

단편동화집을 읽었을 때는 어느 한 편에만 집중하기 곤란하지요. 이렇게 표를 활용해 각 이야기를 간단하게 요약하면 모든 이야기를 다시 정리할 수 있어요.

1학년 아이들에겐 의외로 힘든 작업이 될 거예요. 요약이 어려워 이야기가 마구 길어지거든요. 일단 '누가 무엇을 한 이야기'라는 형식으로 말해 보게 해 주세요. 너무 상세한 내용은 빼는 연습이 필요해요. 어렵 편의 이야기가 요약은 생각보다 오래 걸릴 거예요.

생쥐, 고양이, 돼지 등의 이름이 자주 보이지요? 같은 인물이 여러 이야기에 등장하는 재미가 있는 책이거든요. 표로 정리한 상태에서 서로 연결되는 이야기를 찾아보면 한눈에 연결할 수 있어요.

2. 이야기 바꾸기

어떤 편의 이야기 중에서 어떤 것이 가장 재미있었나요?

내용을 바꾸고 싶은 이야기를 하나 골라 보세요. 어떤 부분을 바꾸면 좋을까요? 인물, 시간적 배경, 공간적 배경, 사건 등을 바꾸어 이야기를 조금 다르게 바꿔 보세요.

이렇게 활용해 보세요

이 책의 단편 중에서 키득키득 웃으며 읽었거나 소재나 전개가 황당하다고 생각한 이야기가 있을 거예요. 하나만 골라 더 개성 있는 이야기로 바꾸어 봅니다. 결말이 크게 바뀔 수도 있고, 사소한 배경이 달라질 수도 있어요.

아이들이 대답할 법한 답은 이렇게 갈색의 손글씨 서체로 표기했어요. 대부분의 질문에는 확실한 정답이 없습니다. 허용할 수 있는 범위 내에서 모두 답으로 인정해 주세요. 명확한 정답이 있는 경우에는 갈색의 고딕 서체로 표기되어 있습니다.

WORK SHEET

1. 단편 요약하기

《생쥐 아가씨와 고양이 아저씨》에는 짧은 이야기들이 가득 담겨 있어요.
각 이야기의 내용을 한 문장으로 '요약'할 수 있나요?
서로 이어질 수 있는 이야기가 있나요? 표의 왼쪽 빈 공간에 구부러진 화살표 '↳'로 연결해 보세요.

제목	내용	연관성
생쥐 아가씨		
돼지가 천국에 갔을 때		
돼지 차를 몰다		
생쥐 파티		
일기 예보 하는 돼지		
돼지 드디어 철이 들다		
쥐 목장		
말똥가리의 유언장		

174

2. 이야기 바꾸기

어떤 편의 이야기 중에서 어떤 것이 가장 재미있었나요?
내용을 바꾸고 싶은 이야기를 하나 골라 보세요. 어떤 부분을 바꾸면 좋을까요?
인물, 시간적 배경, 공간적 배경, 사건 등을 바꾸어 이야기를 조금 다르게 바꿔 보세요.

고른 이야기

↓

바뀐 내용

---

3 독서 활동지

아이들이 활용하는 독서 활동지입니다.
질문에 대해 곰곰이 생각해 보고 답을 쓸 수 있도록 지도해 주세요.
때로는 글로 적지 않고 말로만 이야기 나눠도 충분합니다.

1학년을 위한
책동아리 활동

1학년 때는 아이들의 읽기 능력 개인차가 아주 클 시기예요. 한글 교육 책임제에 따라 교육과정상으로는 초등학교에 들어가서 한글 교육을 받게 되어 있지만, 우리 사회에서는 아동이 한글 해독 능력을 갖추고 입학하는 경우가 더 많은 게 현실입니다. 교육열이 유달리 높고 한글이 비교적 익히기 쉬운 문자 체계여서 그렇겠지요. 하지만 아직 스스로 읽기를 하지 못하는 1학년생이 많은 것도 당연해서 학기 초에는 읽기 능력 편차가 더 클 수밖에 없어요. 또한 유아기까지 가정과 교육기관에서 책 읽어 주기를 양적, 질적으로 얼마나 풍부하게 경험했는지도 큰 차이를 가져옵니다. 독서가 곧 학습이라고만 여기며 책을 읽게 한 경우와 재미있는 책을 맘껏 즐기며 읽은 경우는 이제부터 그 차이가 더 벌어지고요.

1학년 시기는 수준 높은 그림책과 함께, 삽화가 줄어들고 텍스트의 양이 많아지는 이야기책에 발을 들여놓아야 할 때예요. 이러한 전환이 매끄럽게 이루어져야 독서 습관이 잡히고 책 읽기를 좋아하는 아이가 됩니다. 챕터북 형식의 동화, 내용이 흥미진진한 책을 추천합니다. 부모님이 일부 읽어 주는 것도 좋아요.

한편, 아이는 이가 빠져서 발음이 정확하지 않을 때이지만, 스스로 소리 내어 읽기가 큰 도움이 되는 시기예요. 유아기까지 충분히 책을 읽어 주었다면, 이젠 아이랑 번갈아가며 읽고, 감정까지 살려 소리 내어 읽어 보도록 격려해 주세요. 글을 빠르고 정확하게, 막힘없이 읽는 능력인 읽기 유창성이 확보되어야 이해력도 함께 성장합니다. 어휘력도 본격적으로 쑥쑥 커야 할 때이므로 책을 읽을 때 새로 접한 어휘에 신경 써 주세요.

함께 한
날짜를 적어 보세요♥

이야기 주머니 이야기

#이야기 #나눔 #귀신

글·그림 이억배
출간 2008년
펴낸곳 보림
갈래 한국문학(옛이야기 그림책)

 이 책을 소개합니다

옛날에 이야기를 아주 좋아하는 한 아이가 이야기를 들으면 종이에 적어 커다란 주머니에 넣고 꽁꽁 묶어 벽장 속에 넣었대요. 오랫동안 주머니에 갇혀 답답했던 이야기들은 귀신이 되어 아이가 장가가는 날 아이에게 해코지 하려고 해요. 새신랑 방에 군불을 때던 머슴이 이 대화를 엿듣고 변신한 이야기들을 따돌리고 무사히 신랑을 구하 게 된답니다. 머슴 덕에 목숨을 건진 신랑은 묶어 놓았던 이야기 주머니를 풀어 주고, 이야기들은 훨훨 날아가 모 든 이에게 전해져요.

옛이야기의 구전성을 잘 담고 있는 이야기지요. 이야기는 퍼져 나가야 이야기니까요. 선명하고 세밀한 이억배 선생님의 그림이 정겹습니다. 앞표지와 뒤표지의 이야기 주머니를 비교해 보는 재미를 놓치지 마세요.

도서 선정 이유

　1학년은 그림책이 익숙한 시기입니다. 책동아리를 시작할 때 부담이 없어야 하니 1학기의 대부분은 그림책으로 진행해 보세요. 옛이야기라면 더 반가워할 거예요. 구수한 구어체로 쓰여 읽으면서도 듣는 느낌이 묻어나요.

　우리 옛이야기 《훨훨 간다》나 아프리카의 《이야기 이야기》와 같이 이야기가 어떻게 세상을 돌아다니게 되었는지 알려주는 이야기에 관한 이야기, 즉 '메타 이야기'를 담아낸 그림책입니다. "자, 이제 너희는 이 이야기를 누구한테 해 줄래?"라는 질문으로 끝이 나서 이야기의 생명력이라는 메시지를 강하게 전달해요.

　글과 그림에 전통 혼례, 양반과 노비 제도, 집의 구조와 동네 분위기, 놀이 등 우리 전통문화가 잘 묘사되어 이야기할 거리가 많습니다. 지혜로운 머슴에게서 배울 점도 있는 내용이고요.

함께 읽으면 좋은 책

비슷한 주제

○ **훨훨 간다** | 권정생 글, 김용철 그림, 국민서관, 2003

○ **이야기 이야기** | 게일 헤일리 글·그림, 엄혜숙 옮김, 보림, 1996

○ **나는 이야기입니다** | 댄 야카리노 글·그림, 유수현 옮김, 소원나무, 2017

○ **이야기 귀신과 도깨비** | 김지원 글, 안병현 그림, 잇츠북어린이, 2020

○ **낱말 수집가 맥스** | 케이트 뱅크스 글, 보리스 쿨리코프 그림, 신형건 옮김, 보물창고, 2008

○ **단어 수집가** | 피터 레이놀즈 글·그림, 김경연 옮김, 문학동네, 2018

○ **책이 꼼지락 꼼지락** | 김성범 글, 이경국 그림, 미래아이, 2011

○ **낱말 공장 나라** | 아네스 드 레스트라드 글, 발레리아 도캄포 그림, 신윤경 옮김, 세용출판, 2009

같은 작가

○ **비무장지대에 봄이 오면** | 이억배 글·그림, 사계절, 2010

○ **떼굴떼굴 떡 먹기** | 서정오 글, 이억배 그림, 보리, 2016(개정판)

문해력을 높이는 엄마의 질문

1. 처음 보는 단어 찾기

책을 읽다가 모르는 단어가 있었나요? 다시 살펴보며 '그림' 안에 써 보세요. 그 낱말은 무슨 뜻일까요? 앞뒤의 문장을 읽고 의미를 추측해 보세요.

이렇게 활용해 보세요!

낚시를 활용한 〈낱말을 잡아라〉는 아동이 그림책을 읽으면서 처음 접하는 낱말을 정리할 수 있는 이야기 구조 도식이에요.

우선 아동이 책에서 낱말을 읽을 때, 그 낱말을 아는지 모르는지 스스로 파악하는 것부터가 의미 있어요. 이런 활동을 통해 낱말을 더 알아 가는 것에 관심을 두게 됩니다.

이 책에서는 '장가, 초례청, 산기슭, 머슴, 해코지' 등의 단어를 고를 가능성이 높아요. 사전을 이용해 단어의 의미를 함께 찾아서 읽어 주세요.

모든 책에서 이렇게 도식을 활용할 필요는 없습니다. 낱말 공부를 하기 위해 책을 읽는다고 생각하게 되면 독서가 재미없어질 수도 있거든요. 모일 때마다 두어 개 정도의 어휘를 강조하는 정도면 충분합니다.

2. 이야기의 순서 따라가기

이야기 귀신들이 무엇으로 변신했나요? 순서대로 넣어 보세요.

이렇게 활용해 보세요!

이야기 구조 도식에 몇 개의 장면을 순서대로 나열하는 활동입니다. 12시부터 시작해서 시계 방향으로 단어를 쓰면 됩니다. 이야기 귀신들이 변신한 순서를 생각해서 금방 완성할 수 있어요.

3. 사진 보고 이야기 만들기 ^{심화}

신문에서 오린 사진을 보고 이야기를 만들어 보세요.

언제일까요? 어디일까요? 누구일까요? 무슨 일이 일어났을까요? 왜 이 일이 일어났을까요?

> 이렇게 활용해 보세요!

NIE(Newspaper In Education)는 신문 활용 교육을 의미해요. 어른용 일간지나 어린이 신문에서 사진을 한 장 골라 보세요. 인물들이 등장하고, 배경이 어느 정도 제시된 사진이면 됩니다. 신문 기사의 사진 밑에는 대부분 설명이 있어서 언제, 어디서, 어떤 상황의 일인지 알 수 있지만, 그 내용을 직접 만들어 보는 거예요. 실제 내용과 아주 달라도 상관없어요. 주어진 사진에 대해 상상해 보는 기회입니다.

책동아리 POINT

같은 사진을 보고도 아이마다 다른 이야기를 만들어낼 수 있겠지요? 서로의 이야기를 경청할 수 있게 도와주세요.

친구들과 함께 해 보세요!

이야기 제목 맞추기 놀이

이야기 주머니에서 카드를 한 장씩 뽑으세요.

이야기의 제목을 보고 친구들에게 그 이야기를 간단히 들려 주세요.

단, **제목에 들어간 단어를 말하면 안 돼요!**

들은 친구들은 어떤 이야기인지 맞춰 보세요.

> **놀이 지도 방법**

❶ 복주머니처럼 생긴 주머니를 구하거나 부직포, 보자기 등으로 간단히 만드세요.

❷ 《이야기 주머니 이야기》 책에 나오는 이야기는 다음과 같아요. 10개 전부 또는 일부의 제목을 명함 크기만 한 종이에 적어 주세요.

> 견우와 직녀, 토끼와 자라, 팥죽할멈과 호랑이, 여우 누이(구미호), 혹부리 영감, 청개구리,
> 반쪽이, 불가사리, 선녀와 나무꾼, 천년 묵은 지네

❸ 문제를 내는 순서를 정한 뒤, 순서대로 돌아가며 한 장씩 뽑아 다른 아이들에게 문제를 내게 합니다. 이때, 제목에 쓰인 단어를 말하지 않아야 해요. 예를 들어, '혹부리 영감'이라면 혹, 혹부리, 영감이라는 단어를 안 쓰고 줄거리나 배경을 설명하는 거라 어렵지만 재미있어요.

> **Tip**

> 제목 카드로 초성 퀴즈를 낼 수도 있습니다. 1학년 초반에는 학교에서 자모를 배울 때라 관심이 많을 거예요. '여우누이'라는 제목은 'ㅇㅇㄴㅇ'라고 써서 보여 주거나, 한 아이가 제목을 보고 자모를 말해서 맞추게 할 수 있어요. 초성 퀴즈는 음운론적 인식과 어휘력을 높이는 방법으로도 좋아요.
> 아이들이 어려워할 경우, 이야기들이 풀려나는 그림책 장면을 다시 살펴보며 힌트를 얻어 보세요.

1. 낱말을 잡아라 처음 보는 단어 찾기

책을 읽다가 모르는 단어가 있었나요? 다시 살펴보며 그림 안에 써 보세요.
그 낱말은 무슨 뜻일까요? 앞뒤의 문장을 읽고 의미를 추측해 보세요.

2. 똑딱똑딱 이야기 시간 이야기의 순서 따라가기

이야기 귀신들이 무엇으로 변신했나요? 순서대로 넣어 보세요.

3. 사진 보고 이야기 만들기

신문에서 오린 사진을 보고 이야기를 만들어 보세요.

(사진 붙이는 자리)

언제일까요?

어디일까요?

누구일까요?

무슨 일이 일어났을까요?

왜 이 일이 일어났을까요?

베로니카, 넌 특별해

원제: Veronica, 1961년

#자존감 #개성 #모험 #가족애

글·그림 로저 뒤바젱
옮김 김경미
출간 2008년
펴낸 곳 비룡소
갈래 외국문학(판타지 그림책)

 ## 이 책을 소개합니다

　지극히 평범한 하마 베로니카는 진흙 강둑에서 뒹굴고 맑은 강물에서 마음껏 수영하며 놀 수 있어도 행복하지 않았어요. 유명해지고 싶어서 떠난 도시에서 겪는 사건들은 베로니카를 힘들게 합니다. 지나친 관심에 지친 베로니카는 고향으로 돌아와 다른 하마들에게 도시에서의 모험담을 들려줘요. 눈에 띄는 것이 무조건 좋지는 않음을, 가족과 고향이 얼마나 소중한지를 깨닫고, 힘들었지만 값진 모험을 소중히 생각하게 되지요. 결국 베로니카는 모험을 통해 그렇게 바라던 특별한 하마가 된 거예요.

　이 책은 개성과 존재감을 찾고 친구들보다 특별해져서 관심을 받고 싶어 하는 아이들의 심리를 잘 그려 내고 있어요. 생동감 넘치는 그림이 이야기와 잘 어우러집니다.

도서 선정 이유

1961년에 미국에서 출간된 이후 지금까지도 어린이들에게 꾸준한 사랑을 받고 있는 그림책이에요. 직물 디자이너로 일했던 로저 뒤바쟁은 다니던 회사가 파산하여 실업자가 되자 아들에게 보여 주려고 만든 그림책을 시험 삼아 출판사에 보낸 것이 계기가 되어 그림책 작가가 되었다고 해요.

초등학교에 입학한 아이들은 어린이집이나 유치원과 사뭇 다른 환경에 낯설어 하면서도 새로운 친구들과 선생님의 관심과 사랑을 받고 싶어 합니다. 순수하고 어리숙한 베로니카의 행동은 관심받기 위해 엉뚱한 행동을 하는 아이들과 닮았기에 아이들이 공감하게 될 거예요. 자존감이 무엇인지, 어떻게 느낄 수 있는 것인지를 알게 해 주는 책이기도 합니다. 또한 하마 마을과 도시 간의 차이를 보면서 서로 다른 문화가 만났을 때 일어나는 일에 대해서도 자연스럽게 생각해 볼 수 있을 거예요.

함께 읽으면 좋은 책

비슷한 주제

○ 고슴도치 엑스 | 노인경 글 · 그림, 문학동네, 2020(개정판)

○ 치킨 마스크: 그래도 난 내가 좋아! | 우쓰기 미호 글, 장지현 옮김, 책읽는곰, 2008

○ 중요한 사실 | 마거릿 와이즈 브라운 글, 최재숙 옮김, 최재은 그림, 보림, 2005

○ 나, 화가가 되고 싶어!: 화가 윤석남 이야기 | 윤여림 글, 정현지 그림, 웅진주니어, 2008

○ 짧은 귀 토끼 | 다원시 글, 탕탕 그림, 심윤섭 옮김, 고래이야기, 2020(개정판)

○ 점 | 피터 레이놀즈 글 · 그림, 김지효 옮김, 문학동네, 2003

○ 내 귀는 짝짝이 | 히도 반 헤네흐텐 글 · 그림, 장미란 옮김, 웅진출판, 1999

같은 작가

○ 피튜니아, 공부를 시작하다 | 로저 뒤봐젱 글 · 그림, 서애경 옮김, 시공주니어, 1995

○ 피튜니아, 여행을 떠나다 | 로저 뒤봐젱 글 · 그림, 서애경 옮김, 시공주니어, 1995

○ 당나귀 덩키덩키 | 로저 뒤봐젱 글 · 그림, 김세실 옮김, 시공주니어, 2011

문해력을 높이는 엄마의 질문

1. 이야기의 순서 따라가기

사건이 일어난 순서를 차례대로 정리해 보세요. 베로니카가 도시로 가기 전과 후에 어떤 일들이 생겼나요?

> 이렇게 활용해 보세요

〈그 다음엔 어떤 일이?〉라는 도식을 활용해 보았어요. 이 도식은 이야기에 나타난 주요 사건을 순차적으로 정리하여 아동이 이야기 전체 흐름을 파악할 수 있도록 돕습니다. 이 도식으로 연습을 하면 아동이 이야기 속에서 중요한 사건을 구분해 내고 그것을 순차적으로 배열할 수 있게 될 거예요.

5개 정도의 주요 사건을 골라서 시간의 순서에 따라 배열(Sequence)하며 적절한 단어로 작성해 봅니다. 주어와 동사를 기본으로 하는 문장에 필요한 경우에는 보다 구체적인 정보(어디에서, 누구와, 무엇을, 왜 등등)를 담아서 쓰면 됩니다. 위에서 아래로, 왼쪽에서 오른쪽으로 연결되는 모양의 도식을 응용할 수 있어요.

2. 알고 있는 것, 알게 된 것, 알고 싶은 것

이 그림책의 표지를 보면 하마가 주인공임을 알 수 있어요. 내가 하마에 대해 이미 알고 있는 것은 무엇인가요? 이 책을 읽고 하마에 대해 새롭게 알게 된 것은 무엇인가요? 앞으로 하마에 대해 더 알고 싶은 것은 무엇인가요?

> 이렇게 활용해 보세요

이 도식은 어떤 주제에 대한 지식을 책을 읽기 전, 읽는 중, 읽은 후로 나누어 정리할 수 있게 해 줍니다. 첫 칸은 함께 그림책의 표지 탐색을 하면서 사전 경험이나 지식을 점검할 때 사용하면 좋아요. 그리고 이야기를 읽고 이해하는 것과 별도로 새롭게 얻은 지식을 정리할 수 있고 다 읽고 나서는 더 알고 싶은 것을 질문으로 만들 수 있어요.

하마에 대한 사전 지식으로는 몸집의 크기나 포유동물로서의 기본적인 생김새(네 다리, 꼬리, 입의 모양, 짙은 회색 피부 등)를 적겠지요. 이 책을 읽으면서 알게 된 정보로는 하마가 사는 곳, 자는 공간, 먹이 등이 있을 거예요. 앞으로 더 알아보고 싶은 정보는 아이마다 다를 테니 친구의 의견을 듣는 좋은 기회가 될 겁니다. 다른 책이나 인터넷 검색을 통해 같이 알아보면 더 좋겠지요.

하마가 '河馬'라는 한자어임을 알고 계셨나요? 저는 이번에야 알았네요. '물에 사는 말'이라는 표현을 알게 되면 하마에 대해 훨씬 더 잘 이해하고 기억하게 될 것 같아요.

책동아리 POINT

이 도식과 활동을 확장해서 책동아리 친구들에 대해 알고 있는 것, 알게 된 것, 알고 싶은 것을 이야기 나누어 보면 좋겠어요.

3. 나의 특별함 찾기

베로니카는 자신이 평범하다고 생각하고 특별해지고 싶어 했지요. 하지만 베로니카에게는 어떤 특별함이 있었나요?

나는 어떤 점에서 친구들과 다른가요? 나만의 강점, 자랑거리는 무엇인가요?

이렇게 활용해 보세요

책의 주제와 관련된 이야기를 나누며 모임을 마무리했어요. 누구와도 다르고 싶고, 특별해서 인기가 많았으면 하는 심리를 이해해 봅니다. 나의 개성은 무엇인지, 장점은 무엇인지 당당하게 표현해요. 말로 표현한 것을 문장으로도 쓸 수 있도록 해 주세요.

1. 그 다음엔 어떤 일이? 이야기의 순서 따라가기

사건이 일어난 순서를 차례대로 정리해 보세요. 베로니카가 도시로 가기 전과 후에 어떤 일들이 생겼나요?

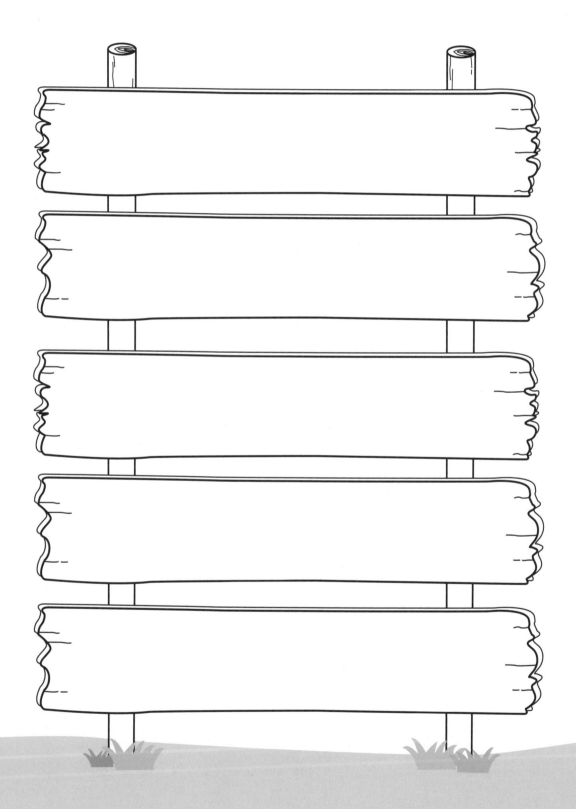

2. 알고 있는 것, 알게 된 것, 알고 싶은 것

이 그림책의 표지를 보면 하마가 주인공임을 알 수 있어요.

내가 하마에 대해 이미 알고 있는 것은 무엇인가요? 이 책을 읽고 하마에 대해 새롭게 알게 된 것은 무엇인가요? 앞으로 하마에 대해 더 알고 싶은 것은 무엇인가요?

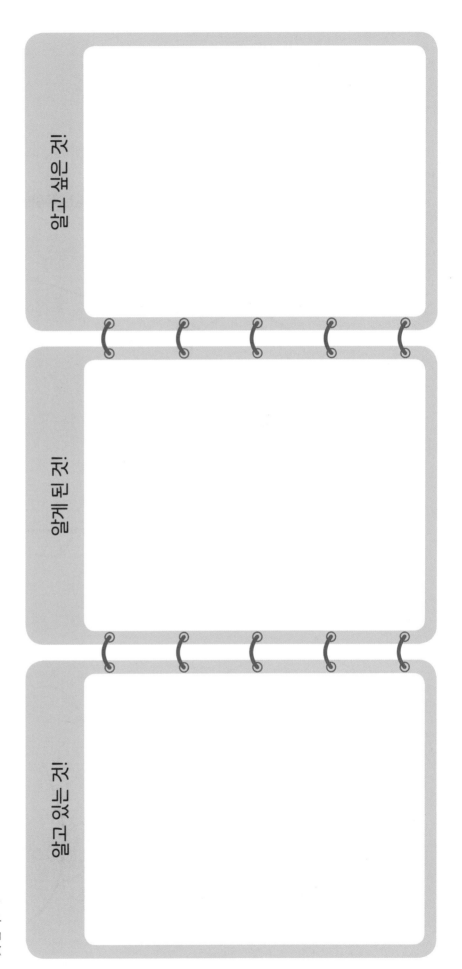

알고 싶은 것!

알게 된 것!

알고 있는 것!

3. 나의 특별함 찾기

베로니카는 자신이 평범하다고 생각하고 특별해지고 싶어 했지요. 하지만 베로니카에게는 어떤 특별함이 있었나요?

나는 어떤 점에서 친구들과 다른가요? 나만의 강점, 자랑거리는 무엇인가요? 각각의 칸에 써 보세요.

베로니카

나

의좋은 형제

#형제 #우애 #양보 #나눔 #배려

글 이현주
그림 김천정
출간 2006년
펴낸 곳 국민서관
갈래 한국문학(옛이야기 그림책)

이 책을 소개합니다

형제 간의 우애를 가르치는 대표적인 우리의 옛이야기예요. 형과 아우는 봄에는 함께 모내기를 하고, 여름엔 함께 풀을 뽑았어요. 가을이 되자 형제는 함께 넉넉한 풍년을 맞이하지요. 형은 새살림을 꾸린 아우를 위해 아우의 낟가리에 볏단을 가져다 놓고, 아우는 식구가 많은 형을 위해 형의 낟가리에 볏단을 가져다 놓습니다. 이튿날 논에 나가 깜짝 놀란 형제는 그날 밤에도, 다음날 밤에도 볏단을 나르지요. 둘이 중간에서 만나 부둥켜안는 장면은 감동을 줍니다.

간결한 글에서 운율감이 느껴져 읽는 맛이 좋아요. 엄마와 아이들이 모였을 때 돌아가며 한 쪽씩 느낌을 살려 소리 내 읽기를 권합니다.

도서 선정 이유

이타심과 형제애를 흥미로운 이야기에 담아서 보여 주는 동시에, 전통문화도 담뿍 느낄 수 있는 책이에요. 이 이야기는 실화를 바탕으로 한다 하니 더 매력 있지요. 1978년에 이성만 형제 효제비가 예당호 수몰 지역에서 발견되면서 이 형제가 고려 말~조선 초 대흥 사람들임이 밝혀졌답니다. 《조선왕조실록》과 《신증동국여지승람》에도 기록되어 있고, 효제비는 충청남도 유형문화재 제102호로 지정되어 보호되고 있대요. 오랫동안 초등학교 2학년 국어 교과서에 실렸던 이야기예요. 예산군에서는 의좋은 형제 축제도 열린다고 합니다.

함께 읽으면 좋은 책

비슷한 주제

○ 한 입만 | 경혜원 글·그림, 한림출판사, 2017

○ 내가 라면을 먹을 때 | 하세가와 요시후미 글·그림, 장지현 옮김, 고래이야기, 2019(개정판)

○ 장갑이 너무 많아! | 루이스 슬로보드킨, 플로렌스 슬로보드킨 글·그림, 허미경 옮김, 비룡소, 2017

○ 욕심쟁이 딸기 아저씨 | 김유경 글·그림, 노란돼지, 2017

○ 퐁퐁이와 툴툴이 | 조성자 글, 사석원 그림, 시공주니어, 2005

○ 내 동생 싸게 팔아요 | 임정자 글, 김영수 그림, 미래엔아이세움, 2006

○ 병원에 입원한 내동생 | 쓰쓰이 요리코 글, 하야시 아키코 그림, 이영준 옮김, 한림출판사, 1990

○ 난 형이니까 | 후쿠다 이와오 글·그림, 김난주 옮김, 미래엔아이세움, 2002

○ 짚 | 백남원 글·그림, 사계절, 2008

○ 벼가 자란다: 논농사와 벼의 한살이 | 보리 글, 김시영 그림, 보리, 2021(개정판)

○ 할머니 농사일기 | 이제호 글·그림, 소나무, 2021(개정판)

문해력을 높이는 엄마의 질문

1. 원인과 결과 살펴보기

책에 나온 인물들의 상황(원인)과 행동의 결과를 살펴봅니다.

이렇게 활용해 보세요

〈어쩌다 이런 일이?〉 도식은 어떤 사건의 원인과 결과를 파악하여 한눈에 볼 수 있도록 나타내게 도와줍니다. 이 과정을 통해 아동은 각 사건과 이야기의 흐름을 명확하게 이해할 수 있어요.

예를 들어, '봄에 모내기를 했어요' → '벼가 잘 자랐어요', '형에게 벼를 주었어요' → '동생의 벼는 줄고, 형의 벼는 늘었어요'처럼 원인이 되는 행동과 그 결과를 나타내면 됩니다. 이런 식으로 아이들에게 예를 들어 설명해 주면 쉽게 이해할 수 있어요.

2. 새로운 낱말로 짧은 문장 짓기

아래 낱말이 나오는 책의 장면과 문장을 찾아서 읽어 보아요. 그 낱말이 들어가는 짧은 문장을 지어 써 보세요.

이렇게 활용해 보세요

어휘력은 문해력의 기본입니다. 어휘 학습의 기본은 사전 찾기지요. 하지만 저학년의 경우 매번 사전을 찾아보라 하면 책 읽기 자체를 싫어하게 될 수도 있어요. 글과 그림이 대응 관계에 있는 그림책의 경우, 특정 단어가 포함된 문장과 관계있는 장면을 찾거나 장면과 관계있는 단어/문장을 찾음으로써 어휘력을 다질 수 있어요.

옛이야기 책이어서 낯설 수 있는 단어들을 몇 개 골라 목록을 마련하고, 그 단어가 쓰인 장면과 문장을 찾아봅니다. 책에 쓰인 문장을 주의 깊게 읽어 보고 나서 그 단어가 들어간 문장을 스스로 만들어 보는 거예요. 단어의 뜻만 듣거나 읽기보다는 실제적인 문장과 함께 이해해야 진정한 뜻을 알고 활용할 수 있어요.

3. 농사 이해하기

벼의 성장과 계절마다 농부가 하는 일을 알아보아요.

이렇게 활용해 보세요

이 책에 나타난 전통적인 농문화를 이해하고, 계절별로 내용을 나누어 정리합니다. 봄에 모내기 하는 장면이 나오고, 여름엔 풀을 뽑아 콩밭이 깨끗해지지요. 가을에 서늘한 바람이 불 때 벼 이삭이 여물고 허수아비가 논을 지키는 모습이 나와요. 추수도 중요하고요. 겨울에 대해서는 알 수 없지만, 형제의 마음씀씀이를 통해 농부들의 겨우살이가 어떨지 상상해 볼 수 있어요.

4. 간식 나누기

의좋은 형제가 벼를 나누었던 것처럼 과자나 과일을 이용해서 똑같이 나누어 보아요.

- 오늘의 간식이 모두 몇 개인지 세어 보세요.
- 형이나 동생이 볏단을 서로 더 많이 가져가려 했다면 어떤 일이 생겼을까요?
- 여러 명이 음식을 똑같이 나누려면 어떻게 해야 할까요?
- 우리도 의좋은 형제처럼 맛있는 간식을 나누어 보아요. 간식이 똑같이 나누어졌는지 살펴봅니다. 몇 개씩 나누었나요? 활동지에 그림으로 그리고 개수를 써 보세요.

이렇게 활용해 보세요

나눗셈의 기초를 배우고, 친구들과 똑같이 나누어 가짐을 경험하며 나눔의 마음을 되새길 수 있는 활동입니다.

큰 바구니나 접시, 과자나 과일, 개인별 간식 접시를 준비해 주세요. 매번 먹는 간식이지만, 오늘은 좀 더 특별하게 준비해 주세요. 매력적이고 작은 크기의 간식을 충분한 양으로요. 종류가 여러 가지여도 좋겠습니다. 책의 주제를 생각하며 맛있는 간식도 즐길 수 있으니 일석이조네요.

1. 어쩌다 이런 일이? 원인과 결과 살펴보기

책에 나온 인물들의 상황(원인)과 행동의 결과를 살펴봅니다.

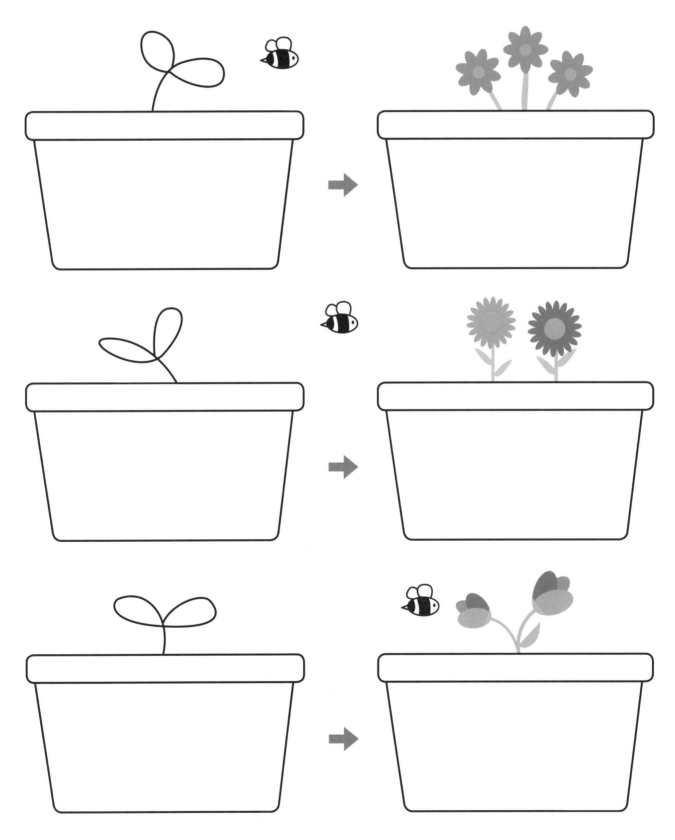

2. 새로운 낱말로 짧은 문장 짓기

아래 낱말이 나오는 책의 장면과 문장을 찾아서 읽어 보아요. 그 낱말이 들어가는 짧은 문장을 지어 써 보세요.

책 속 낱말	짧은 문장 짓기
장가	형은 장가를 들어 예쁜 아내와 아들도 하나 두었지만 →
총각	아우는 아직 총각입니다. →
혼인	두 사람이 혼인을 맺게 되었습니다. →
살림	아우는 가까운 곳에 새집을 마련하고 살림을 났지요. →
풍년	"하늘이 도우셔서 풍년이 들었구나." →

3. 계절마다 농부가 하는 일 농사 이해하기

벼의 성장과 계절마다 농부가 하는 일을 알아보아요.

봄 •

여름 •

가을 •

겨울 •

• 벼 이삭이 여물고
무르익은 벼를 베요.

• 콩밭에 풀을 뽑아 줘요.

• 벼 이삭이 여물면
허수아비를 세워요.

• 모내기를 해요.

• 다음 농사를 준비해요.

4. 간식 나누기

의좋은 형제가 벼를 나누었던 것처럼 과자나 과일을 이용해서 똑같이 나누어 보아요.

- 오늘의 간식이 모두 몇 개인지 세어 보세요.

- 형이나 동생이 볏단을 서로 더 많이 가져가려 했다면 어떤 일이 생겼을까요?

- 여러 명이 음식을 똑같이 나누려면 어떻게 해야 할까요?

- 우리도 의좋은 형제처럼 맛있는 간식을 나누어 보아요. 간식이 똑같이 나누어졌는지 살펴봅니다.
  몇 개씩 나누었나요? 활동지에 그림으로 그리고 개수를 써 보세요.

_____ 개

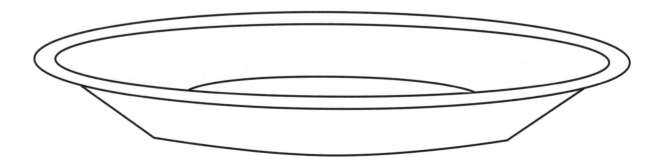

팥죽 할멈과 호랑이

#도움 #호랑이 #할머니

글 박윤규
그림 백희나
출간 2006년
펴낸 곳 시공주니어
갈래 한국문학(옛이야기 그림책)

이 책을 소개합니다

어린 시절 할머니, 할아버지께서 들려주셨던 구수한 옛이야기를 2005년 볼로냐 국제어린이도서전에서 올해의 일러스트레이터로 선정된 백희나 작가가 한지 인형으로 정겹게 살려 낸 그림책이에요. "팥죽 한 그릇 주면 안 잡아먹지!"라는 대사(?)가 유명한 이야기이지요.

봄날 팥밭에서 김을 매던 할머니를 호랑이가 잡아먹으려 해요. 이때 할머니는 눈 내린 겨울날 먹을 것이 없을 때, 맛난 팥죽이나 실컷 먹고 나서 잡아먹으라고 말하며 겨울까지 날을 미루지요. 마침내 겨울이 다가오고, 커다란 가마솥에 팥죽을 팔팔 끓이며 할머니는 호랑이에게 잡아먹힐 생각에 꺼이꺼이 울었어요. 할머니의 울음소리에 알밤, 자라, 물찌똥, 송곳, 돌절구, 멍석, 지게가 할머니에게 팥죽을 얻어먹고 힘을 합해 할머니를 도와줍니다. 작고 약한 친구들이 힘을 모아 호랑이라는 공포와 두려움의 존재를 통쾌하게 물리치는 거지요.

도서 선정 이유

　　소설가이자 시인인 박윤규 선생님이 글을 썼어요. 운율을 다루는 데 능한 시인이 글을 맡아 옛이야기의 구어체를 제대로 살려 냈어요. 다양한 의성어와 의태어로 말의 재미를 배가해서 아이들이 소리 내어 읽어 보게 하면 재미있을 것 같아요. 엄마가 아이들을 둘러앉히고 실감 나게 읽어 주시면 더 좋고요. 굳이 동짓날이 아니어도 간식이나 점심으로 팥죽을 준비해 두고 이야기 잔치를 벌이면 어떨까요?

　　반복과 누적의 전형적인 옛이야기 구조가 이야기에 푹 빠져들게 해요. 마치 탐관오리 같은 호랑이를 상대하는 할머니와 다양한 캐릭터는 소박한 민중의 모습을 담고 있고, 권선징악과 인과응보가 잘 살아 있습니다. 일러스트도 정말 매력적이에요. 표정까지 섬세하게 한지 인형을 만들고 사진을 찍은 작가의 정성에 감탄이 나옵니다.

함께 읽으면 좋은 책

비슷한 주제

○ 해님 달님 | 송재찬 글, 이종미 그림, 국민서관, 2004

○ 까치와 호랑이와 토끼 | 김중철 글, 권문희 그림, 웅진출판, 1998

○ 나무꾼과 호랑이 형님 | 이나미 글·그림, 한림출판사, 1998

○ 호랑이와 곶감 | 위기철 글, 김환영 그림, 국민서관, 2004

○ 팥죽 호랑이와 일곱 녀석 | 최은옥 글, 이준선 그림, 국민서관, 2015

○ 팥죽 한 그릇 | 오은영 글, 오승민 그림, 느림보, 2014

○ 팥빙수의 전설 | 이지은 글·그림, 웅진주니어, 2019

○ 이야기 보따리를 훔친 호랑이 | 김하루 글, 김옥재 그림, 우리아이들(북뱅크), 2016

○ 금강산 호랑이 | 권정생 글, 정승각 그림, 길벗어린이, 2017

○ 호랑이 씨 숲으로 가다 | 피터 브라운 글·그림, 서애경 옮김, 사계절, 2014

○ 귀신 단단이의 동지팥죽 | 김미혜 글, 최현묵 그림, 비룡소, 2010

같은 작가

○ 사시사철 우리 놀이 우리 문화 | 백희나 닥종이 인형, 이선영 글, 최지경 그림, 한솔수북, 2006

○ 알사탕 | 백희나 글·그림, 책읽는곰, 2017

○ 안녕, 태극기! | 박윤규 글, 백대승 그림, 푸른숲주니어, 2012

○ 신기한 사과나무 | 박윤규 글, 박해남 그림, 시공주니어, 2011

문해력을 높이는 엄마의 질문

1. 책 표지 살펴보기

이 책의 표지를 자세히 살펴보아요.

- 할머니는 어디에 있는 걸까요?
- 할머니가 들고 있는 건 소반이에요. 소반 위에 올려진 건 무엇일까요?
- 할머니가 웃고 있어요. 이야기에서 무슨 일이 일어날까요?
- 제목에 '팥죽'과 '호랑이'가 나와요. 할머니와 어떻게 연관이 될까요?

이렇게 활용해 보세요

어떤 그림책은 표지부터 자세하게 다루며 이야기를 나누기 좋아요. 주인공이 소개되거나 배경이 드러날 때, 아이의 사전 지식을 검토해 보거나 어떤 이야기가 펼쳐질지 예측해 볼 수 있지요. 인물의 자세나 표정을 통해서도 예측에 도움을 받을 수 있어요. 이때 제목과 그림을 연결해 보는 것도 좋고, 제목을 가리고 상상력을 발휘해 각자의 추측을 비교해 볼 수도 있어요.

2. 줄거리 파악하기

다음 질문에 답하며 이야기의 줄거리를 떠올려 볼까요?

- 호랑이는 왜 팥밭에서 할머니를 잡아먹지 않았나요?
- 누가 팥죽을 먹고 할머니를 도와주겠다고 했나요?
- 호랑이는 왜 부엌에서 미끄러졌나요?
- 지게는 호랑이를 어떻게 했나요?
- 해마다 동짓날이 되면 할머니는 무엇을 했나요?

이렇게 활용해 보세요

이 이야기는 반복과 누적의 구조로 되어 있어 책을 다시 들추어 살펴보지 않아도 머릿속으로 줄거리를 떠올리기 쉬워요. 질문으로 도와주세요. 몇 개의 질문에 답하다 보면 어떤 사건이 중요한 건지 아이들도 감을 잡게 됩니다. 어린 아동이 책을 읽고 이야기를 요약할 때 가장 어려워하는 부분이 바로 중요하지 않은 상세한 정보를 무시하는 일이거든요.

3. 줄거리 정리하기

이야기의 줄거리가 정리되었나요? 꼬리 달린 쥐마다 한 가지씩 내용을 넣어서 이야기를 완성해 보세요.

〈꼬리를 무는 이야기 놀이〉 도식은 《팥죽 할멈과 호랑이》, 《좁쌀 한 알로 정승 사위가 된 총각》 같은 반복적, 누적적 이야기의 내용을 정리하는 데 쓰기 좋아요. 앞에서 질문에 답하며 줄거리가 머릿속에 정리되었을 테니, 이 쥐꼬리 도식에 나타내 봅니다.

책동아리 POINT

이 도식은 책을 읽고 뒤에 어떠한 이야기가 펼쳐질 수 있을지 상상할 때 활용해도 좋아요. 한 명이 상상한 내용을 짤막하게 표현하면 다른 아동이 거기에 자신의 이야기를 덧붙일 수 있어요. 이런 식으로 이야기를 이어 나가다 보면 새로운 이야기가 탄생하지요.

4. 소리와 행동으로 인물 표현하기

이 책에는 여러 등장인물이 등장하거나 숨는 모습이 나와요. 숨는 곳도 다양하고요.

책을 다시 자세히 보며 각 인물이 움직이거나 숨을 때 어떤 의성어, 의태어가 쓰였는지, 숨은 곳은 어디인지 찾아 표를 채워 보세요. 그리고 각 등장인물을 목소리나 행동으로 표현해 보세요.

등장인물	움직이는 모습과 소리	숨은 곳
알밤	폴짝폴짝, 통통, 쏙, 뻥	아궁이
자라	엉금엉금, 척척, 풍덩, 콰작	물동이
물찌똥	질퍽질퍽, 탁탁, 벌렁	부엌 바닥
송곳	깡충깡충, 콩콩, 슬쩍, 콱	물찌똥 뒤
돌절구	덜렁덜렁, 쿵쿵, 척척, 뚝딱	부엌문 위

멍석	데굴데굴, 척척, 주르, 둘둘둘둘	부엌 앞
지게	껑충껑충, 껑충, 척, 덜렁, 껑충 껑껑충	마당 감나무 옆
호랑이	저벅저벅, 쿵쿵, 어슬렁어슬렁, 첨벙, 줄떡, 벌러덩, 쿵, 펄쩍펄쩍	

이렇게 활용해 보세요

《팥죽 할멈과 호랑이》는 초등 국어 교과서 2-2 나 11단원(연극)에서 '인물의 행동을 실감 나게 표현하기'에 활용되는 책이에요. 이 이야기가 여러 인물의 역할 이해나 연기에 적합한 면이 있다는 거겠지요?

우선 책을 다시 읽어 보며 인물의 움직임을 묘사한 의성어와 의태어를 찾아보기로 해요. 인물의 대기 공간(?)도 알아보고요. 이를 통해 말의 재미뿐 아니라, 연기를 위한 중요한 정보를 얻을 수 있어요.

느낌을 제대로 알기 위해서 직접 몸으로 각 표현을 연기해 보는 것도 추천합니다. 1학년들은 순진해서 잘할 거예요.

5. 같은 이야기 다른 책 비교하기

같은 이야기를 다룬 여러 책을 비교해 보세요.

• 제목이 다른 책이 있나요?

• 그림의 느낌을 비교해 보세요. 어떤 차이가 있나요?

• 주인공 할머니는 각각 어떻게 묘사되어 있나요?

• 호랑이는 각각 어떻게 묘사되어 있나요?

• 할머니를 도와주는 등장인물의 종류나 순서에 차이가 있나요?

• 어떤 책의 그림이 가장 마음에 드나요?

• 어떤 책의 글이 가장 마음에 드나요?

이렇게 활용해 보세요

그림책을 활용해서 아이들도 비교문학적 체험을 해 볼 수 있어요. 이 그림책처럼 다양한 버전이 존재하는 유명한 이야기가 적절하겠지요. 도서관을 활용해 다양한 판형의 《팥죽 할멈과 호랑이》를 준비해 주세요. 제가 준비했던 책은 아래와 같습니다.

《팥죽 할멈과 호랑이》, 박윤규 글, 백희나 그림, 시공주니어, 2006

《팥죽 할머니와 호랑이》, 조대인 글, 최숙희 그림, 보림, 1997

《팥죽 할멈과 호랑이》, 소중애 글, 김정한 그림, 비룡소, 2010

《호랑이가 들려주는 팥죽 할멈과 호랑이 이야기》, 천미진 글, 김홍모 그림, 키즈엠, 2015

책들을 비교하여 살펴보는 데 도움을 주기 위해 몇 개의 질문을 마련했어요. 각 초점에 따라 비교하면서 자기만의 대답을 표현하게 해 주세요.

한 이야기를 소재로 글 작가와 그림 작가가 얼마나 다채로운 솜씨를 펼칠 수 있는지, 옛이야기가 입에서 입으로 전해지며 얼마나 다양하게 변화할 수 있는지 경험할 수 있는 기회가 될 거예요(원작이 있더라도 모든 그림책은 '창작'임을 잊지 마세요). 독자로서 책을 고르는 눈을 키우는 훈련이 되기도 합니다.

6. 도구의 쓰임새 생각하기

이 책에서는 지게, 절구, 멍석, 호미 등 오래전에 쓰이던 다양한 물건이 등장해요. 원래 어떨 때 쓰는 건지, 이 책에서는 어떻게 쓰였는지, 또 어떻게 쓸 수 있는지 생각해 보아요.

이렇게 활용해 보세요

이 책에는 농경사회에서 자주 쓰이던 물건들이 여럿 등장해 이야기의 문제를 해결해 줍니다. '이건 원래 어떨 때 쓰는 걸까? 무엇에 도움이 되지? 또 다른 방식으로는 어떻게 쓰일 수 있을까? 왜 그렇게 생각했어?'처럼 질문해 주세요.

아이가 기발한 생각을 하면 칭찬해 주세요. 창의력은 곧 독창성입니다.

1. 책 표지 살펴보기

이 책의 표지를 자세히 살펴보아요.

할머니는 어디에 있는 걸까요?

할머니가 들고 있는 건 소반이에요. 소반 위에 올려진 건 무엇일까요?

할머니가 웃고 있어요. 이야기에서 무슨 일이 일어날까요?

제목에 '팥죽'과 '호랑이'가 나와요. 할머니와 어떻게 연관이 될까요?

2. 줄거리 파악하기

다음 질문에 답하며 이야기의 줄거리를 떠올려 볼까요?

호랑이는 왜 팥밭에서 할머니를 잡아먹지 않았나요?

누가 팥죽을 먹고 할머니를 도와주겠다고 했나요?

호랑이는 왜 부엌에서 미끄러졌나요?

지게는 호랑이를 어떻게 했나요?

해마다 동짓날이 되면 할머니는 무엇을 했나요?

3. 줄거리 정리하기

이야기의 줄거리가 정리되었나요? 꼬리 달린 쥐마다 한 가지씩 내용을 넣어서 이야기를 완성해 보세요.

4. 소리와 행동으로 인물 표현하기

이 책에는 여러 등장인물이 등장하거나 숨는 모습이 나와요. 숨는 곳도 다양하고요.
책을 다시 자세히 보며 각 인물이 움직이거나 숨을 때 어떤 의성어, 의태어가 쓰였는지, 숨은 곳은 어디
인지 찾아 표를 채워 보세요. 그리고 각 등장인물을 목소리나 행동으로 표현해 보세요.

등장인물	움직이는 모습	숨은 곳
알밤		
자라		
물찌똥		
송곳		
돌절구		
멍석		
지게		
호랑이		

5. 같은 이야기 다른 책 비교하기

같은 이야기를 다룬 여러 책을 비교해 보세요.

- 제목이 다른 책이 있나요?

- 그림의 느낌을 비교해 보세요. 어떤 차이가 있나요?

- 주인공 할머니는 각각 어떻게 묘사되어 있나요?

- 호랑이는 각각 어떻게 묘사되어 있나요?

- 할머니를 도와주는 등장인물의 종류나 순서에 차이가 있나요?

- 어떤 책의 그림이 가장 마음에 드나요?

- 어떤 책의 글이 가장 마음에 드나요?

6. 농기구 알기 도구의 쓰임새 생각하기

이 책에서는 지게, 절구, 멍석, 호미 등 오래전에 쓰이던 다양한 물건이 등장해요. 원래 어떤 때 쓰는 건지, 이 책에서는 어떻게 쓰였는지, 또 어떻게 쓸 수 있는지 생각해 보아요.

등장인물	실제 쓰임새	또 다른 쓰임새
지게		
송곳		
절구		
멍석		

고양이와 장화

원제: Puss & Boots, 2009년

**#꾀 #모험 #자신감
#공생 #패러디**

글·그림 아야노 이마이
옮김 이광일
출간 2010년
펴낸 곳 느림보
갈래 외국문학(판타지 그림책)

📖 이 책을 소개합니다

이 책은 영리한 고양이와 신기한 구두 이야기로, 샤를 페로의 고전《장화 신은 고양이》를 새롭게 해석한 그림책이에요. 구두장이 아저씨가 만든 구두가 팔리지 않아 가게 문을 닫을 상황이 되자, 그의 고양이는 가장 멋지고 아름다운 장화를 신고는 괴물이 사는 성으로 찾아갑니다. 고양이는 마법으로 무엇이든 변신할 수 있는 괴물을 부추겨 구두를 잔뜩 주문하게 합니다. 하지만 구두쇠 괴물은 사자로 변신하고 한 푼도 줄 수 없다며 고양이를 내쫓았어요. 고양이는 아주 특별한 구두를 들고 다시 괴물을 찾아가서 꾀로 괴물의 욕심과 어리석음을 꿀꺽 삼킵니다. 덕분에 구두장이 아저씨는 고양이와 함께 성에서 구두 가게를 열게 되지요. 괴물이 무서워 집 밖으로 나올 수 없던 마을 사람들도 다시 집 밖으로 나와 신발을 살 수 있게 되었고요. 옛이야기를 재미나게 되살린 어여쁜 그림책이에요.

도서 선정 이유

《체스터》로 전 세계에 수많은 팬을 확보한 일본 작가 아야노 이마이는 《장화 신은 고양이》를 흥미진진하게 패러디했어요. 마법, 괴물, 구두라는 소재를 효율적으로 활용하고 매력적인 그림으로 포장했지요. 괴물의 얼굴을 공개하지 않는다든지, 고양이가 괴물을 꿀꺽 삼키는 장면도 흔적으로만 보여 주는 기발함이 재미있어요. 자만하다가 망하는 괴물과 작지만 영리한 고양이를 보고 통쾌함도 만끽할 수 있지요. 우리 옛이야기와도 통하는 바가 있어 시대와 지역을 초월하는 옛이야기의 공통적 특성을 발견할 수 있습니다. 이 그림책을 원작과 비교해 보며 패러디라는 장르에 다가가면 좋겠습니다.

함께 읽으면 좋은 책

비슷한 주제

○ 장화 신은 고양이 | 샤를 페로 글, 프레드 마르셀리노 그림, 홍연미 옮김, 시공주니어, 1995

패러디

○ 제가 잡아먹어도 될까요? | 조프루아 드 페나르 글·그림, 이정주 옮김, 베틀북, 2002 -《빨간 모자》

○ 슈퍼 거북 | 유설화 글·그림, 책읽는곰, 2014 -《토끼와 거북이》

○ 아기 늑대 세 마리와 못된 돼지 | 헬린 옥슨버리 글, 유진 트리비자스 그림, 김경미 옮, 시공주니어, 2006 -《아기 돼지 세 마리》

○ 세상에서 가장 심술궂은 아이가 될 수 있다면 | 로레인 캐리 글, 미기 블랑코 그림, 이혜리 옮김, 사파리, 2021(개정판) -《신데렐라》

○ 종이 봉지 공주 | 로버트 문치 글, 마이클 마첸코 그림, 김태희 옮김, 비룡소, 1998 -《공주 이야기》

○ 개구리 왕자 그 뒷이야기 | 존 셰스카 글, 스티브 존슨 그림, 엄혜숙 옮김, 보림, 1996 -《개구리 왕자》

○ 비단 치마 | 이형진 글·그림, 느림보, 2005 -《심청전》

같은 작가

○ 체스터 | 아야노 이마이 글·그림, 선우미정 옮김, 느림보, 2008

○ 브라운 아저씨의 신기한 모자 | 아야노 이마이 글·그림, 이은주 옮김, 느림보, 2014

문해력을 높이는 엄마의 질문

1. (육하원칙에 맞춰) 줄거리 파악하기

그림책을 다 읽은 후, 도식을 이용해 줄거리를 정리해 보아요.

- (표지를 보고) 이 고양이는 무슨 일을 하는 고양이일까요?

- 거대한 장화의 주인은 누구일까요?

- 구두장이 아저씨는 왜 가게 문을 닫으려고 했나요?

- 고양이는 왜 장화를 팔려고 했나요?

- 고양이가 장화를 팔려고 찾아간 곳은 어디였나요?

- 성안에는 누가 살고 있었나요?

- 고양이가 구두값을 달라고 하자 괴물은 어떤 동물로 변했나요?

- 구두장이 아저씨와 고양이는 어디에 새 구두 가게를 차렸나요?

> 이렇게 활용해 보세요

〈육하원칙을 삼킨 뱀〉 도식은 그림책의 줄거리를 떠올리며 한눈에 보이게 정리할 수 있도록 도와줍니다. 육하원칙과 관련해 아이들이 이야기를 논리적으로 생각하는 연습을 할 수 있게 만들어 주지요.

아이들의 생각을 돕는 Wh-question을 던져 주세요. 아이들이 정리를 한다면,

- 누가: 고양이가

- 왜: 괴물이 그동안 구두 값을 주지 않아서

- 어디서: 괴물이 사는 성으로

- 언제: 구두값을 받으러 간 날

- 어떻게: 괴물을 생쥐로 변신하게 만들어서

- 무엇을: 괴물을 잡아먹음

이렇게 될 거예요. 육하원칙의 순서는 뒤바뀌어도 상관없어요.

2. 패러디 이해하기 심화

《장화 신은 고양이》이야기에 대한 글을 읽고, 이 책《고양이와 장화》와 어떤 점이 같거나 다른지 비교해 보세요.

이렇게 활용해 보세요

〈눈사람 형제〉도식으로 이야기에 나타나는 인물, 배경, 사건 등 여러 가지를 비교, 대조해서 정리할 수 있어요. 벤 다이어그램 구조를 이용하는 이 활동을 통해 비교와 대조의 개념을 익히고, 정보를 효율적으로 정리하게 됩니다.

원전의 내용을 모르거나 기억하기 어려울 테니, 요약본을 읽기 자료로 만들어 주면 좋아요. 시간적 여유가 있다면 이 책부터 읽어 보면 더 좋고요. 인물, 배경, 사건에서 어떤 점이 달라졌는지 비교해 봅니다. 아이가 찾아낼 때마다 격려해 주세요.

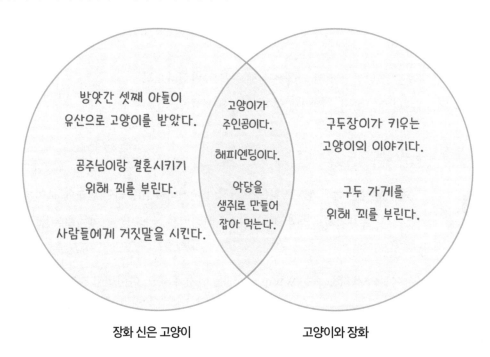

방앗간 셋째 아들이 유산으로 고양이를 받았다.

공주님이랑 결혼시키기 위해 꾀를 부린다.

사람들에게 거짓말을 시킨다.

고양이가 주인공이다.

해피엔딩이다.

악당을 생쥐로 만들어 잡아 먹는다.

구두장이가 키우는 고양이의 이야기다.

구두 가게를 위해 꾀를 부린다.

장화 신은 고양이   고양이와 장화

3. 등장인물 분석하기

주인공 고양이는 어떤 인물인지 이야기해 보세요.

이렇게 활용해 보세요

〈너는 누구니?〉는 이야기에 등장하는 인물을 분석해서 정리하게 돕는 도식이에요. 마음에 드는 등장인물을 골라 보고 그 인물을 고른 이유, 그에게서 본받을 점이나 고쳐 주고 싶은 점 등을 정리해 볼 수 있어요.

　이 책에 나오는 고양이라면, '꾀가 많다, 영리하다, 지혜롭다, 슬기롭다, 거짓말을 잘한다. 임기응변을 잘한다, 용기가 있다, 충성스럽다, 적극적이다, 몸집이 작다, 힘이 약하다' 등의 특성을 생각해 볼 수 있겠네요.

4. 말풍선 채우기

인상 깊은 마지막 장면을 보고, 말풍선을 채워 보세요.

이렇게 활용해 보세요

　그림책을 함께 읽었다면 그중에서 인상적인 그림이 있을 거예요. 인물의 표정이 색다르거나 뒷모습이 나오거나……. 이때 이 인물이 어떤 생각을 했을지 상상해서 언어로 표현해 보는 활동입니다. 상상력을 발휘해서 작가처럼 재치 있게 말하는 연습을 할 수 있도록 도와주세요.

1. 꿈하임처럼 삼킨 뱀

줄거리 파악하기

그림책을 다 읽은 후, 도식을 이용해 줄거리를 정리해 보아요.

언제

누가

어디서

무엇을

어떻게

왜

104

2. 장화 신은 고양이 vs. 고양이와 장화 　패러디 이해하기

《장화 신은 고양이》이야기에 대한 글을 읽고, 이 책《고양이와 장화》와 어떤 점이 같거나 다른지 비교해 보세요.

《장화 신은 고양이》 요약

샤를 페로 글, 프레드 마르셀리노 그림, 홍연미 옮김, 시공주니어, 1995

　아들 셋 있는 방앗간 주인이 세상을 떠나며 세 아들에게 방앗간, 당나귀, 고양이 한 마리를 각각 유산으로 남겨 준다. 고양이를 물려받은 막내는 앞으로 살길이 막막하지만, 꾀 많은 고양이가 장화 한 켤레와 자루를 마련해 주면 막내를 행복하게 해 주겠다고 약속한다.

　고양이 푸스는 자루로 토끼와 메추라기를 잡아 왕에게 바치면서 주인인 막내를 카라바스 후작이라고 속여 그의 선물이라고 말한다. 왕이 행차하는 길목에서 카라바스 후작이 강물에 빠진 것처럼 꾸미고, 왕은 카라바스 후작을 구해 내어 좋은 옷을 입히고 마차에 태운다. 공주는 멋진 카라바스 후작의 외모에 반한다. 고양이 푸스는 마차를 앞질러 가면서 들판과 밀밭의 농부들에게 겁을 주며 땅과 밀을 후작님의 것이라고 말하라고 시킨다. 그리고 거인이 사는 성으로 가서 사자로 변신하는 거인에게 생쥐로 변할 수 있냐고 물은 뒤 생쥐로 변한 거인을 꿀꺽 삼켜 버린다. 고양이 푸스는 왕에게 그 성이 카라바스 후작의 성이라고 소개한다.

　성에서 잔치를 벌인 왕은 후작을 사위로 맞고 싶다고 하여 그날 결혼식을 올린다. 그 후 고양이 푸스는 푸스 경이 되어 재미로 쥐를 쫓아다니는 삶을 살게 되었다.

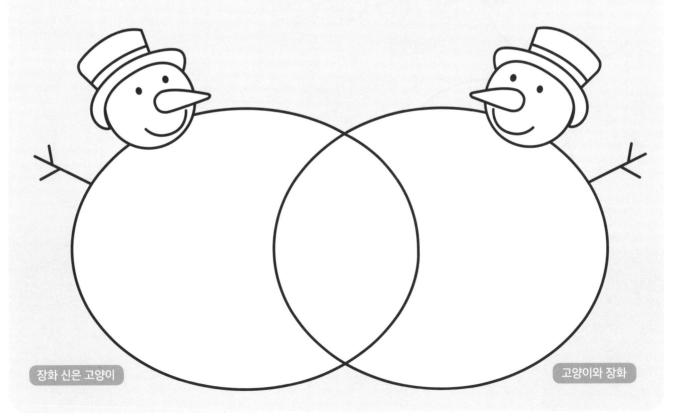

장화 신은 고양이 / 고양이와 장화

3. 너는 누구니? 등장인물 분석하기

주인공 고양이는 어떤 인물인지 이야기해 보세요.

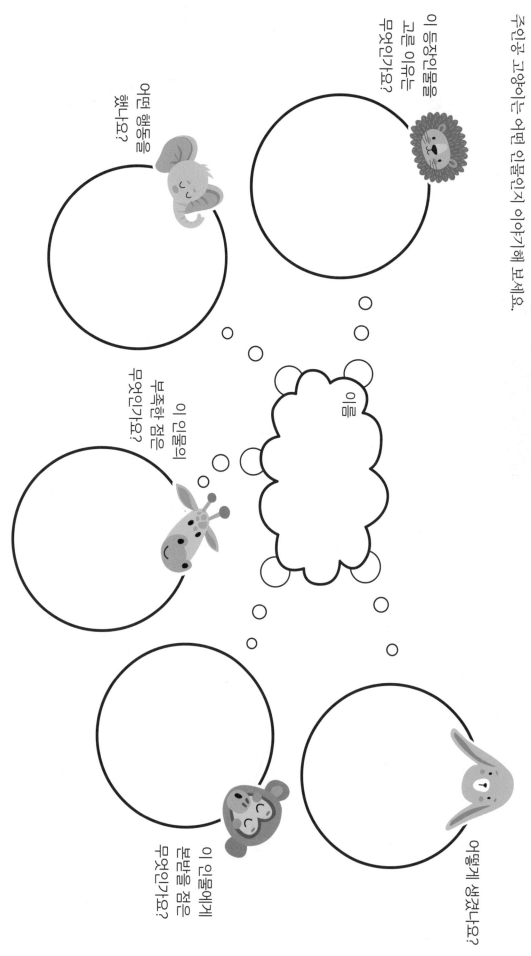

이 등장인물을
고른 이유는
무엇인가요?

어떤 행동을
했나요?

이름

이 인물의
부족한 점은
무엇인가요?

이 인물에게
본받을 점은
무엇인가요?

어떻게 생겼나요?

4. 말풍선 채우기

인상 깊은 마지막 장면을 보고, 고양이가 무슨 생각을 했을지 말풍선을 채워 보세요.

좁쌀 한 알로 정승 사위가 된 총각

#지혜 #소신 #용기
#작은 것의 소중함

원작 박영만
글 배서연
그림 전갑배
감수 권혁래
출간 2012년
펴낸 곳 사파리
갈래 한국문학(옛이야기 그림책)

📖 이 책을 소개합니다

옛날에 한 총각이 좁쌀 한 알을 소중히 품고 서울로 과거를 보러 떠났어요. 밤에 주막에 묵으며 주인에게 좁쌀을 잘 보관해 달라고 부탁했지요. 이튿날 아침, 밤사이 쥐가 좁쌀을 먹어 버렸다고 변명하는 주인에게 총각은 쥐라도 잡아 달라고 해요. 다음 날 밤, 총각은 다른 주막에 들러 생쥐를 맡겼지만, 고양이가 생쥐를 잡아먹고 말았어요. 총각은 주막에 묵을 때마다 자신의 소중한 것을 주인에게 맡겼지만, 누구도 총각이 맡긴 소중한 것을 제대로 간수하지 못했어요. 이렇게 고양이는 개가 되고, 개는 말이 되고, 말은 소가 되고……. 주막 주인 아들이 총각의 소를 정승 집에 팔아 버리자, 총각은 정승을 찾아가 자기 소를 내놓으라고 당당히 호통을 쳤고, 정승은 총각의 소신과 당당한 기세에 감탄해 자신의 딸과 총각을 혼인시켰대요.

 ## 도서 선정 이유

옛이야기가 지닌 강점은 어린아이들을 책 읽기에 빠지게 할 수 있어요. 단순하고 반복적인 구조는 초보 독자에게 자신감을 주고, 과장된 설정은 재미를 준답니다. 구어체로 쓰여 편하게 읽을 수 있고, 우리 고유의 문화에 친숙함을 느낄 수 있지요. 단, 교훈을 주더라도 노골적이지 않은 것이 좋아요. 이 책의 주인공은 작은 것도 소중히 여기고, 자기 생각을 분명하게 전달해 상대방을 설득할 줄 아는 적극적이고 용기 있는 성품을 보여 줍니다. 반복적인 구조라 아이들의 상상력을 자극하고 이야기를 예측하며 읽을 수 있는 묘미도 있습니다.

박영만 선생님이 전국 방방곡곡 구석구석을 돌면서 모아 엮은《조선전래동화집》을 원작으로 하여, 글 작가가 표현과 말투를 잘 살리면서도 아이들에게 맞게 솜씨 있게 다듬었다고 하네요. 풍부한 묘사와 생생한 입말체로 우리말의 아름다움을 느낄 수 있습니다.

 ## 함께 읽으면 좋은 책

비슷한 주제

○ 열두 띠 이야기 | 정하섭 글, 이춘길 그림, 보림, 2006(개정판 2판)

○ 요셉의 작고 낡은 오버코트가…? | 심스 태백 글·그림, 김정희 옮김, 베틀북, 2000

○ 서 근 콩, 닷 근 팥 | 서정오 글, 한상언 그림, 토토북, 2015

○ 속담이 백 개라도 꿰어야 국어왕 | 강효미 글, 최윤지 그림, 상상의집, 2012

같은 작가

○ 개가 된 범 | 박영만 원작, 원유순 글, 김태현 그림, 권혁래 감수, 사파리, 2020

문해력을 높이는 엄마의 질문

1. 이야기 순서 정리하기

이야기를 읽으며 좁쌀 한 톨이 무엇으로 바뀌어 가는지 과정을 알아봅니다. 책을 또박또박 따라 읽으며 알아 보세요.

이렇게 활용해 보세요

〈이야기 눈덩이를 굴려 보자〉는 이야기에 나타난 주요 사건을 순차적으로 정리하는 도식으로 아동이 이야기 전체 흐름을 파악할 수 있도록 돕습니다. 이 활동은 이야기 속에서 중요한 사건을 가려내어 순차적으로 배열하는 능력을 길러 줍니다.

이 책의 연쇄적인 플롯에 따라 대상이 여섯 번 바뀌는 상황을 눈덩이 안에 표현하게 해 주세요.

정답: 좁쌀 → 쥐 → 고양이 → 개 → 말 → 소 → 색시(정승집 딸)

2. 근거와 함께 주장하기

주인공 총각이 어떤 주장을 펼쳐서 좁쌀을 쥐로, 쥐를 고양이로 바꿔 가는지 기억나나요?

주장과 근거를 쌓아 올려 탑을 만들어 보세요.

이렇게 활용해 보세요

도식에 인물의 주장과 그에 대한 근거를 정리해요. 이를 통해 주장이 무엇이고, 근거가 무엇인지 알게 되고 논리적으로 설득하는 훈련을 할 수 있어요.

책을 다시 한번 읽으며 주인공이 펼치는 주장 부분을 주의 깊게 보라고 일러 줍니다. 탑의 아래 에서부터 한 단씩 쌓아올려요.

3. 이야기에 대한 내 생각 말하기

다음 질문에 대한 자신의 생각을 말해 보세요.

• 좁쌀 한 알을 가지고 세상 구경을 떠난 총각은 나중에 장가까지 가게 되는데, 작은 좁쌀 한 알로 자신이 원하는 걸 얻어 낸 총각의 행동을 어떻게 생각하나요?

• 주막 주인은 왜 좁쌀을 아무렇게나 던졌을까요? 내가 총각이라면 그 사람에게 뭐라고 말했을까요?

• 총각의 물건을 맡아 주고, 하룻밤씩 재워 준 집주인들은 각각 총각이 맡긴 것보다 더 큰 것을 물어 주게 되는데, 그들의 마음은 어땠을까요? 그 사람의 입장에서 생각해 보세요.

> **이렇게 활용해 보세요**
>
> 옛이야기를 읽고 재미있다고만 여기고 마치기보다는 사고력을 탄탄하게 하는 기회로 삼아 보면 좋겠어요. 사건에 대해 어떻게 생각하는지, 왜 그런 일이 생긴 것인지, 나라면 어떻게 할지, 중심인물이 아닌 사람들은 어떤 입장 또는 감정일지 생각해 보고 이야기 나눕니다.

4. 신문에서 점점 길어지는 낱말 찾기

주인공 총각이 좁쌀 한 알로 바꾼 동물들은 크기가 계속 커져요. 우리는 계속 길어지는 낱말을 찾아보기로 해요. 신문의 낱말들을 살펴보세요. 한 글자부터 시작해서 한 글자씩 더 길어지는 낱말을 오려 붙입니다. 몇 글자 낱말까지 찾았나요?

> **이렇게 활용해 보세요**
>
> 신문이라는 실제적 읽기 자료에 대한 관심을 유발하고 어휘력을 확장시키기 위해 생각해 본 활동이에요. 어린이 신문이나 일반 신문의 헤드라인, 광고 등에서 음절 수가 점점 늘어나는 낱말을 찾아 오려 붙여 봅니다. 아이가 무슨 뜻이냐고 물어볼 때 적극적으로 대답해 주세요. 정의를 모르는 낱말이라면 함께 사전을 찾아보거나 온라인 검색을 활용하면 됩니다.

1. 이야기 눈덩이를 굴려 보자

이야기를 읽으며 줌싹한 등이 무엇으로 바뀌어 가는지 과정을 알아봅니다. 책을 또박또박 따라 읽으며 알아보세요.

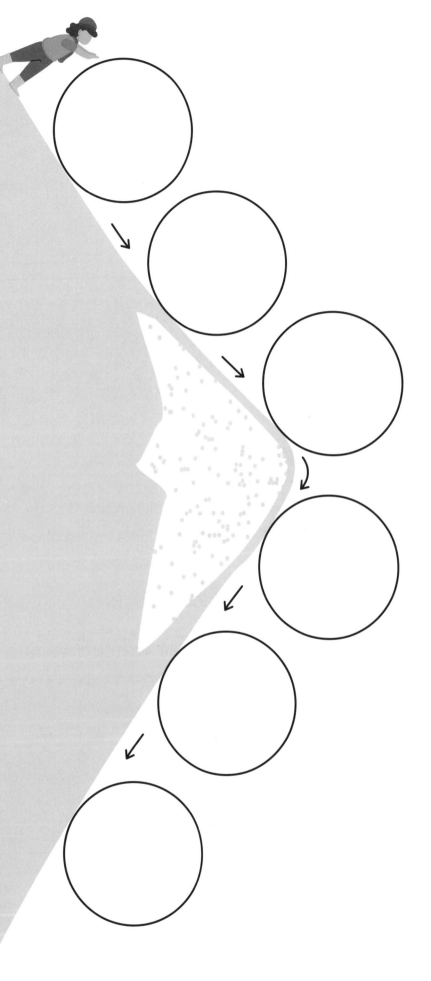

2. 근거를 쌓아 만든 탑 근거와 함께 주장하기

주인공 총각이 어떤 주장을 펼쳐서 좁쌀을 쥐로, 쥐를 고양이로 바꿔 가는지 기억나나요?
주장과 근거를 쌓아 올려 탑을 만들어 보세요.

주장 5

근거(이유) 5

주장 4

근거(이유) 4

주장 3

근거(이유) 3

주장 2

근거(이유) 2

주장 1

근거(이유) 1

3. 이야기에 대한 내 생각 말하기

다음 질문에 대한 자신의 생각을 말해 보세요.

• 좁쌀 한 알을 가지고 세상 구경을 떠난 총각은 나중에 장가까지 가게 되는데, 작은 좁쌀 한 알로 자신이 원하는 걸 얻어 낸 총각의 행동을 어떻게 생각하나요?

• 주막 주인은 왜 좁쌀을 아무렇게나 던졌을까요? 내가 총각이라면 그 사람에게 뭐라고 말했을까요?

• 총각의 물건을 맡아 주고, 하룻밤씩 재워 준 집주인들은 각각 총각이 맡긴 것보다 더 큰 것을 물어 주게 되는데, 그들의 마음은 어땠을까요? 그 사람의 입장에서 생각해 보세요.

등장인물	그 사람의 입장
첫 번째 주막 주인(쥐를 잡아 줌)	
두 번째 주막 주인(고양이 주인)	
세 번째 주막 주인(개 주인)	
네 번째 주막 주인(말 주인)	
다섯 번째 주막 주인(소 주인)	
정승(색시의 아버지)	

4. 신문에서 점점 길어지는 낱말 찾기

주인공 총각이 좁쌀 한 알로 바꾼 동물들은 크기가 계속 커져요. 우리는 계속 길어지는 낱말을 찾아보기로 해요.

신문의 낱말들을 살펴보세요. 한 글자부터 시작해서 한 글자씩 더 길어지는 낱말을 오려 붙입니다.

몇 글자 낱말까지 찾았나요?

위험한 책

원제: The Flower, 2006년

#생태 #환경 #꽃 #통제 #도시
#책 #도서관

글 존 라이트
그림 리사 에반스 그림
옮김 김혜진 옮김
출간 2014년
펴낸 곳 천개의바람
갈래 외국문학(판타지 그림책)

 ## 이 책을 소개합니다

브릭은 삭막한 건물로 가득한 회색 도시에서 혼자 살아요. 그가 일하는 도서관에는 '읽지 마시오'라고 표시된 위험한 책들이 있어요. 그중 한 권을 몰래 빼내 집으로 가져와서 읽은 브릭은 한 번도 본 적이 없는 '꽃'에 대해 알게 되지요. 꽃의 아름다움에 감동한 소년은 온 도시를 헤매며 꽃을 찾습니다. 고물상에서 발견한 씨앗을 컵에 담아 먼지에 심고 기다렸더니 마침내 꽃이 피죠. 하지만 청소하러 온 기계가 꽃을 빨아들여 버립니다. 한참 후 도시의 경계에서 발견한 먼지 더미 속에서 브릭의 꽃은 다시 피어나고 있었어요.

이 책은 회색 도시에서 꽃이 상징하는 희망과 자유를 사람들과 함께 나누고 싶은 브릭의 이야기예요. 보이지 않는 힘에 통제되는 거대 도시와 사람들, 책과 도서관, 식물의 힘에 대해 생각할 거리를 던지는 간결하고 예쁜 그림책입니다.

도서 선정 이유

책동아리에서 책에 대한 책을 같이 읽어 보고 싶었어요. 제목을 접하고 호기심이 일었지요. 과연 어떤 책이길래 금서가 되었는지 궁금해서요. 책과 도서관뿐 아니라, 통제, 희망과 자유라는 쉽지 않은 소재를 간결한 이야기에 담아내어 초등학생들이 읽기에 좋은 그림책이라는 판단이 들었어요.

이 책은 우리 주변에 있는 소소한 아름다움과 행복을 소중히 여기게 하고, 지켜야 할 것에 대해 다짐하게 해 줍니다. 이런 그림책은 독자의 감성을 어루만져 주지요. 아이들과 미래 사회의 모습에 대해서 이야기 나눠 보면 좋을 것 같아요.

함께 읽으면 좋은 책

비슷한 주제

○ 어둠을 금지한 임금님 | 에밀리 하워스부스 글·그림, 장미란 옮김, 책읽는곰, 2020

○ 나무가 자라는 빌딩 | 윤강미 글·그림, 창비, 2019

○ 회색 도시를 바꾼 예술가들 | F. 이사벨 캠포이·데레사 하웰 글, 라파엘 로페즈 그림, 마술연필 옮김, 보물창고, 2009

○ 사슴은 왜 도시로 나왔을까? | 미셸 멀더 글, 현혜진 옮김, 초록개구리, 2018

○ 나무를 심은 사람 | 장 지오노 글, 프레데릭 백 그림, 햇살과나무꾼 옮김, 두레아이들, 2002

○ 누가 숲을 사라지게 했을까? | 임선아 글·그림, 와이즈만 영재교육연구소 감수, 와이즈만BOOKs, 2013

○ 도서관에 핀 이야기꽃 | 아니카 알다무이 데이즈 글, 파올라 에스코바르 그림, 안지원 옮김, 봄의정원, 2020

○ 꽃그늘 환한 물 | 정채봉 글, 김세현 그림, 길벗어린이, 2009

○ 내일은 꽃이 필거야 | 티에리 르냉 글, 안느 브루이야르 그림, 윤정임 옮김, 베틀북, 2003

○ 이다의 꽃 | 한스 크리스티안 안데르센 글, 다니엘라 이리데 무르쟈 그림, 이승수 옮김, 머스트비, 2019

문해력을 높이는 엄마의 질문

1. 읽기 전 생각 말하기

이 책을 읽기 전의 생각을 말해 보세요.

- 왜 '위험한 책'일까요?
  - 제목을 보고 무서운 책일 거라고 생각했지만, 책의 그림은 예뻐서 좀 이상하다.
  - 읽으면 무서운 마법이 일어나는 책
  - 알면 안 되는 비밀을 알려 주는 책

- 책을 읽기 전에 표지를 보고 어떤 생각을 했나요?
  - 그림의 색이나 분위기가 으스스하다.
  - 재미있는 책은 아닐 것 같다.

- 이 사람은 어디에 있는 걸까요?
  - 배경이 책꽂이 같다.
  - 서점이나 도서관에 있는 것 같다.

- 그의 표정은 어떤가요?
  - 입이 안 보이고 눈이 정면이 아닌 옆을 보고 있어서 불안해 보인다.
  - 눈치를 보는 것 같다.

이렇게 활용해 보세요

　　　책 읽기는 '읽기 전-읽기-읽기 후 활동'으로 나눌 수 있어요. 독서 지도에서 읽기 후 활동에만 집중하기 쉬운데, 책을 처음 만난 순간도 잘 활용하면 좋아요. 특히 그림책의 경우는 표지의 정보와 인상, 아동의 사전 경험을 이용해서 많은 이야기를 나눠 볼 수 있어요.

　　　그림책을 함께 읽는 1학년 모임에서는 미리 읽고 모이지 말고 그 자리에서 읽어 줘도 좋아요. 그럴 때 책 표지를 활용한 이야기 나누기를 할 수 있지요.

2. 읽으며/읽고 나서 생각 말하기

그림을 보며 어떤 생각이 드는지 말해 보세요. 책을 읽고 나서 생각이 어떻게 바뀌었나요?

- 펼침면 1~2, 3~4, 5~6면을 보세요.

  무엇을 발견할 수 있나요? 브릭이 사는 곳은 어때 보이나요? 사람들은 어떤가요?

  - 집과 방이 빽빽하고 좁다.

  - 비가 무섭게 온다. 사람들이 똑같은 우산을 쓰고 다닌다.

  - 색깔이 검정, 회색이라 어둡고 우울하다.

  - 사람들 표정이 없거나 슬프거나 바보 같아 보인다.

  - 같이 다니거나 말하는 사람들이 없다.

- 브릭이 다른 사람들과 다른 점을 발견했나요?

  - 비가 오는데 혼자만 우산을 안 썼다.

  - 혼자 반대 방향으로 걸어 출근을 한다.

  - 다 회색인데, 브릭만 티셔츠가 주황색이다.

  - 도서관에서 주황색 위험한 책을 발견한다.

- 읽고 나서 달라진 마음은 무엇인가요?

  - 무서운 책은 아니고 이상한 책이었다.

  - 마법은 안 일어난다.

  - 꽃이 다시 피어나는 희망을 주는 책이다.

이렇게 활용해 보세요

　　그림책으로 그림을 잘 읽으며 자기 생각을 말해 보는 연습을 할 수 있어요. 이 책의 도입 부분에서 의미심장한 메시지를 발견할 수 있습니다. 엄마의 질문으로 아이들이 발견할 수 있도록 도와주세요. 아이들이 돌아가며 한마디씩 할 거예요. 유아기를 지난 아이들은 여전히 그림 읽기에서 성인보다 유능합니다.

　　앞서 읽기 전 생각 나누기에서 나온 의견에 대해 다시 생각해 보는 시간도 가질 수 있어요. 제목과 표지 그림에 대한 추측이 맞았는지, 책의 주제가 무엇이라고 생각하는지 이야기 나눠 보세요.

3. 인상적인 한 문장(장면) 뽑기

이 책에서 가장 기억에 남은 문장이나 장면은 무엇인가요?

먼지 더미 속에서 시든 꽃들이 다시 살아나는 장면.

가장 감동적이고 멋있는 그림이라서.

이렇게 활용해 보세요

책에서 각자 자기가 가장 좋았던 부분을 고르는 것이라고 생각하시면 돼요. 그림책이라 마음에 드는 일러스트를 고르는 경우가 많아요. 문장일 경우 친구들에게 읽어 주도록 해 주세요. 왜 그 장면 또는 문장이 인상적이었는지 물어봐서 대화를 이어 나갈 수 있으면 가장 좋아요.

4. 배경 비교하기

이 책의 배경과 내가 사는 곳을 비교해 보세요.

나는 이 책에 나오는 도시보다 내가 사는 우리 동네와 대한민국이 더 좋다. 자기가 좋아하는 책은 마음대로 읽을 수 있어야 한다. 우리 동네에는 꽃도 아주 많다. 맘대로 청소해 가는 기계는 생기면 안 된다.

이렇게 활용해 보세요

사회적 메시지를 담은 묵직한 그림책이기 때문에 배경에 대해 다시 한번 생각해 보고자 했어요. 비교하라고 하면 '둘 중에 어디가 더 좋다'라는 단순한 답이 대부분일 거예요. 그렇다면 왜 그 곳이 더 좋은지 물어봐 주세요.

1. 읽기 전 생각 말하기

그림책을 읽기 전의 생각을 말해 보세요.

- 왜 '위험한 책'일까요?

- 책을 읽기 전에 표지를 보고 어떤 생각을 하였나요?

- 이 사람은 어디에 있는 걸까요?

- 그의 표정은 어떤가요?

2. 읽으며/읽고 나서 생각 말하기

그림을 보며 어떤 생각이 드는지 말해 보세요. 책을 읽고 나서 생각이 어떻게 바뀌었나요?

- 펼침면 1~2, 3~4, 5~6면을 보세요.
  무엇을 발견할 수 있나요? 브릭이 사는 곳은 어때 보이나요? 사람들은 어떤가요?

- 브릭이 다른 사람들과 다른 점을 발견했나요?

- 읽고 나서 달라진 마음은 무엇인가요?

3. 인상적인 한 문장(장면) 뽑기

이 책에서 가장 기억에 남은 문장이나 장면은 무엇인가요?

4. 배경 비교하기

이 책의 배경과 내가 사는 곳을 비교해 보세요.

내일 또 싸우자!

#싸움 #형제 #우애 #공정 #규칙
#전통놀이(전래놀이)

글 박종진
그림 조원희
출간 2019년
펴낸 곳 소원나무
갈래 한국문학(사실주의 그림책)

 이 책을 소개합니다

    싸우면서 사이가 점점 더 좋아지는 아이들의 이야기입니다. 상두와 호두는 형제예요. 방학이라 놀러 간 할아버지 댁에서도 줄곧 싸우지요. 아침부터 몸싸움을 벌이는 손자들에게 할아버지는 제대로 싸울 것을 제안합니다. 말싸움, 주먹싸움, 몸싸움, 감정싸움과 달리 '또 싸우고 싶은 싸움'을 하라는 거죠.

    상두와 호두는 열한 가지 싸움을 통해 올바르게 잘 싸우는 방법을 알게 됩니다. 그것도 재미있게요. 이 책은 풀싸움, 꽃싸움, 눈싸움 등 순우리말로 된 다양한 싸움을 보여 주며 반드시 지켜야 할 싸움의 규칙도 알려 줍니다. 싸움이 곧 놀이가 되는 마법이 펼쳐집니다.

도서 선정 이유

형제, 자매, 남매라면 공감할 만한 치열한 일상의 싸움이 놀이로 변모합니다. 싸움은 피할 수 없는 일이지만, 오히려 잘 싸우면 아이가 한층 더 성장할 수 있는 기회가 될 거예요. 깔끔한 장면 구성이 돋보이는 이 그림책은 그러한 새로운 관점을 보여 줍니다. 서로의 몸과 마음이 상하게 되는 싸움이 아닌, 싸움을 통해 즐거움과 재미를 느끼고 함께 더 즐거울 수 있는 방법을 제시해 건강하고 올바른 싸움을 권장하고 있어요.

"내일 또 싸우자!"라고 외치는 주인공들을 보면 감정이 해소되는 느낌이 듭니다. 시골에서 자연과 벗삼아 하는 전통놀이에 가까운 싸움 이야기를 읽고 나면 옆에 있는 형제, 친구와 싸우고 싶어질 거예요.

함께 읽으면 좋은 책

비슷한 주제

○ 친구가 미운 날 | 가사이 마리 글, 기타무라 유카 그림, 윤수정 옮김, 책읽는곰, 2018

○ 짝꿍 | 박정섭 글·그림, 위즈덤하우스, 2017

○ 내 어깨 위의 새 | 시빌 들라크루아 글·그림, 이상희 옮김, 소원나무, 2019

○ 쪽지 싸움 | 신은영 글, 박다솜 그림, 가문비어린이, 2020

○ 싸움에 관한 위대한 책 | 다비드 칼리 글, 세르주 블로크 그림, 정혜경 옮김, 문학동네, 2014

○ 사계절 우리 전통 놀이 | 강효미 글, 한지선 그림, 김소영 감수, 미래엔아이세움, 2020

○ 전래 놀이 | 함박누리 글, 홍영우 그림, 토박이 기획, 보리, 2009

○ 지금 해도 재밌는 한국 풍속 놀이 33가지 | 박영수 글, 우지현 그림, 풀과바람, 2019

같은 작가

○ 아이스크림 걸음! | 박종진 글, 송선옥 그림, 소원나무, 2018

○ 에너지 충전 | 박종진 글, 송선옥 그림, 소원나무, 2019

○ 얼음소년 | 조원희 글·그림, 느림보, 2009

○ 미움 | 조원희 글·그림, 만만한책방, 2020

○ 이빨 사냥꾼 | 조원희 글·그림, 이야기꽃, 2014

1. 이야기의 전체 구조 파악하기

상두랑 호두가 한 싸움을 순서대로 써 보세요. 그 싸움에서 이기려면 각각 어떻게 해야 할까요?

순서	싸움 이름	싸움에서 이기려면
1	말싸움	목소리가 커야 한다. 똑똑해야 한다. 어려운 말을 많이 알아야 한다.
2	주먹싸움	주먹이 커야 한다. 팔 힘이 세야 한다. 요리조리 잘 피해야 한다.
3	몸싸움	몸집이 커야 한다. 힘이 세야 한다. 겁이 없어야 한다.
4	감정싸움	모르는 척을 잘 해야 한다. 잘 째려봐야 한다.
5	풀싸움	빨리 움직여야 한다. 풀 이름을 잘 알아야 한다.
6	눈싸움	눈을 작게 떠야 한다. 눈물이 많아야 한다. 상대를 웃겨야 한다.
7	닭싸움	균형을 잘 잡아야 한다. 머리를 잘 써야 한다. 다리가 튼튼해야 한다.
8	머리싸움	수수께끼를 많이 알고 있어야 한다. 똑똑해야 한다.
9	꽃싸움	굵은 풀을 골라야 한다. 머리를 잘 써야 한다.
10	연싸움	연줄이 끊어지지 않게 실에 뭔가 바른다. 바람에 연을 훨훨 잘 날려야 한다.
11	물싸움	손이 커야 한다. 행동이 빨라야 한다.

이렇게 활용해 보세요

이 이야기에는 모두 열한 가지의 싸움이 나옵니다. 앞부분에는 부정적인 의미의 싸움이지만, 할 아버지의 중재 이후로는 긍정적인 의미의 싸움(겨루기)이 되지요.

권말에 그림과 함께 일목요연하게 정리가 되어 있지만, 책장을 다시 한번 넘기면서 표에 기록해 보면 좋겠어요. 각각 어떤 싸움인지 단어도 찾아보고, 그 의미를 생각해서 승자의 조건으로 바꾸어 쓰는 거예요. 답이 뻔한 경우와 그렇지 않은 경우가 있어 재미있습니다.

2. 내 생활과 연결하기

앞에서 쓴 표를 활용해 다음 질문에 답해 보세요.

- 이 책에 나오는 싸움 중에 내가 해 본 것은 무엇인가요?

- 알고는 있었지만 내가 해 본 적 없는 싸움은 무엇인가요?

- 이 책을 통해 처음 알게 된 싸움은 무엇인가요?

- 내가 형제자매 또는 친구와 해 보고 싶은 싸움은 무엇인가요?

- 형제자매와 싸워 본 적이 있나요? 친구들에게 경험을 들려주세요. 그럴 때 어떤 느낌인가요?

- 싸울 형제자매가 아예 없는 것에 대해 어떻게 생각하나요?

이렇게 활용해 보세요

　　　앞에서 작성한 표에서 싸움 이름을 활용합니다. 이 책을 읽고 처음 알게 된 싸움도 있고 이미 경험이 있는 싸움도 있을 거예요. 세 칸으로 나누어 구분하면 모든 싸움을 다시 한번 정리해 볼 수 있어요. 이런 활동을 통해 학습을 위한 조직력이 키워집니다.

　　　또한 '형제자매와의 싸움'이라는 주제에 맞는 질문을 통해 나의 생활을 돌아보게 해 주세요.

책동아리 POINT

외동아도 흔하니 친구들 간의 다양한 입장을 들어볼 수 있어요.

3. 마음의 변화 따라가기

상두와 호두의 마음은 어떻게 변했을까요?

게임기 때문에 싸웠을 때	할아버지가 또 싸우라고 하셨을 때	여러 가지 싸움을 다 끝내고 나서
마음이 아프고, 속상하다. 화가 나고 형(동생)이 너무 밉다. 게임기를 혼자 갖고 싶고 형(동생)에게 복수하고 싶다.	무슨 뜻인지 몰라 어리둥절하다. 당황스럽다. 혼내시는 것 같아 머쓱하다.	신나게 놀고 나니 더 놀고 싶다. 처음에 왜 싸웠는지 잊고 형(동생)이 좋다. 마음이 후련하다.

4. 이야기의 주제 이해하기

- 할아버지는 손자들에게 왜 싸우라고 하셨을까요?

  – 손자들이 주먹싸움, 말싸움, 몸싸움을 하는 것이 안타까워서 멈추게 하려고.

  – 재미있는 놀이를 가르쳐 주시려고.

  – 좋은 싸움을 통해 즐겁게 놀게 하려고. 그러면 사이가 좋아져서 안 싸우니까.

- '내일 또 싸우고 싶은 싸움'은 다시는 하고 싶지 않은 싸움과 무엇이 다른가요?

  – 내일 또 싸우고 싶은 싸움은 서로에게 상처가 되지 않는다.

  – 미워서 하는 게 아니고 정정당당하게 겨루는 것이다.

  – 같이 노는 게임 같은 것이다.

이렇게 활용해 보세요

　　　제목과 결말에 잘 드러나는 이야기의 주제에 대해 생각해 봅니다. '싸움'이라고 하면 부정적인 어감만 떠올리기 쉽지만, 이 책에서는 다양한 놀이로서의 겨루기를 보여 주고 있어요. 그 차이를 말로 잘 나타낼 수 있게 도와주는 질문이에요.

책동아리 POINT

비슷한 내용이어도 아이들마다 다른 표현을 하는 것에 주목해 주세요.

1. 이야기의 전체 구조 파악하기

상두랑 호두가 한 싸움을 순서대로 써 보세요. 그 싸움에서 이기려면 각각 어떻게 해야 할까요?

순서	싸움 이름	싸움에서 이기려면
1		
2		
3		
4		
5		
6		
7		
8		
9		
10		
11		

2. 내 생활과 연결하기

앞에서 쓴 표를 활용해 다음 질문에 답해 보세요.

이 책에 나오는 싸움 중에서 내가 해 본 것

알고는 있었지만 내가 해 본 적 없는 싸움

이 책을 통해 처음 알게 된 싸움

내가 형제자매 또는 친구와 해 보고 싶은 싸움은 무엇인가요?

형제자매와 싸워 본 적이 있나요? 친구들에게 경험을 들려주세요. 그럴 때 어떤 느낌인가요?

싸울 형제자매가 아예 없는 것에 대해 어떻게 생각하나요?

3. 마음의 변화 따라가기

상두와 호두의 마음은 어떻게 변했을까요?

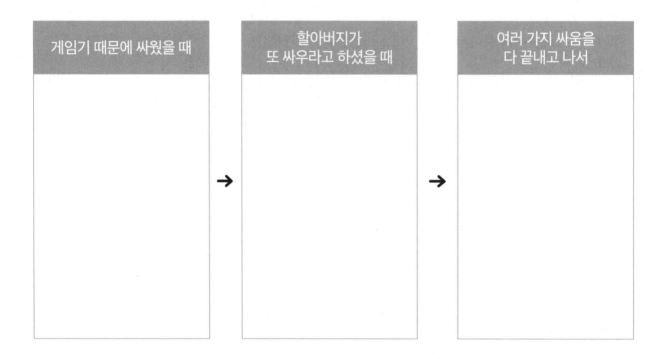

게임기 때문에 싸웠을 때	할아버지가 또 싸우라고 하셨을 때	여러 가지 싸움을 다 끝내고 나서

4. 이야기의 주제 이해하기

할아버지는 손자들에게 왜 싸우라고 하셨을까요?

'내일 또 싸우고 싶은 싸움'은 다시는 하고 싶지 않은 싸움과 무엇이 다른가요?

노란 양동이

원제: きいろいばけつ, 1989년

#기다림 #소중한 것 #행복

글 모리야마 미야코
그림 쓰치다 요시하루
옮김 양선하
출간 2000년
펴낸 곳 현암사
갈래 외국문학(판타지 동화)

 이 책을 소개합니다

작은 숲속 마을에 사는 아기 여우, 아기 곰, 아기 토끼의 이야기예요. 월요일에 아기 여우가 주인을 알 수 없는 노란 양동이를 발견하고, 갖고 싶어 해요. 아기 곰은 일주일이 지나도 양동이가 그대로 있으면 아기 여우가 가지면 되겠다고 합니다. 아기 여우는 일요일이 될 때까지 비가 오나 바람이 부나 매일 양동이를 찾아 갑니다. 막대기로 양동이 바닥에 이름을 쓰는 시늉도 하지요. 마지막 날 양동이가 사라져 버리지만 아기 여우는 '괜찮아, 일주일 동안 오로지 나만의 양동이였어'라고 의젓하게 스스로를 달랩니다.

도서 선정 이유

　　그림책에서 챕터북으로 넘어가는 아이들을 위한 간결하면서도 재미있는 시리즈의 첫 권입니다. 어린이의 마음을 정감 있게 잘 나타낸 아기 여우 시리즈에 다른 이야기 세 권이 더 있으니 아이와 함께 읽어 보세요.

　　아기 여우를 비롯해 이 책의 등장인물들은 어린이의 마음을 너무나 잘 표현합니다. 여리고 애틋하고 순진하지요. 물건이 넘쳐 나는 요즘, 욕심 부리지 않고 소중함과 기다림을 오롯이 느끼는 마음을 보여 줍니다. 어찌 보면 슬픈 결말에 화가 날 수도 있는데, 없어진 양동이를 받아들이는 씩씩함도 참 예뻐요.

함께 읽으면 좋은 책

시리즈

○ 흔들다리 흔들흔들 | 모리야마 미야코 글, 쓰치다 요시하루 그림, 양선하 옮김, 현암사, 2001

○ 그 아이를 만났어 | 모리야마 미야코 글, 쓰치다 요시하루 그림, 양선하 옮김, 현암사, 2001

○ 보물이 날아갔어 | 모리야마 미야코 글, 쓰치다 요시하루 그림, 양선하 옮김, 현암사, 2001

비슷한 주제

○ 두고 보자! 커다란 나무 | 사노 요코 글·그림, 이선아 옮김, 시공주니어, 2018(개정판)

○ 아무것도 아닌 단추 | 캐리스 메리클 하퍼 글·그림, 이순영 옮김, 북극곰, 2018

○ 태양이 뀐 방귀 | 하이타니 겐지로·가시마 가즈오·기시모토 신이치·츠보야 레이코·도조 요시코 엮음, 안미연 옮김, 전미화 그림, 양철북, 2016

○ 당나귀 실베스터와 요술 조약돌 | 윌리엄 스타이그 글·그림, 이상경 옮김, 다산기획, 1994

○ 세상에서 가장 소중한 내 보물 | 이용경 글, 원혜진 그림, 비룡소, 2018

○ 구멍을 주웠어 | 켈리 캔비 글, 이상희 옮김, 소원나무, 2008

문해력을 높이는 엄마의 질문

1. 읽지 않은 부분에 대해 생각하기

- 아기 여우는 왜 노란 양동이를 갖고 싶어 할까요?
- 여우는 발견한 양동이를 왜 바로 가져가지 않았을까요?
- 아기 곰은 왜 일주일을 기다린 후에 아기 여우가 가지면 되겠다고 말했을까요?
- 아기 여우는 일주일 동안 노란 양동이를 지켜보면서 어떤 생각을 했을까요?
- 일주일이 되던 날 양동이가 사라졌을 때 아기 여우는 어떤 기분이 들었을까요?

이렇게 활용해 보세요

주인공인 노란 아기 여우를 둘러싼 사건에 대해 깊이 생각해 보며 이야기 나눠요. 아기 여우의 생각과 정서를 중심으로 마음을 이해해 봅니다. 속마음은 책에서 딱 떨어지는 문장으로 읽은 내용이 아니기 때문에 생각이 필요해요.

이런 연습을 하면서 행간을 읽게 되고, 깊이 있는 독서를 하게 됩니다. 질문을 듣고 생각할 수 있는 시간을 충분히 주세요. 그래야 확산적 질문의 의미가 있습니다.

2. 주인공과 나를 연결하기

- 나라면 마음에 드는 노란 양동이를 발견했을 때 어떻게 했을 것 같나요?
- 나에게는 어떤 물건이 가장 소중한가요? 그것은 왜 소중한가요?
- 내가 정말 갖고 싶은 물건이 무엇인지 소개해 주세요.
- 나만의 것과 다른 사람의 것은 어떻게 다를까요?

이렇게 활용해 보세요

이야기에 나를 대입해서 생각해 봅니다. 아이들이 '진심으로 갖고 싶은 물건'을 떠올린다면 아기 여우에게 더 공감할 수 있을 거예요.

3. 마음껏 상상해서 이야기 만들기

- 노란 양동이에 과연 무슨 일이 생긴 걸까요? '어디로', '누가', '어떻게'에 대해 뭐라고 답하고 싶나요?
  나만의 이야기를 만들어 보세요.

이렇게 활용해 보세요!

사라진 양동이에 대한 이야기를 풀어 가는 활동이에요. 노란 종이에 양동이 도식을 만들었어요.

1학년이니까 완벽한 문장으로 글을 쓰는 것보다는 자신만의 이야기를 만들어 보는 것이 중요해요.

질문에 의문사 3개를 담았으니 여기에 집중하는 것도 잊지 않게 해 주세요.

아래 예시에서는 집중을 못 하고 온통 우스운 얘기만 늘어놓았네요.^^;

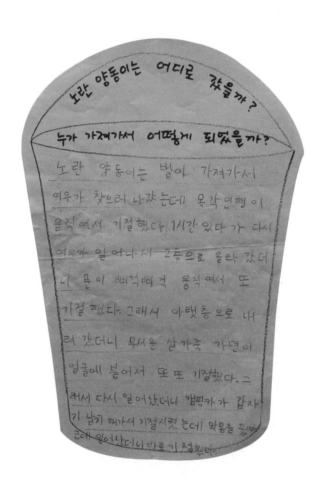

1. 읽지 않은 부분에 대해 생각하기

다음 질문에 대한 나의 생각을 말해 보세요.

아기 여우는 왜 노란 양동이를 갖고 싶어 할까요?

아기 여우는 발견한 양동이를 왜 바로 가져가지 않았을까요?

아기 곰은 왜 일주일을 기다린 후에 아기 여우가 가지면 되겠다고 말했을까요?

아기 여우는 일주일 동안 노란 양동이를 지켜보면서 어떤 생각을 했을까요?

일주일이 되던 날 양동이가 사라졌을 때 아기 여우는 어떤 기분이 들었을까요?

2. 주인공과 나를 연결하기

다음 질문에 대한 나의 생각을 말해 보세요.

나라면 마음에 드는 노란 양동이를 발견했을 때 어떻게 했을 것 같나요?

나에게는 어떤 물건이 가장 소중한가요? 그것은 왜 소중한가요?

내가 정말 갖고 싶은 물건이 무엇인지 소개해 주세요.

나만의 것과 다른 사람의 것은 어떻게 다를까요?

3. 마음껏 상상해서 이야기 만들기

노란 양동이에 과연 무슨 일이 생긴 걸까요? '어디로', '누가', '어떻게'에 대해 뭐라고 답하고 싶나요?
나만의 이야기를 만들어 보세요.

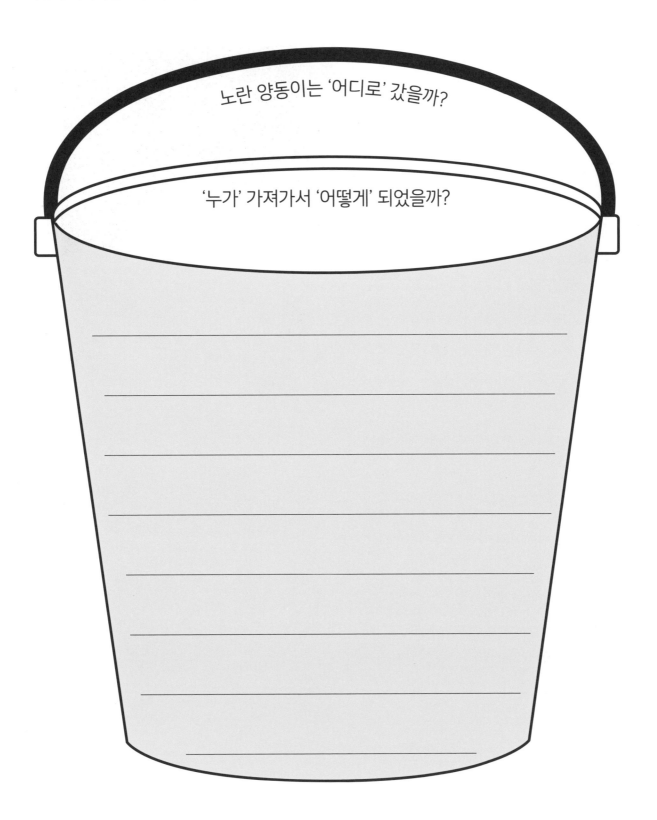

노란 양동이는 '어디로' 갔을까?

'누가' 가져가서 '어떻게' 되었을까?

폭탄머리 아저씨와 이상한 약국

#이혼 #친구 관계 #불안 #화해
#감정 #마법

글 강이경
그림 김주경
출간 2014년
펴낸 곳 도토리숲
갈래 한국문학(판타지 동화)

이 책을 소개합니다

　이 책은 부모의 이혼으로 고통받는 아이의 심리적 불안, 마음의 상처를 잘 묘사하여 공감해 주고, 아이가 아픔을 딛고 세상으로 한 발 나아가게 돕는 마법 같은 치유와 성장을 보여 주는 이야기예요.

　재우는 부모의 이혼으로 엄마와만 살게 됩니다. 슬프고 마음이 아프고 화도 나서 친구들과도 사이가 나빠집니다. 학교에서 벌까지 서고 집에 가다가 동네에 새로 생긴 이상한 약국을 발견해요. 폭탄머리 약사 아저씨는 '힘셈약', '결투약'에 이어 이름 없는 분홍약을 처방해 줍니다. 그 이후 재우는 친구들과 화해하고 마음이 점점 행복해져요.

도서 선정 이유

초등 저학년 때는 학교와 가정에서 일어나는 사건을 현실감 있게 엮은 동화가 좋아요. 마법과 같은 흥미 요소까지 잘 어울려 있으면 금상첨화지요. 자신이 경험하지 못한 분야를 소재로 한 이야기를 읽으면서 또래나 타인을 이해하게 됩니다. 이혼, 상처, 가난, 전쟁 등이 그런 소재가 될 수 있어요.

이 책은 아이들이 이해할 수 없는 어른들의 행동을 꼬집고 아동의 무기력감과 우울함을 솔직하게 표현하고 있어 이혼을 직·간접적으로 겪는 아이들이 공감하며 볼 수 있을 거예요. 아이의 감정 변화를 밝게 담아내고 있어서 아이들의 관점에서 감정을 이해하는 데 도움을 줍니다.

본문에서는 동시 같은 행 띄어쓰기가 독특합니다. 두어 줄 간결하게 읽고 한 단락이 새로 시작되기 때문에 동시처럼 문장 하나하나를 천천히 읽어 보게 됩니다. 단문들이 초보 독자들에게 편안함을 줄 것 같아요. 인물의 감정 변화를 일러스트의 색으로 잘 표현한 점도 눈길이 가요.

함께 읽으면 좋은 책

비슷한 주제

○ 왜? 더 이상 함께 살 수 없어요? | 엠마 워딩턴·크리스토퍼 맥커리 글, 루이스 토마스 그림, 김영옥 옮김, 이종주니어, 2017

○ 화내지 않고 상처받지 않는 어린이 감정 사전 | 박선희 글, 윤유리 그림, 전미경 감수, 책읽는달, 2018

○ 하늘을 나는 마법약 | 윌리엄 스타이그 글·그림, 김영진 옮김, 비룡소, 2017

○ 오늘의 내 기분 | 알렉스 앨런 글, 앤 윌슨 그림, 사라 데이비스 컨설팅, 정유진 감수, 사파리, 2021

○ 가시소년 | 권자경 글, 하완 그림, 천개의바람, 2021

○ 불안 | 조미자 글·그림, 핑거, 2019

같은 작가

○ 초콜릿 비가 내리던 날 | 강이경 글, 이상미 그림, 도토리나무, 2017

○ 착한 어린이 이도영 | 강이경 글, 이형진 그림, 도토리숲, 2015

문해력을 높이는 엄마의 질문

1. 어울리는 이름 짓기

재우가 먹은 분홍색 약에는 이름이 없어요. 어울리는 이름을 지어 보세요.

이렇게 활용해 보세요

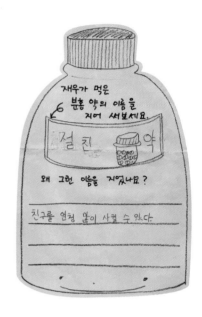

분홍색 약병 모양의 활동지를 꾸몄어요. 어울리는 이름을 붙여 봅니다. 담고 싶은 의미를 나타내는 작명이어야 하겠지요.

아래에는 그 이름을 지은 이유를 쓰게 했어요. 이름과 잘 맞는 이유인지 들어 주세요. 옆의 예처럼 1학년 아이들은 대부분 한 문장으로 답하고 끝입니다. 말을 더 끌어내고 싶다면 추가 질문을 해 주세요. '그렇게 되면 뭐가 좋은데?', '그 약은 누구한테 좋은 걸까?', '부작용은 없을까?'처럼요.

2. 주인공의 마음 파악하기

재우의 마음을 어떻게 나타낼 수 있을까요? 상황에 따라 어떤 마음이 들었을지, 그 마음이 어떻게 변했는지 써 보세요.

이렇게 활용해 보세요

주인공의 정서 변화가 줄거리 못지않게 중요한 책이라 도식화해 보기로 했어요. 책을 읽고 인물의 정서를 이해하면서 타인에게 공감하는 능력도 향상되고, 이야기를 넓은 시각에서 이해할 수 있게 됩니다. 감정을 나타내는 말을 다양하게 써 볼 수 있게 해 주세요. 기승전결의 흐름을 따라 인물의 감정이 달라진 것을 한눈에 볼 수 있습니다.

상황을 미리 제시해 주면 시간이 절약되고 아이들이 인물의 감정에 대해 생각하기가 쉬워져요. 만약 여유가 있다면 줄거리를 되짚어 보며 중요한 사건을 같이 골라도 좋습니다.

3. 소재로 상상하기 심화

내가 폭탄머리 약국에 간다면 어떤 약을 얻고 싶은가요? 그 약에 대해 글을 써 보세요.

[들어가야 할 내용]

- 약의 이름은 무엇인가요?

- 그 약이 나에게 왜 필요한가요?

- 그 약을 언제, 어떻게 쓰고 싶나요?

- 그 약을 먹으면 어떤 일이 일어날까요?

이렇게 활용해 보세요

이 책에서 얻은 소재로 상상을 해서 이야기를 '나'로 옮겨 오는 거예요.

1학년 아이들의 상상은 날아가는 풍선 같더라고요. 어디로 가 버릴지 모르지만 책동아리에서 하는 문해 활동을 통해 중심을 좀 잡아 보면 좋지요.

쓰기를 할 때는 가이드라인을 제공해 주세요. 여기에서는 '무엇, 왜, 언제, 어떻게, 어떤'이라는 의문사에 초점을 두었어요. 전부 다는 아니어도 괜찮으니 이런 의문사에 답하는 내용을 생각해서 써야 함을 강조해 주세요.

내가 폭탄머리 약국에 간다면, 어떤 약을 얻고 싶은가요?
그 약에 대해 글을 써 보세요.

들어가야 할 내용
▶ 약의 이름은 무엇인가요?
▶ 그 약이 나에게 왜 필요한가요?
▶ 그 약을 언제, 어떻게 쓰고 싶나요?
▶ 그 약을 먹으면 어떤 일이 일어날까요?

약 이름: 축구 약

축구 약이 나한테 왜 필요하냐면 이번주 일요일에 축구를하기 때문이다 축구 약은 이번주 일요일에 꼭 쓰고 싶다. 축구 약을 먹으면 그 경기에 5골을 넣게 된다. 축구 약을 2알 먹으면 10골을 넣게 되고 3알을 먹으면 15골을 넣게 된다. 근데 부작용이 수비를 잘 못한다. 또 다른 부작용이 도핑테스트를 해서 들통나면 15골 중에서 5골을 인정한다. 다른 선수들을 못 잎게 해야 된다.

1. 어울리는 이름 짓기

재우가 먹은 분홍색 약에는 이름이 없어요. 어울리는 이름을 지어 보세요.

재우가 먹은
분홍색 약의 이름을
지어 써 보세요.

왜 그런 이름을 지었나요?

_____

_____

_____

_____

2. 주인공의 마음 파악하기

재우의 마음을 어떻게 나타낼 수 있을까요? 상황에 따라 어떤 마음이 들었을지, 그 마음이 어떻게 변했는지 써 보세요.

| 재우의 상황 | 엄마와만 사는 재우가 아침에 혼자 일어났는데 배가 아픔 |

재우의 마음

↓

| 재우의 상황 | 민기, 상욱이랑 싸우고 벌을 섬 |

재우의 마음

↓

| 재우의 상황 | 이상한 약국을 발견하고 폭탄머리 아저씨를 만남 |

재우의 마음

↓

| 재우의 상황 | 힘셈약과 결투약이 소용이 없음 |

재우의 마음

↓

| 재우의 상황 | 친구들과 축구하고 세수함 |

재우의 마음

3. 내가 폭탄머리 약국에 간다면 소재로 상상하기

내가 폭탄머리 약국에 간다면 어떤 약을 얻고 싶은가요? 다음 내용을 꼭 넣어 그 약에 대해 글을 써 보세요.

[들어가야 할 내용]

- 약의 이름은 무엇인가요?
- 그 약이 나에게 왜 필요한가요?
- 그 약을 언제, 어떻게 쓰고 싶나요?
- 그 약을 먹으면 어떤 일이 일어날까요?

약 이름

싱잉푸, 오줌 복수 작전

원제: Singenpoo Strikes Again, 1998년

#읽기 #고양이 #복수 #동물 보호

글 폴 제닝스
그림 케이스 맥이완
옮김 유동환
출간 2004년
펴낸 곳 푸른그림책
갈래 외국문학(판타지 동화)

이 책을 소개합니다

말을 하고 글까지 읽을 줄 아는 고양이 싱잉푸가 펼치는 기발하고 유쾌한 이야기입니다. 싱잉푸는 '노래하는 똥'이라는 뜻이지요. 닭고기 냄새를 풍기는 치킨집 주인의 라디오를 삼킨 뒤 움직일 때마다 몸속에서 노래가 흘러나와서 얻은 이름이에요. 양치기 개처럼 쥐를 몰아내어 영웅이 된《싱잉푸, 치킨집에서 쫓겨나다》의 후속편이랍니다.

욕심 많은 치킨집 주인과 사는 싱잉푸에게 또 시련이 닥쳐 와요. 책을 읽고 배운 방법으로 쥐떼를 몰아낸 이후, 싱잉푸를 여왕처럼 대접하겠다던 맥 아저씨는 몇 달 못 가 싱잉푸를 다시 구박하고 학대하기 시작했지요. 맥 아저씨는 다시 싱잉푸를 내쫓으려 해요. 맥 아저씨네 가게에서 일하는 스콧은 오히려 다행이라고 생각하며 싱잉푸를 자기 집으로 데려가지요.

맥 아저씨는 신문에서 글 읽는 개로 백만장자가 된 사람의 기사를 읽고 고양이를 돌려 달라고 해요. 하지만 싱잉푸가 아저씨의 말을 듣지 않자 할 수 없이 스콧을 불러들여 글 읽는 동물 경연대회에 내보냅니다. 싱잉푸는 안경을 쓰고 우승을 해요. 끝까지 못된 행동을 하는 주인 아저씨에게 싱잉푸는 통쾌한 오줌 복수 작전을 펼칩니다.

 도서 선정 이유

문해력을 갖춘 동물의 이야기로, 글 읽는 동물 경연대회나 신문 기사 등이 읽기에 대한 1학년 아이들의 호기심을 자극할 거예요. 폴 제닝스는 100편이 넘는 이야기를 쓴 호주의 어린이책 작가로 기발하고 엉뚱한 이야기의 대가입니다. 50개가 넘는 상을 수상하였고, 40번 이상 호주 아이들이 가장 좋아하는 작가로 뽑혔어요. 이 책은 초등학교 1학년생이 즐길 수 있는 폴 제닝스라고 볼 수 있어요. 책 말미에서 싱잉푸가 쓴 편지를 볼 수 있는데 정말 끝까지 유머러스한 책이에요. 케이스 맥이완의 그림은 항상 폴 제닝스의 신기한 이야기를 더욱 재미있게 만들어 줍니다.

함께 읽으면 좋은 책

시리즈

○ 싱잉푸, 치킨집에서 쫓겨나다 | 폴 제닝스 글, 케이스 맥이완 그림, 유동환 옮김, 푸른그림책, 2004

○ 싱잉푸, 서커스단 구하기 | 폴 제닝스 글, 케이스 맥이완 그림, 유동환 옮김, 푸른그림책, 2004

○ 싱잉푸, 최후의 대결 | 폴 제닝스 글, 케이스 맥이완 그림, 유동환 옮김, 푸른그림책, 2004

비슷한 주제

○ 책 읽는 고양이 | 크리스토스 글, 릴리 슈맹 그림, 이세진 옮김, 라임, 2020

○ 책 만드는 마법사 고양이 | 송윤섭 글, 신민재 그림, 주니어김영사, 2010

○ 도서관 고양이 | 최지혜 글, 김소라 그림, 한울림어린이, 2020

○ 돼지도 누릴 권리가 있어 | 백은영 글, 남궁정희 그림, 와이즈만 영재교육연구소 감수, 와이즈만BOOKs, 2015

○ 100만 번 산 고양이 | 사노 요코 글·그림, 김난주 옮김, 비룡소, 2002

○ 할머니 그 날 그 소리예요 | 사노 요코 글·그림, 김정화 옮김, 도토리나무, 2020

※ 이 책은 현재 절판된 책이에요. 해당 책을 도서관이나 중고 서점에서 구할 수 있습니다.

문해력을 높이는 엄마의 질문

1. 이야기를 한눈에 나타내기

《싱잉푸의 오줌 복수 작전》은 어떤 이야기인가요? 아래 표 안에 내용을 채워서 한눈에 나타내 보아요.

싱잉푸, 오줌 복수 작전	
주인공	**배경**
싱잉푸	치킨집, 대학 강당

주변 인물

스콧, 맥 아저씨, 안과 선생님, 엄마, 뭉고

사건 1

스콧이 안경을 끼게 되었다.

사건 2

뭉고랑 대결을 하게 되었다.

문제 해결 방법

싱잉푸가 안경을 써서 문제를 잘 풀게 되어 이겼다.

결말

싱잉푸가 글자를 써서 맥 아저씨에게 복수를 했다.

> 이렇게 활용해 보세요

1학년 아이들이 그림책을 넘어 글의 양이 꽤 많은 동화를 읽는 데에는 훈련이 좀 필요합니다. 어떤 이야기인지 요약하려면 더 어려울 거예요. 이런 도식을 이용하면 한눈에 한 권을 나타낼 수 있어요. 이런 식으로 연습하면 읽은 책에 대해 요약해서 술술 말할 수 있게 될 거예요.

인물(주인공과 주변 인물), 배경, 사건(순서에 따라 복수로 가능하니 이야기에 따라 늘려 주세요), 사건(문제)이 어떻게 해결되었는지, 그래서 이야기가 어떻게 마무리되었는지 나타냅니다. 기승전결이 있는 이야기에 유용한 도식이에요.

2. 이야기 나누기

내가 채운 표를 보면서 친구들과 이야기 나눠요.

- 주변 인물 중에서 싱잉푸와 사이가 가장 좋은 인물과 가장 나쁜 인물은 누구인가요?
- 내가 고른 사건 1과 사건 2 중에서 무엇이 더 재미있었나요?
- 다른 중요한 사건으로는 무엇이 있었나요?
- 이 책의 제목을 보았을 때 이야기가 이렇게 끝날 줄 예상했나요?
- 싱잉푸의 복수에 대해 어떻게 생각하나요?

이렇게 활용해 보세요

    1학년 아이들과는 앞의 도식만 채우는 데도 한 시간이 금방 가요. 모임에서 책 한 권의 모든 내용을 다 다루는 건 의미 없어요. 그렇게 하면 모일 때마다 매번 반복적이어서 지루하기도 하고요. 책마다 그날에 집중할 중심 활동 하나면 충분합니다.

    시간 여유가 있다면 차라리 중심 활동에서 조금 더 들어가는 이야기를 나눠 보세요. 활동지를 채우는 데 급급하지 않을 수 있고, 더 풍부한 생각을 하게 됩니다.

1. 이야기를 한눈에 나타내기

싱잉푸의 오줌 복수 작전은 어떤 이야기인가요? 아래 표 안에 내용을 채워서 한눈에 나타내 보아요.

싱잉푸, 오줌 복수 작전

주인공	배경

주변 인물

사건 1

사건 2

문제 해결 방법

결말

2. 이야기 나누기

내가 채운 표를 보면서 친구들과 이야기 나눠요.

주변 인물 중에서 싱잉푸와 사이가 가장 좋은 인물과 가장 나쁜 인물은 누구인가요?

내가 고른 사건 1과 사건 2 중에서 무엇이 더 재미있었나요?

다른 중요한 사건으로는 무엇이 있었나요?

이 책의 제목을 보았을 때 이야기가 이렇게 끝날 줄 예상했나요?

싱잉푸의 복수에 대해 어떻게 생각하나요?

짜장 짬뽕 탕수육

#따돌림 #왕따 #전학 #친구

글 김영주
그림 고경숙
출간 1999년
펴낸 곳 재미마주
갈래 한국문학(사실주의 동화)

 이 책을 소개합니다

　전학생 종민이의 재치있는 학교생활 이야기로, 교실 안에서 발생하는 아이들 사이의 소외와 왕따 문제를 어린이의 시각에서 그려 낸 책입니다. 작은 일로 서로를 쉽게 무시하거나 따돌리는 아직 미성숙한 아이들의 세계, 전학으로 인해 겪게 된 소외의 힘겨움을 지혜로 이겨 내고 친구와 어울리게 되는 과정이 유쾌하게 그려집니다.

　종민이네 집은 중국 음식점이에요. 학교 화장실에서 왕·거지 놀이를 벌이던 아이들이 거지 자리에 선 종민이를 놀립니다. 짜장 도시락도 놀림감이 되고요. 종민이는 속상했지만 기죽지 않고 기발한 아이디어를 찾아냅니다. 화장실의 왕, 거지 자리를 짜장, 짬뽕, 탕수육으로 바꾸지요. 아이들의 심리와 놀이 문화를 잘 그려 낸 동화예요.

도서 선정 이유

2014~2017년 국어 교과서 수록 도서예요. 늘 같이 등장해서 익숙한 중국 음식 이름으로 된 제목에 숨은 주제를 재미있게 그려 낸 작품입니다. 입학이나 전학으로 새 환경에 적응하기, 친구 두루 사귀기, 놀림받지 않기, 어려움 극복하기 등등 아이들에게는 학교생활이 하루하루가 쉽지 않지요. 이 책을 읽고 등장인물들의 입장이 되어 보며 간접 경험도 하고 카타르시스도 느낄 수 있을 거예요. 저학년 학급에서 있을 법한 친구 놀리기에 대해서도 진지하게 생각할 수 있도록 해 주는 책입니다. 괴롭힘이라고 하기에는 가벼워 보이지만, 놀림에 어떤 유형이 있는지, 놀림받는 입장이 어떨지, 나라면 어떻게 대응할지……. 책 동아리 모임을 통해 이야기 나눠 보세요.

함께 읽으면 좋은 책

비슷한 주제

○ **짝꿍 바꿔 주세요** | 다케다 미호 글·그림, 고향옥 옮김, 웅진주니어, 2007

○ **너, 그거 이리 내놔!** | 티에리 르냉 글, 베로니크 보아리 그림, 최윤정 옮김, 비룡소, 1997

○ **친구를 모두 잃어버리는 방법** | 낸시 칼슨 글·그림, 신형건 옮김, 보물창고, 2007

○ **내 짝꿍 최영대** | 채인선 글, 정순희 그림, 재미마주, 1997

○ **하루 왕따** | 양혜원 글, 심윤정 그림, 잇츠북어린이, 2017

같은 작가

○ **똥줌오줌** | 김영주 글, 고경숙 그림, 재미마주, 2002

○ **추억의 영원한 주변** | 김영주 글, 고경숙 그림, 재미마주, 2019(개정판)

○ **본 대로 따라쟁이** | 김영주 글, 이경은 그림, 재미마주, 2016

문해력을 높이는 엄마의 질문

1. 분위기 파악하기

이 동화를 읽고 물음에 답해 보세요.

- 종민이는 어떤 친구인가요?
- 종민이는 왜 짜장·짬뽕·탕수육 놀이를 시작했나요?

이렇게 활용해 보세요

학교에서 1학년 생활을 하면서 종민이와 비슷한 친구를 만난 경험이 없다면 처음에는 이 책의 상황을 이해하기 어려웠을 수도 있어요. 종민이의 배경을 잘 이해할 수 있도록 이야기 나눠 주세요. 친구들에게 놀림받던 종민이에게 어떤 사건으로 전환이 일어났는지로 이어 갑니다.

2. 두 가지 비교하기

이야기에 나오는 '왕·거지 놀이'와 '짜장·짬뽕·탕수육 놀이'를 비교해 보세요. 두 원에 각 놀이의 특징을 구분해서 적고, 가운데 겹치는 부분에는 두 놀이의 공통점을 넣으면 됩니다.

- 두 놀이는 무엇이 다른가요?
- 두 놀이의 공통점은 무엇인가요?

이렇게 활용해 보세요

벤 다이어그램은 정보를 시각적으로 조직화해 주는 대표적인 도식입니다. 이런 틀은 어린 아동도 생각을 정리하고 정보를 요약할 수 있게 도와줘요. '교집합'이라는 용어는 모르더라도 두 가지 요소의 공통점에 해당한다는 의미를 이해할 수 있습니다.

아이들은 두 놀이의 공통점으로 '남자아이들 놀이, 화장실에서 하는 놀이, 정해진 대로 따른다, 구식이다'를 꼽았어요. 왕·거지 놀이는 '큰 덩치가 정한다, 두 가지로 나뉜다, 좋은 것과 나쁜 것이 분명하게 정해진다, 기분이 나빠진다, 많이 기다려야 된다'라는 특징이 있는 반면, 짜장·짬뽕·탕수육 놀이는 '종민이가(또는 아무나) 정한다, 세 가지로 나뉜다, 기분이 안 나쁘다, 화장실의 모든 자리를 다 쓸 수 있다'라고 했네요.

이런 특징을 꼽기 위해서도 언어를 꽤 다듬어야 하지요? 한쪽을 채우면 다른 쪽도 대칭이 되는 특징이 있는지 찾아보게 되다 보니 조직화에 능해져요.

3. 세 가지 비교하기

이번에는 세 가지 대상을 비교해 봐요.

- 중국음식점의 인기 메뉴인 짜장, 짬뽕, 탕수육에 각각 어떤 특징이 있나요?
- 두 가지 간에 겹치는 공통점도 있나요?
- 세 가지 모두 겹치는 특징은 무엇인가요?

이렇게 활용해 보세요

원이 더 많은 벤 다이어그램은 흔하지 않지만 얼마든지 활용해 볼 수 있어요. 아이들은 짜장, 짬뽕, 탕수육을 먹어 본 경험을 살려 한 가지씩 앞다투어 특징을 말했답니다. 그러다 보면 몰랐던 공통점도 발견하게 되고요. 아이들이 밝혀낸 메뉴의 비밀, 정말 재미있지요?

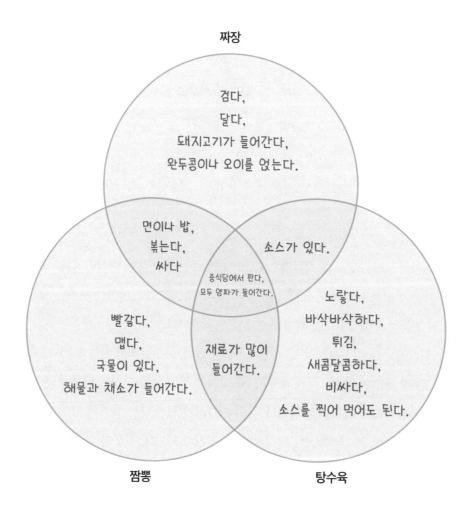

154

1. 분위기 파악하기

이 동화를 읽고 물음에 답해 보세요.

• 종민이는 어떤 친구인가요?

• 종민이는 왜 짜장·짬뽕·탕수육 놀이를 시작했나요?

2. 왕·거지 놀이 vs. 짜장·짬뽕·탕수육 놀이 두 가지 비교하기

이야기에 나오는 '왕·거지 놀이'와 '짜장·짬뽕·탕수육 놀이'를 비교해 보세요.
아래 그림의 두 원에 각 놀이의 특징을 구분해서 적고, 가운데 겹치는 부분에는 두 놀이의 공통점을 넣으면 됩니다.

• 두 놀이는 무엇이 다른가요?
• 두 놀이의 공통점은 무엇인가요?

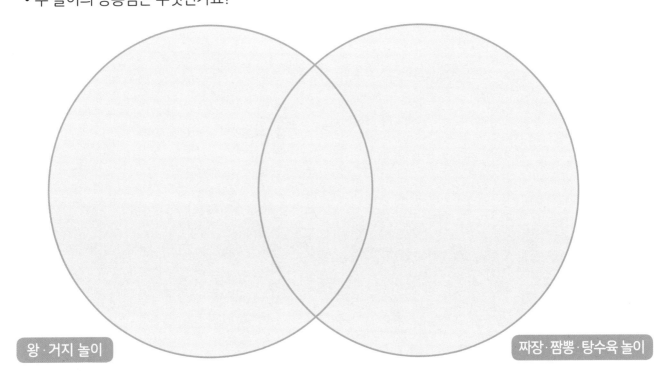

왕·거지 놀이

짜장·짬뽕·탕수육 놀이

3. 짜장 vs. 짬뽕 vs. 탕수육 세 가지 비교하기

이번에는 세 가지 대상을 비교해 봐요.

- 중국음식점의 인기 메뉴인 짜장, 짬뽕, 탕수육에 각각 어떤 특징이 있나요?
- 두 가지 간에 겹치는 공통점도 있나요?
- 세 가지 모두 겹치는 특징은 무엇인가요?

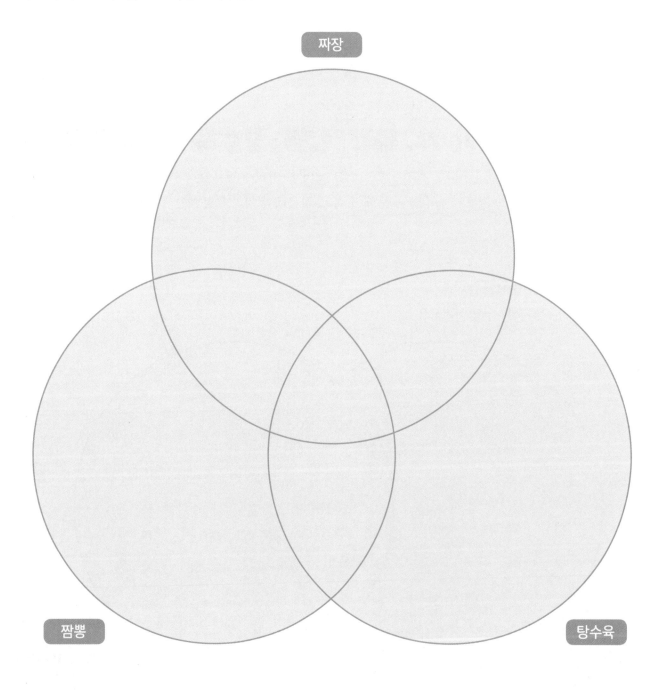

내 맘대로 학교

#학교생활 #긍정

글 송언
그림 허구
출간 2014년
펴낸 곳 한솔수북
갈래 한국문학(사실주의 동화)

이 책을 소개합니다

만세와 반 아이들, 담임인 털보 선생님이 월요일부터 금요일까지 겪는 엉뚱하고 재미있는 이야기입니다. 만세는 일요일 저녁이면 재미없는 학교에 갈 생각에 한숨이 나오고, 아빠는 회사 갈 걱정에 휩싸여요. 재미있게 학교 다닐 방법은 없을까 궁리하던 만세는 비 오는 월요일 아침, 학교 가는 길에 개구리 연못을 발견해요. 그날 이후 만세는 개구리들에게 배운 대로 교가를 바꿔 부르고, 체육 시간 뜀틀 수업에 재미있는 놀이를 만들어 내고, 음악 시간에 새로운 반주법을 제안하는 등 학교를 신나게 바꿔 갑니다. 다시 일요일이 돌아왔는데도 밝은 얼굴을 한 만세의 모습을 이상하게 생각한 아빠의 질문에 만세는 개구리 연못에 가 보라고 권합니다.

도서 선정 이유

입학하고 두 번째 학기를 맞으면 학교 가기 싫은 날도 올까요? 아이들의 마음을 대변하는 동화를 통해 가슴이 뻥 뚫리는 통쾌함을 느끼게 될 거예요. 당돌하고 엉뚱한 만세와 그 친구들을 만나면 나 말고 다른 아이들은 어떤지 간접 경험을 할 수 있어요.

챕터북 읽기에 푹 빠지기 시작한 어린이들을 위한 책이에요. 속도감 있게 읽을 수 있고, 아이들의 생활을 잘 포착하여 유머러스하게 표현한 책이라 추천합니다.

함께 읽으면 좋은 책

비슷한 주제

○ 똑똑한 1학년 | 문현식 글, 정인하 그림, 미세기, 2016

○ 선생님은 싫어하고 나는 좋아하는 것 | 엘리자베스 브라미 글, 리오넬 르 네우아닉 그림, 김희정 옮김, 청어람아이, 2016

○ 화성에서 온 담임 선생님 | 미카엘 에스코피에 글, 클레망 르페브르 그림, 정지현 옮김, 아르볼, 2016

○ 신나는 정글 학교 | 벵자맹 쇼 글·그림, 염명숙 옮김, 여유당, 2019

○ 난 학교 가기 싫어 | 로렌 차일드 글·그림, 조은수 옮김, 국민서관, 2003

같은 작가

○ 오 시큰둥이의 학교생활 | 송언 글, 최정인 그림, 웅진주니어, 2010

○ 김 배불뚝이의 모험(1~5권) | 송언 글, 유승하 그림, 웅진주니어, 2012

○ 마법사 똥맨 | 송언 글, 김유대 그림, 창비, 2008

○ 홍길동전: 송언 선생님의 책가방 고전 7 | 송언 글, 김진이 그림, 조현설 해제, 파랑새, 2019

○ 두근두근 1학년 새 친구 사귀기 | 송언 글, 서현 그림, 사계절, 2014

○ 주빵 찐빵 병원 놀이 | 송언 글, 김고은 그림, 파랑새어린이, 2016

문해력을 높이는 엄마의 질문

1. 이야기 이해하기

다음 질문에 답해 보세요.

- 첫 장 〈학교 가기 싫어〉의 만세처럼 일요일 저녁에 스트레스를 받은 적이 있나요?

- 만세는 월요일 아침 개구리 연못에서 어떻게 노래를 듣게 된 걸까요?

- '즐거운 학교, 신나는 학교, 내 맘대로 학교'는 어떤 학교일까요?

- 털보 담임선생님은 어떤 분인가요?

이렇게 활용해 보세요

　　이런 질문에 답하기 위해 생각을 하다 보면 책에 대한 이해는 물론, 읽고 나서도 미처 몰랐던 것을 새롭게 알게 되기도 해요. 읽은 책에 대해 머릿속에서 생각하는 것과 생각을 말로 옮기는 것은 그래서 엄청나게 중요합니다. 아이가 읽는 모든 책에 대해 그럴 수는 없지만 책동아리에서 함께 읽은 책에 대해서라도 꼭 이런 시간을 가져 보세요.

2. 문제점 발견하기

우리 반에서 마음에 들지 않는 점 한 가지를 생각해 보세요.

- 어떤 점인가요?

　수업 시간에도 쉬는 시간에도 밖에 못 나가는 점

- 그 점이 왜 마음에 들지 않나요?

　운동장에서 못 놀고 물고기도 볼 수 없으니까

이렇게 활용해 보세요

　　학급, 학교에 대한 이야기를 읽고 내가 다니는 학교로 관심을 옮겨 봅니다. 우리 반에서 생활하면서 불만이 있는 점이 무엇인지 물었어요. 어린이집, 유치원에 다니다가 큰 학교에 가서 적응하는 동안 이상한 점도, 마음에 안 드는 점도 있을 수 있겠지요. 생각만 하던 것을 끄집어내고 그 불만의 이유까지 말로 표현해요.

3. 문제 해결 방법 생각하기

그 문제를 어떻게 해결할 수 있을까요? '내 맘대로 교실'을 상상해서 써 보세요.

오래된 학교 건물을 부숴 버리고 바닷가에 새로 만든다. 이 바닷가에 전 세계의 물고기가 있으면 좋겠다. 바다에서 수영을 배우면 좋겠다. 비가 오면 학교는 문을 닫는다. 봄, 여름, 가을에 맨날 밖에서 수업을 한다. 글씨는 모래에다 쓴다. 겨울은 추우니까 학교를 닫고 계속 방학을 한다.

이렇게 활용해 보세요

문제를 제기했으니, 해결이 그 다음 순서지요. 하지만 꼭 현실적인 해결 방법이 아니어도 괜찮아요. 마음대로 상상하는 것이라서요. 적어도 자신이 제기한 문제와 연결되기만 하면 돼요.

책동아리 POINT

다 쓴 글을 돌아가며 친구들에게 읽어 주고 서로의 의견을 들어 봅니다.

1. 이야기 이해하기

다음 질문에 답해 보세요.

첫 장 〈학교 가기 싫어〉의 만세처럼 일요일 저녁에 스트레스를 받은 적이 있나요?

만세는 월요일 아침 개구리 연못에서 어떻게 노래를 듣게 된 걸까요?

'즐거운 학교, 신나는 학교, 내 맘대로 학교'는 어떤 학교일까요?

털보 담임선생님은 어떤 분인가요?

2. 문제점 발견하기

우리 반에서 마음에 들지 않는 점 한 가지를 생각해 보세요.

어떤 점인가요?

그 점이 왜 마음에 들지 않나요?

3. 문제 해결 방법 생각하기

그 문제를 어떻게 해결할 수 있을까요? '내 맘대로 교실'을 상상해서 써 보세요.

민핀

원제: The Minpins, 1991년

#우정 #모험

글 로알드 달
그림 패트릭 벤슨
옮김 우미경
출간 1999년
펴낸 곳 시공주니어
갈래 외국문학(판타지 그림책)

📖 이 책을 소개합니다

　《걸리버 여행기》나《마루 밑 바로우어즈》처럼 작은 사람들이 등장하는 흥미진진한 모험담입니다. 부제에서 등장하는 꼬마 빌리는 엄마가 들어가지 말라고 경고한 숲에 들어갔다가 그런처라는 무시무시한 괴물에게 쫓기게 돼요. 그러다 우연히 민핀이라는 작은 생명체들이 사는 공동체에 들어가고, 백조의 도움을 받아 용감한 민핀과 지혜롭게 그런처를 물리치지요. 빌리는 민핀들의 영웅이자 좋은 친구가 되어 오래오래 비밀 친구로 지내게 됩니다.

도서 선정 이유

《찰리와 초콜릿 공장》,《마틸다》 등으로 유명한 세계적인 이야기꾼 로알드 달의 작품인데, 그림책 형식이라 1학년도 즐길 수 있어요. 글의 양은 꽤 되지만, 그림도 아름답고 이야기에 흡입력이 있어 술술 읽을 수 있어요. 마치 영화나 애니메이션을 보는 느낌이 들 거예요. 멋진 모험을 접하고 카타르시스를 느낄 거고요. 이 책을 마음에 들어한다면 앞으로 로알드 달의 세계로 인도해 보세요. 초등 중학년, 고학년들이 읽을거리가 무궁무진하답니다.

《책 먹는 여우》의 작가 프란치스카 비어만은 인터뷰에서 "최근 뜯어 먹고 싶을 만큼 재미있는 책을 만난 경험이 있는지요?"라는 질문에 대해 "로알드 달의《민핀》이요. 앞으로 몇 주간 즐겨 읽는 책이 될 겁니다. 물론 다 읽고 나면 먹어 치우진 않고 책꽂이에 잘 보관해 둘 거예요"라고 했다네요.

함께 읽으면 좋은 책

비슷한 주제

○ 줄어드는 아이 트리혼 | 플로렌스 패리 하이드 글, 에드워드 고리 그림, 이주희 옮김, 논장, 2007

○ 다람쥐와 마법의 반지 | 필리파 피어스 글 · 그림, 햇살과나무꾼 옮김, 논장, 1998

○ 꼬마 토드 | 필리파 피어스 글 · 그림, 햇살과나무꾼 옮김, 논장, 2006

같은 작가

○ 백만장자가 된 백설공주 | 로알드 달 글, 퀸틴 블레이크 그림, 조병준 옮김, 베틀북, 2010

○ 로알드 달의 무섭고 징그럽고 끔찍한 동물들 | 로알드 달 글, 퀸틴 블레이크 그림, 천미나 옮김, 담푸스, 2018

문해력을 높이는 엄마의 질문

1. 최고의 그림 뽑기

그림책《민뮌》재미있게 읽었나요? 글이 많은 그림책인데, 그림도 아주 예쁘지요.

이 책에 실린 삽화 중에서 가장 마음에 드는 장면을 하나 골라 보세요.

• 어떤 장면인가요?

• 그 장면을 가장 잘 묘사하는 문장을 찾아보세요.

• 왜 그 그림을 최고로 뽑았나요?

이렇게 활용해 보세요

그림이 참 예쁜 그림책을 읽었으니 일러스트에 먼저 초점을 두어 볼까요? 많은 이야기를 담고 있거나 묘사가 아름다운 장면을 찾는 거예요. 각자 자기 마음에 드는 그림을 고르는 것이라 서로 다른 장면이 뽑히기 쉽습니다.

고른 그림을 활용해 이야기를 나누어요. 초등학생도 유아처럼 그림을 읽을 수 있답니다. 읽어 낸 것을 말로 풀어내는 거예요. 그리고 글 텍스트(그림책에서는 그림도 텍스트라고 한답니다)에서 그 그림을 가장 잘 나타내는 문장을 찾는 것도 재미있어요. 마지막으로, 그 그림이 마음에 든 이유도 친구들에게 전달합니다.

2. 표현 감상하기

이 책의 첫 부분을 다시 한번 읽어 보세요.

• 이 글의 표현을 읽고 어떤 느낌이 들었나요?

• 탐험은 과연 절대 해선 안 될 일일까요?

• 내가 해도 좋을 일 중에서 재미없는 일은 무엇인가요?

• 내가 해선 안 될 일 중에서 신나는 일은 무엇인가요?

이렇게 활용해 보세요

이 책의 도입부는 참 매력적입니다. 우리말 번역도 매끄러워 입에 착 감기지요. 그런 부분이 있다면 모임에서 다시 한번 같이 읽어 보는 게 좋아요.

'해도 좋을 일, 해선 안 될 일'에 대해 더 깊이 생각해 보는 활동이에요. 질문에 답하면서 같이 생각해요. 문학적인 표현에 대해서, 그리고 '탐험'이라는 주제에 대해서요. 그리고 '해도 좋을 일, 해선 안 될 일'이 나에게도 적용되는지 생각하는 것도 의미 있어요. 정말로 각각 재미없고 신나는 일에 해당하는지……. 아이들의 마음을 들여다볼 수 있을 거예요.

3. 상상해서 글 쓰기

- 백조를 탄 빌리처럼 내가 만약 동물을 타고 다닐 수 있다면 어떤 동물을 타고 어디에 가고 싶나요? 짧은 이야기를 지어 보세요.
- 내가 만약 숲에서 민핀을 만난다면 어떨 것 같나요? 가장 해 보고 싶은 모험에 대해 상상력을 펼쳐서 써 보세요.

이렇게 활용해 보세요

아름다운 판타지 그림책을 읽었으니 상상력을 더 키워 볼까요? 일단 백조를 다른 동물로 바꿔서 타고 가고 싶은 곳을 생각해 글로 옮깁니다. 아무래도 탐험, 모험이 소재가 되겠지요.

다음에는 민핀을 상대하는 이야기를 꾸며요. 이 책 말고도 《걸리버 여행기》, 《마루 밑 바로우어즈》처럼 '작은 사람'에 대한 흥미진진한 이야기가 많지요. 민핀들과의 모험은 어떤 종류가 될지 아이들의 상상 속으로 들어가요!

1. 최고의 그림 뽑기

그림책《민펀》재미있게 읽었나요? 글이 많은 그림책인데, 그림도 아주 예쁘지요.
이 책에 실린 삽화 중에서 가장 마음에 드는 장면을 하나 골라 보세요.

어떤 장면인가요?

그 장면을 가장 잘 묘사하는 문장을 찾아보세요.

왜 그 그림을 최고로 뽑았나요?

2. 표현 감상하기

이 책의 첫 부분을 다시 한번 읽고 다음 질문에 대해 생각해 보세요.

이 글의 표현을 읽고 어떤 느낌이 들었나요?

탐험은 과연 절대 해선 안 될 일일까요?

내가 해도 좋을 일 중에서 재미없는 일은 무엇인가요?

내가 해선 안 될 일 중에서 신나는 일은 무엇인가요?

3. 상상해서 글 쓰기

각 상황을 상상해서 짧은 이야기를 지어 보세요.

백조를 탄 빌리처럼 내가 만약 동물을 타고 다닐 수 있다면 어떤 동물을 타고 어디에 가고 싶나요? 짧은 이야기를 지어 보세요.

내가 만약 숲에서 민핀을 만난다면 어떨 것 같나요? 가장 해 보고 싶은 모험에 대해 상상력을 펼쳐서 써 보세요.

생쥐 아가씨와 고양이 아저씨

원제: Rats on the Range and Other Stories, 1993년

#친절 #사랑 #신뢰 #우정
#관용 #이야기 짓기

글·그림 제임스 마셜
옮김 햇살과나무꾼
출간 2021년(개정판)
펴낸 곳 논장
갈래 외국문학(판타지 동화)

이 책을 소개합니다

　제임스 마셜의 재기발랄한 단편 모음집이에요. 생쥐, 고양이, 돼지 등 여러 동물들이 등장하는, 배꼽 잡도록 재미있으면서도 교훈까지 담은 여덟 편의 이야기가 실려 있어요.

　생쥐 아가씨와 고양이 아저씨가 우여곡절 끝에 먹이사슬을 뛰어넘고 진실한 친구가 된다는 〈생쥐 아가씨와 고양이 아저씨〉를 비롯해, 〈돼지가 천국에 갔을 때〉, 〈돼지, 차를 몰다〉, 〈생쥐 파티〉, 〈일기 예보 하는 돼지〉, 〈돼지, 드디어 철이 들다〉, 〈쥐 목장〉, 〈말똥가리의 유언장〉으로 구성되어 있어요. 제목만 봐도 궁금증이 일어나는 이야기들이 등장인물을 중심으로 서로 엮여 있기도 해서 단편집으로서의 묘미를 더해 줍니다.

　아이들이 읽는 책에는 서로 어울릴 수 없는 동물들이 친구가 되는 이야기가 많이 나와요. 아이들은 선입견 없이

잘 받아들이지요. 사실 의인화를 활용한 이 정도의 이야기는 환상성의 수준이 낮아 판타지로 분류하기 어려운 측면이 있어요.

도서 선정 이유

호흡이 짧고 재미난 이야기를 읽는 동안 읽기 이해력을 쑥쑥 높여 주는 동화입니다. 친숙한 동물 캐릭터들을 반복적으로 등장시켜 한 마을의 이야기를 둘러보는 느낌이 들어요. 사랑, 신뢰, 우정, 친절, 화해 등의 요소가 고르게 담겨 노골적이지 않은 교훈도 주고요. 서정적인 표현이 저학년 아동에게 잘 맞고, 제임스 마셜의 아기자기한 삽화도 매력 있어요.

함께 읽으면 좋은 책

비슷한 주제

○ 너무 지혜로워서 속이 뻥 뚫리는 저학년 탈무드 | 김정환·서유진 글, 유정연 그림, 키움, 2017

○ 하루에 한 편 탈무드 이야기 | 이수지 글, 전정환 그림, 엠앤키즈(M&Kids), 2019

○ 반짝이고양이와 꼬랑내생쥐 | 안드레아스 슈타인회펠 글, 올레 쾨네케 그림, 이명아 옮김, 여유당, 2016

○ 진짜 도둑 | 윌리엄 스타이그 글·그림, 김영진 옮김, 비룡소, 2020

같은 작가

○ 빙글빙글 즐거운 조지와 마사 | 제임스 마셜 글·그림, 윤여림 옮김, 논장, 2017

○ 넬슨 선생님이 사라졌다! | 해리 앨러드 글, 제임스 마셜 그림, 김혜진 옮김, 천개의바람, 2020

○ 넬슨 선생님이 돌아왔다! | 해리 앨러드 글, 제임스 마셜 그림, 김혜진 옮김, 천개의바람, 2020

1. 단편 요약하기

《생쥐 아가씨와 고양이 아저씨》에는 짧은 이야기들이 가득 담겨 있어요. 각 이야기의 내용을 한 문장으로 '요약'할 수 있나요?

서로 이어질 수 있는 이야기가 있나요? 표의 왼쪽 빈 공간에 구부러진 화살표 ↳로 연결해 보세요.

제목	내용	연관성
생쥐 아가씨	생쥐 아가씨가 고양이 아저씨 집에서 일을 하며 살다가 위험을 피했다.	
돼지가 천국에 갔을 때	돼지가 롤라 선생님을 사랑해서 데이트를 신청했다가 서로 친해진다.	
돼지, 차를 몰다	운전면허를 딴 돼지가 차를 너무 위험하게 몰아서 다리 밑으로 빠진다.	
생쥐 파티	고양이 아저씨가 초대한 시궁쥐 가족이 음식을 많이 먹어댄다.	
일기 예보 하는 돼지	돼지가 기상캐스터를 해서 엉망진창으로 기상 예보를 하다가 진흙 미끄럼틀 장사를 했다.	
돼지, 드디어 철이 들다	돼지가 학교 안 다니는 아이들을 찾다가 부끄러워져서 다시 학교에 다닌다.	
쥐 목장	시궁쥐 가족들이 뉴욕에서 너무 잘 먹어서 사냥개들이 못 잡아먹고 시장에서 구경거리가 된다.	
말똥가리의 유언장	말똥가리가 죽은 줄 안 동물들이 재산을 탐내서 유언장을 가짜로 바꿨다가 들통이 났다.	

단편동화집을 읽었을 때는 어느 한 편에만 집중하기 곤란하지요. 이렇게 표를 활용해 각 이야기를 간단하게 요약하면 모든 이야기를 다시 정리할 수 있어요.

1학년 아이들에겐 의외로 힘든 작업이 될 거예요. 요약이 어려워 이야기가 마구 길어지거든요. 일단 '누가 무엇을 한 이야기'라는 형식으로 말해 보게 해 주세요. 너무 상세한 내용은 빼는 연습이 필요해요. 여덟 편의 이야기 요약은 생각보다 오래 걸릴 거예요.

생쥐, 고양이, 돼지 등의 이름이 자주 보이지요? 같은 인물이 여러 이야기에 등장하는 재미가 있는 책이거든요. 표로 정리한 상태에서 서로 연결되는 이야기들을 찾아보면 한눈에 연결할 수 있어요.

2. 이야기 바꾸기

여덟 편의 이야기 중에서 어떤 것이 가장 재미있었나요?

내용을 바꾸고 싶은 이야기를 하나 골라 보세요. 어떤 부분을 바꾸면 좋을까요? 인물, 시간적 배경, 공간적 배경, 사건 등을 바꾸어 이야기를 조금 다르게 바꿔 보세요.

이 책의 단편 중에서 키득키득 웃으며 읽었거나 소재나 전개가 황당하다고 생각한 이야기가 있을 거예요. 하나만 골라 더 개성 있는 이야기로 바꾸어 봅니다. 결말이 크게 바뀔 수도 있고, 사소한 배경이 달라질 수도 있어요.

1. 단편 요약하기

《생쥐 아가씨와 고양이 아저씨》에는 짧은 이야기들이 가득 담겨 있어요.
각 이야기의 내용을 한 문장으로 '요약'할 수 있나요?
서로 이어질 수 있는 이야기가 있나요? 표의 왼쪽 빈 공간에 구부러진 화살표↘로 연결해 보세요.

제목	내용	연관성
생쥐 아가씨		
돼지가 천국에 갔을 때		
돼지, 차를 몰다		
생쥐 파티		
일기 예보 하는 돼지		
돼지, 드디어 철이 들다		
쥐 목장		
말똥가리의 유언장		

2. 이야기 바꾸기

여덟 편의 이야기 중에서 어떤 것이 가장 재미있었나요?

내용을 바꾸고 싶은 이야기를 하나 골라 보세요. 어떤 부분을 바꾸면 좋을까요?

인물, 시간적 배경, 공간적 배경, 사건 등을 바꾸어 이야기를 조금 다르게 바꿔 보세요.

고른 이야기

↓

바뀐 내용

폭포의 여왕

원제: Queen of the Falls, 2011년

#도전 #용기 #명예 #행복

글·그림 크리스 반 알스버그
옮김 서애경
출간 2014년
펴낸 곳 사계절
갈래 외국문학(사실주의 동화)

📖 이 책을 소개합니다

《주만지》,《북극으로 가는 열차》,《마법사 압둘 가사지의 정원》,《세상에서 가장 맛있는 무화과》등 주로 초현실적이고 판타지 세계를 다루기로 유명한 작가가 미국 나이아가라 폭포를 타 넘은 실존 인물인 애니 에드슨 테일러의 이야기를 그림책으로 만들었어요.

예순두 살의 애니는 운영하던 예절학교의 문을 닫고 좁은 셋방에서 살며 노후를 걱정했어요. 행복한 노년을 위해 명예와 재산이 필요하다는 생각에 다른 사람들이 하지 않은 일을 해내기로 해요. 그래서 나무통 속에 들어가 17층 빌딩만큼 높은 폭포를 타고 내려오는 도전을 하기로 했어요. 애니는 폭포 타기 계획을 세우고 나무통을 직접 설계하고, 계획을 홍보해요. 애니의 폭포 타기는 수천 명이 지켜보는 가운데 성공했어요. 하지만 사람들은 그다지 관심을 보이지 않았고, 애니는 여러 가지 좌절을 겪게 됩니다. 유명해지기는 했지만 명예나 부를 얻지는 못한 애니는 나이아가라 폭포 앞에서 기념품을 팔며 생계를 이어갑니다.

도서 선정 이유

    칼데콧 상을 세 번 받은 세계적인 작가 크리스 반 알스버그가 비교적 최근에 출간한 그림책입니다. 작가는 애니의 남다른 모험을 역동적인 화면으로 표현했어요. 인물의 표정과 포즈만으로도 움직이는 영상을 보는 듯한 느낌을 불러일으켜요.

    해피엔딩의 성공 스토리에 익숙한 독자에게 애니의 실패는 낯설고 불편할 수 있어요. 하지만 인생의 깊은 성찰은 바로 이런 불편한 감정이 있기에 가능하다지요. 실존 인물의 이야기라 독자가 더 현실적으로 받아들일 수 있어요. 예측 불가능한 삶의 진실을 담고 있으니까요. 아이들에게 도전, 성공과 실패, 유명해지는 것, 행복 등에 대해 생각하게 해 주는 그림책입니다.

함께 읽으면 좋은 책

비슷한 주제

○ 쌍둥이 빌딩 사이를 걸어간 남자 | 모디캐이 저스타인 글·그림, 신형건 옮김, 보물창고, 2004

○ 히말라야의 메시 수나칼리 | 제니퍼 보름 르 모르방 글, 니콜라 와일드 그림, 박정연 옮김, 풀빛, 2020

○ 샘과 데이브가 땅을 팠어요 | 맥 버넷 글, 존 클라센 그림, 서남희 옮김, 시공주니어, 2020

○ 틀려도 괜찮아 | 마키타 신지 글, 하세가와 토모코 그림, 유문조 옮김, 토토북, 2006

○ 야쿠바와 사자 1: 용기 | 티에리 드되 글·그림, 염미희 옮김, 길벗어린이, 2011

○ 엠마 | 웬디 케셀만 글, 바바라 쿠니 그림, 강연숙 옮김, 느림보, 2004

○ 엄마는 해녀입니다 | 고희영 글, 에바 알머슨 그림, 안현모 옮김, 난다, 2017

○ 하지만 하지만 할머니 | 사노 요코 글·그림, 엄혜숙 옮김, 상상스쿨, 2017

같은 작가

○ 자수라: 주만지, 두 번째 이야기 | 크리스 반 알스버그 글·그림, 이하나 옮김, 키위북스, 2017

○ 이건 꿈일 뿐이야 | 크리스 반 알스버그 글·그림, 천미나 옮김, 책과콩나무, 2012

○ 세상에서 가장 맛있는 무화과 | 크리스 반 알스버그 글·그림, 이지유 옮김, 미래아이, 2003

문해력을 높이는 엄마의 질문

1. 육하원칙 따라 인터뷰 기록하기

오늘은 기자가 되어 볼까요? 최초로 폭포를 타 넘은 할머니를 인터뷰했어요. 기사를 쓰기 위해서는 아래 질문에 대한 답이 필요해요.

- 누가 겪은 사건인가요?

  62세인 애니 에드슨 테일러 부인. 예절학교를 운영했음.

- 언제 일어난 일인가요?

  1901년 10월 24일

- 어디에서 일어난 일인가요?

  미국과 캐나다 사이의 나이아가라 폭포

- 무엇에 대한 사건인가요?

  통을 타고 나이아가라 폭포를 최초로 타 넘은 사건

- 어떻게 일어난 일인가요?

  폭포에 견딜 수 있고 몸에 맞는 튼튼한 나무통을 만들고 매니저를 구해서 사람들에게 홍보했다.

- 왜 그 일이 일어났나요?

  예절학교가 잘 안 되어서 유명해지고 돈을 벌기 위해서

이렇게 활용해 보세요

읽은 내용을 활용해 인터뷰 기록을 만드는 활동이에요. 육하원칙에 대해서도 배우고요. 먼저 육하원칙의 간단한 정의를 준비해 주고 같이 읽습니다. 여섯 가지 의문사가 각각 무엇을 말하는지는 모두 알고 있을 거예요.

이 내용을 담는 질문들을 던졌어요. 책에서 읽은 내용으로 답할 수 있는 질문이지요. 마치 기자가 되어 주인공을 인터뷰하면서 수첩에 기록하는 것처럼 짤막하게 정리해 봅니다. 각 의문사에 대해 어떤 답이 나와야 할지 생각해 보는 것만으로도 의미가 있어요.

2. 신문 기사에서 육하원칙 찾기

짧은 신문 기사를 읽어 보세요. 육하원칙이 적용되었나요? '누가, 언제, 어디에서, 무엇을, 어떻게, 왜'를 찾을 수 있나요? 색연필로 표시해 보세요.

이렇게 활용해 보세요

위에서 배운 것을 실제적으로 한 번 더 활용합니다. 기사를 하나 준비해 주세요. 실제 종이 신문에서 오려 내면 신문이 주는 느낌을 더 잘 살릴 수 있지요. 1학년생들은 신문을 읽어 본 경험이 적을 거라 쉽고 짧은 내용이 적당해요.

천천히 읽으면서 색연필로 육하원칙을 따른 부분에 표시를 합니다. '누가, 언제, 어디에서'보다는 '무엇을, 어떻게, 왜'가 좀 더 까다로워요. 어디에 숨었는지, 어떤 부분이 정확한 내용인지 따져야 하거든요. 특히 '왜'는 없기도 쉬워요.

이렇게 실제적인 자료(예: 신문 기사)로 읽기 연습을 많이 하면 아동의 문해 능력 발달에 효과가 아주 크답니다. 우리가 살아가는 세상에 대해서도 바로 배울 수 있으니 일석이조지요.

3. 이야기 이후 생각하기 심화

애니는 폭포 타기에 성공했지만, 기대한 것만큼의 명예나 부를 얻지는 못했어요.

• 애니가 당시에 더 유명해져서 명예를 얻고 부자가 될 방법이 있었을까요?
• 요즘은 유명해지고, 부와 명예를 얻으려면 어떤 방법이 있나요?

이렇게 활용해 보세요

기대하기 쉬운 해피엔딩이 아닌 이야기를 읽었으니 토의로 연결하면 좋겠다고 생각했어요. 실존 인물의 이야기인 만큼 구체적인 생각을 말할 수 있을 거예요. 더 나아가 지금 우리 사회에서는 명성이나 부가 무엇을 의미하는지도 아이들의 수준에 맞게 이야기 나눠 봅니다.

1. 육하원칙 따라 인터뷰 기록하기

오늘은 기자가 되어 볼까요? 최초로 폭포를 타 넘은 할머니를 인터뷰했어요. 기사를 쓰기 위해서는 아래 질문에 대한 답이 필요해요.
육하원칙에 대해 알아봅시다.

> 육하원칙은 기사를 쓸 때 지켜야 하는 기본적인 원칙으로, '누가, 언제, 어디에서, 무엇을, 어떻게, 왜'의 여섯 가지를 말합니다. 육하원칙을 지켜서 글을 쓰면 좀 더 정확하고 자세하게 쓸 수 있고 글을 읽는 사람이 이해하기도 쉬워요.

• 누가 겪은 사건인가요?

_____

• 언제 일어난 일인가요?

_____

• 어디에서 일어난 일인가요?

_____

• 무엇에 대한 사건인가요?

_____

• 어떻게 일어난 일인가요?

_____

• 왜 그 일이 일어났나요?

_____

2. 신문 기사에서 육하원칙 찾기

짧은 신문 기사를 읽어 보세요. 육하원칙이 적용되었나요? '누가, 언제, 어디에서, 무엇을, 어떻게, 왜'를 찾을 수 있나요? 색연필로 표시해 보세요.

(신문 기사 붙이는 곳)

3. 이야기 이후 생각하기

애니는 폭포 타기에 성공했지만, 기대한 것만큼의 명예나 부를 얻지는 못했어요.

애니가 당시에 더 유명해져서 명예를 얻고 부자가 될 방법이 있었을까요?

요즘은 유명해지고, 부와 명예를 얻으려면 어떤 방법이 있나요?

책 읽는 강아지 몽몽

#책 읽기 #도서관 #강아지 #게임중독

글 최은옥
그림 신지수
출간 2014년
펴낸 곳 비룡소
갈래 한국문학(판타지 동화)

이 책을 소개합니다

책은 싫어하고 게임에만 몰두하는 영웅이를 책으로 이끄는 반려견 몽몽이의 이야기입니다. 책 냄새만 맡아도 기분이 좋아지는 몽몽이는 식구들이 모두 나갔을 때 혼자 책 읽는 시간을 가장 좋아해요. 영웅이가 선물받고 내팽개친 책들은 모두 몽몽이 차지가 되는데, 영웅이가 생일 선물로 받은 번개 시리즈 1권을 읽은 몽몽이는 2권이 너무도 읽고 싶어 시름에 빠집니다. 책을 구하기 위한 몽몽이의 비밀스럽고 특별한 작전이 펼쳐지고, 몽몽이와 너무나 대조적인 영웅이나 반려견 생존 법칙을 일러 주는 얄미운 이웃집 강아지 체리가 재미를 더해 줍니다.

도서 선정 이유

영웅이는 학업에 시달리면서 게임에 빠지는 요즘 아이들의 모습을 고스란히 반영해요. 그래서 아이들은 등장인물과 자신을 동일시하면서 읽게 될 거예요. 강아지의 시선에서 이야기가 흥미롭게 펼쳐지는 가운데, 몽몽이만의 유머 넘치는 작전은 책 읽기에 대한 건강한 해법을 제시합니다. 독자에게 책 읽기를 강요하지 않고 책의 재미를 자연스럽게 깨닫게 하는 것이지요.

함께 읽으면 좋은 책

비슷한 주제

○ 책 읽는 강아지 | 베로니크 코시 글, 그레고아르 마비르 그림, 김혜선 옮김, 그린북, 2017

○ 귀양 선비와 책 읽는 호랑이 | 최은영 글, 유기훈 그림, 개암나무, 2014

○ 도서관에 간 여우 | 로렌츠 파울리 글, 카트린 쉐어 그림, 노은정 옮김, 사파리, 2012

○ 몬스터를 잡아라! | 안성하 글·그림, 책고래, 2017

○ 나는 책이 싫어! | 맨주샤 퍼워기 글, 린 프랜슨 그림, 이상희 옮김, 풀빛, 2003

○ 세상에서 가장 재미있는 책 | 크리스티앙 볼츠 글·그림, 이경혜 옮김, 한울림어린이, 2009

○ 책 읽기 싫은 사람 모두 모여라 | 프랑수아즈 부셰 글·그림, 백수린 옮김, 파란자전거, 2011

○ 책 읽는 유령 크니기 | 벤야민 좀머할더 글·그림, 루시드 폴 옮김, 토토북, 2015

○ 어쩌다 독서 배틀 | 공수경 글, 심보영 그림, 다림, 2021

같은 작가

○ 내 멋대로 반려동물 뽑기 | 최은옥 글, 김무연 그림, 주니어김영사, 2020

○ 책으로 똥을 닦는 돼지 | 최은옥 글, 오정택 그림, 주니어김영사, 2019

○ 똥으로 책을 쓰는 돼지 | 최은옥 글, 오정택 그림, 주니어김영사, 2019

문해력을 높이는 엄마의 질문

1. 작가 인터뷰 읽기

이 책의 작가 최은옥 선생님의 인터뷰 내용 중 일부예요. 작가님은 왜 이 책에서 '번개의 시간여행'을 뺀 것에 만족하는지 찾아보세요.

이렇게 활용해 보세요

아이들과 나눌 책을 미리 읽고 활동 자료를 만들기 전에 인터넷 검색을 해 보곤 합니다. 가끔 인터뷰처럼 작가에 대한 자료를 찾을 수 있어요. 최은옥 작가가 바로 이 책에 대해 인터뷰한 내용(이런 자료를 모아서 같이 읽으면 훌륭한 추가 텍스트가 됩니다.)을 찾았는데, 그 안에서 활동에 좋은 아이디어를 얻었어요.

이번 인터뷰 전체 자료는 A4 용지로 몇 쪽에 해당할 만큼 길었어요. 이럴 때는 다운로드받은 자료를 책동아리 친구들의 어머니들께 이메일로 미리 보내드리면 좋아요. 책과 함께 읽고 모이는 거지요. 그리고 중요한 부분만 되짚어 보고 이야기 나누면 시간이 절약됩니다. 읽은 내용 중에서 작가의 생각 등에 대해 질문을 해도 좋아요.

2. 미니북 만들기

우리도 '번개의 시간여행'을 만들어 봐요. 종이 한 장으로 만들 수 있는 8쪽짜리 미니북이에요.

책 만들기는 저학년생들과 독후 활동으로 하기 좋은 아이템입니다. 마침 이 책 속에는 또 하나의 비밀스러운(?) 책이 나오니 상상력을 발휘해서 흥미롭게 만들 수 있지요. 원래의 책을 요약해서 만드는 것보다 훨씬 재미있을 테니까요.

A3 용지와 풀, 가위, 색연필 등을 준비해 주세요. 도대체 무슨 책이길래 책 읽는 강아지 몽몽이가 그토록 읽고 싶어 했을까 생각하면서 나만의 이야기를 꾸며 봅니다. 표지부터 홍보문구, 바코드까지…… 제대로 작가가 되어 보는 시간이에요. 만드는 순서를 그림과 함께 자세하게 안내했어요. 순서도와 지시를 따르는 것도 의미 있는 연습이에요.

이렇게 책 만들기 활동을 하면 '책'이라는 대상을 다시 보게 되고, 인내심, 문해 능력, 창의력, 미적 감각, 문제 해결 능력, 협동작품이라면 협동심까지 기를 수 있답니다.

1. 작가 인터뷰 읽기

이 책의 작가 최은옥 선생님의 인터뷰 내용 중 일부예요.
작가님은 왜 이 책에서 '번개의 시간여행'을 뺀 것에 만족하는지 찾아보세요.

Q 몽몽이가 시름시름 앓을 정도로 읽고 싶어 했던 책 '번개의 시간여행'은 무슨 내용인가요?

A "예전에 쓴 단편에는 '번개의 시간여행'이 어떤 내용인지도 몇 줄 있었는데 장편으로 바꾸면서 그 내용을 뺐어요. 쓰다 보니까 독자가 내용을 직접 상상하는 게 더 재미있을 것 같더라고요. 그리고 빼길 잘했다고 생각해요. 얼마 전에 8살, 9살 여자아이들의 《책 읽는 강아지 몽몽》 독서 후기를 보았는데 아이들이 책을 읽고 나서 몽몽이에게 선물한다며 '번개의 시간여행'을 만들었더라고요. 한 권은 '우주로 간 번개와 몽몽이의 시간여행', 한 권은 '번개의 시간여행 3탄' 이런 제목이었어요. 표지도 있고 글과 그림이 들어 있더라고요. 제가 상상하지 못한 걸 아이들이 표현한 거죠. 너무 뿌듯하고 기분 좋았어요. 아이들이 상상해서 '번개의 시간여행'을 만들 수 있었으니까요."

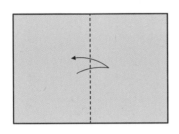

2. 미니북 만들기

우리도 '번개의 시간여행'을 만들어 봐요. 종이 한 장으로 만들 수 있는 8쪽짜리 미니북이에요.

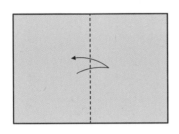

❶ A3 용지를 가로로 놓고
끝을 잘 맞추어 반을 접었다 펴세요.

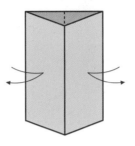

❷ 양쪽 끝을 가운데 선에 맞추어서
반씩 접었다 펴세요.

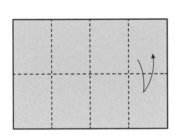

❸ 가로로 절반 접었다 펴면
총 여덟 개의 면이 생겨요.

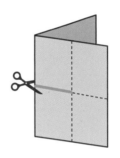

❹ 다시 ❶처럼 반을 접은 후,
그림처럼 접힌 쪽에서부터 표시한 곳까지
가위로 잘라요.

잘린 부분

❺ 종이를 펼쳐 가로로 내려 접어요.

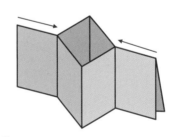

❻ 양쪽 끝을 잡고 가운데로 밀어요.

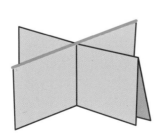

❼ 십자 모양이 됩니다.

❽ 책 모양이 되게 접어요.

• 책 묶기 방법

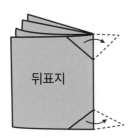

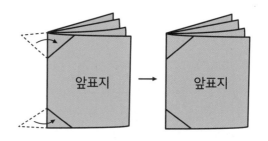

9 미니북의 마지막 면의
책 중심 쪽 위아래를 사선으로 자릅니다.

10 자른 부분을 앞표지 쪽으로 가져와 풀칠해 붙여요.

• 책 내용 및 표지 꾸미기

11 8쪽의 각 면에 어떤 내용을 넣을지 생각해요.

12 각 면에 글을 쓰고 그림을 그려요.

13 앞표지를 꾸며요. 제목을 짓고, 표지 그림을 그리고, 지은이도 꼭 써 넣으세요.

14 뒤표지를 꾸며요. 책의 내용을 간단히 요약해 쓰면 좋아요.
바코드를 그려 넣고, 책 가격도 적어요.

15 친구들에게 보여 주세요. 낭독해도 좋아요.

※ 출처: 공인숙·김유진·최나야·한유진 공저, 《아동문학》, 양서원, 2013[2판]

화요일의 두꺼비

원제: A Toad for Tuesday, 1974년

#우정 #친구 #관계 맺기 #생일

글 러셀 에릭슨
그림 김종도
옮김 햇살과나무꾼
출간 2014년
펴낸 곳 사계절
갈래 외국문학(판타지 동화)

 ## 이 책을 소개합니다

두꺼비 워턴은 딱정벌레 과자를 툴리아 고모에게 가져다 드리려고 겨울잠도 안 자고 한겨울에 길을 나섰어요. 도중에 눈 속에 처박힌 사슴쥐를 구해 준 워턴에게 사슴쥐는 빨간 목도리를 선물로 주었고요. 발을 다친 워턴은 천적인 올빼미에게 붙잡혀 먹잇감이 될 처지에 놓여요. 여섯 밤이 지나면 올빼미의 생일인데, 그 화요일에 올빼미는 워턴을 잡아먹을 예정이래요. 하지만 워턴은 올빼미네 집 청소를 하고, 차를 끓이고, 올빼미에게 말을 건네죠. 시큰둥하던 올빼미는 차를 마시며 누군가와 이야기를 나누는 것이 얼마나 즐거운지를 알아 갑니다. 워턴은 친구도 이름도 없던 올빼미한테 '조지'라는 이름도 지어 주었어요. 화요일이 오자 워턴은 100마리 사슴쥐의 도움을 받아 탈출해요. 조지가 워턴을 위해 차 열매를 구하려다 여우에게 잡혀 위험에 빠진 상황에서요. 둘은 이 긴박한 상황을 해결하고 진짜 친구가 될 수 있을까요?

도서 선정 이유

　고전의 느낌을 주는 마음 따뜻해지는 동화예요. 아이보다 먼저 엄마가 읽으며 감동을 느낄 거라고 확신합니다. 3학년 교과서에 내용의 일부가 수록되어 있다는데 더 어린 아동도 충분히 잘 읽을 수 있는 책입니다.

　동물들을 주인공으로 해서 기발하게 이야기를 엮어 가며 상상력을 한껏 펼쳤어요. 제목에도 등장하는 화요일이라는 설정도 무척 흥미롭고요. 1학년 아이들이 친구 사귀기, 낯선 상황에 적응하기, 도움 주고받기에 대한 교훈을 얻을 수 있어요.

함께 읽으면 좋은 책

비슷한 주제

○ 똑, 딱 | 에스텔 비용 스파뇰 글·그림, 최혜진 옮김, 여유당, 2018

○ 폭풍우 치는 밤에 | 키무라 유이치 글, 아베 히로시 그림, 김정화 옮김, 미래엔아이세움, 2007

○ 아모스와 보리스 | 윌리엄 스타이그 글·그림, 김경미 옮김, 비룡소, 2017

○ 친구에게 | 김윤정 글·그림, 국민서관, 2016

○ 친구를 사귀는 아주 특별한 방법 | 노튼 저스터 글, G. 브라이언 카라스 그림, 천미나 옮김, 책과콩나무, 2012

○ 뒷집 준범이 | 이혜란 글·그림, 보림, 2011

○ 큰 늑대 작은 늑대 | 나딘 브룅코슴 글, 올리비에 탈레크 그림, 이주희 옮김, 시공주니어, 2008

○ 친구 사귀기 | 김영진 글·그림, 길벗어린이, 2018

문해력을 높이는 엄마의 질문

1. 책 표지 비교하기

《화요일의 두꺼비》책의 다양한 표지예요. 어떤 표지가 가장 마음에 드나요?

표지의 그림을 보고 어떤 장면인지 각각 한두 문장으로 글을 지어 보거나, 말풍선 안에 인물 간의 대화를 써 보세요.

> 이렇게 활용해 보세요

서로 다른 표지의《화요일의 두꺼비》를 찾았어요. 아이들은 같은 책이 이렇게 다양한 얼굴을 하고 있다는 점에도 신기해한답니다. 외국에서 출간된 책도 그렇지만 우리나라에서도 출판사마다, 출간 시기마다 표지가 다르니까요. 스테디셀러를 읽을 때 활용할 수 있는 방법이에요.

아동 도서의 표지는 그야말로 책의 얼굴이에요. 가장 중요하다고 볼 수 있는 장면이 그림으로 실리고 제목도 멋지게 디자인되어 들어가 있지요. 그 장면에 주의를 기울여서 문해 활동으로 연결합니다. 그 장면을 간단히 묘사하는 문장을 쓰거나, 만약 복수의 인물들이 나온다면 대화문을 완성하는 거예요. 인물의 표정이나 동작, 배경을 맥락으로 활용할 수 있어요. 물론 책을 이미 읽었기 때문에 내용을 알고 있어서 어렵지 않을 거예요.

마치 만화처럼 꽤 재미있는 대화가 완성되었어요. 아이들의 순수함이 배어나오지요? 그런데 철자가 틀렸다고요? 아직 1학년이잖아요. 그런 부분에 아직 걱정 안 해도 됩니다.

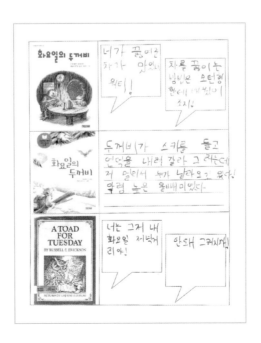

2. 이해하여 대답하기

이 책을 재미있게 읽었나요? 이해가 잘 되었는지 다음 질문에 답해 보세요.

- 형은 동생 워턴이 고모집에 가는 것에 왜 반대했나요?
- 워턴은 어떻게 사슴쥐의 딸꾹질을 멈추게 했나요?
- 올빼미는 생일날에 왜 두꺼비를 잡아먹으려고 했나요?
- 올빼미가 낮에 사냥하는 이유는 무엇인가요?
- 올빼미를 잡아먹으려던 여우는 왜 갑자기 도망갔나요?
- 올빼미가 쪽지에 쓴 깜짝 놀랄 만한 것은 무엇을 말하나요?
- 올빼미는 "만약 친구를 사귄다면 너 같은 친구였으면 좋겠어"라고 말합니다. 워턴은 올빼미에게 어떤 친구일까요?
- 올빼미는 생일 특식으로 두꺼비가 아닌 물고기를 먹으려 했어요. 마음이 바뀐 이유는 뭘까요?

> **이렇게 활용해 보세요**

　　1학년은 해독을 연습하는 게 과제일 수 있지만, 조금 빨리 읽기 연습이 된 아이들에게는 벌써 독해가 관건이 되지요. 재미있는 줄거리를 따라 책을 한 권 다 읽고도 내용에 대한 질문에는 대답을 못하는 경우가 상당히 많아요.

　　책 내용에 대한 좋은 질문은 초등 저학년생의 읽기 이해력을 높여 주는 효과적인 방법입니다. 여기에는 이 책의 줄거리를 꿰뚫는 여러 개의 질문이 준비되어 있어요. 주로 이유를 묻는 '왜', 방법이나 과정을 묻는 '어떻게', 그리고 구체적인 대상을 묻는 '어떤'과 '무엇'이 포함된 질문입니다.

　　질문을 읽고 답을 쓰는 것이 아니라, 들은 질문에 대해 바로 말로 답해 보게 해 주세요. 주의 깊게 듣고 무엇을 묻는 질문인지 파악하는 것도 중요한 시기예요. 순발력 있게 대답을 생각해서 완결된 문장으로 말하는 것도 연습이 필요하고요.

> **책동아리 POINT**

어떤 질문은 답이 금방 나올 거라 쉽게 지나가도 되고, 어떤 질문은 아이마다 다른 생각이 표현될 테니 돌아가며 말할 수 있게 시간적 여유를 주세요.

3. 이야기 완성하기

올빼미 조지가 두꺼비 워턴에게 남겨 놓은 쪽지에는 어떤 말이 적혀 있었을까요? 마음대로 상상해서 써 보세요.

이렇게 활용해 보세요

이야기가 이어지는 가운데 쪽지가 등장해요. 올빼미가 두꺼비에게 보낸 것이죠. 한쪽이 잡아먹힐 수도 있는 갈등이 예상되던 관계에서, 바로 그 화요일에 과연 어떤 결말이 기다리고 있었을까요?

좀 오래된 책에는 편지나 쪽지가 자주 등장해요. 요즘은 손 편지 보기가 어려워졌지요. 이메일도 부담돼 주로 짤막한 문자메시지와 이모티콘으로만 주고받으니까요. 하지만 아이들이 어릴 때는 편지나 쪽지가 아직 유용한 의사소통 방식이라 기뻐요. '쓰기'가 우리의 삶에서 어떤 기능을 하는지 느낄 수 있고 읽기에도 도움이 되는 도구랍니다.

워티!
드디어 화요일, 내 생일이야
저녁 먹고 나서 네가 제일 좋아하
는 노간주 열매를 구해줄게
너랑 친구가 되고 싶은
from: 조지

1. 같은 책 다른 표지 책 표지 비교하기

《화요일의 두꺼비》 책의 다양한 표지예요. 어떤 표지가 가장 마음에 드나요?

표지의 그림을 보고 어떤 장면인지 각각 한두 문장으로 글을 지어보거나, 말풍선 안에 인물 간의 대화를 써 보세요.

2. 이해하여 대답하기

이 책을 재미있게 읽었나요? 이해가 잘 되었는지 다음 질문에 말로 답해 보세요.

- 형은 동생 워턴이 고모집에 가는 것에 왜 반대했나요?

- 워턴은 어떻게 사슴쥐의 딸꾹질을 멈추게 했나요?

- 올빼미는 생일날에 왜 두꺼비를 잡아먹으려고 했나요?

- 올빼미가 낮에 사냥하는 이유는 무엇인가요?

- 올빼미를 잡아먹으려던 여우는 왜 갑자기 도망갔나요?

- 올빼미가 쪽지에 쓴 깜짝 놀랄 만한 것은 무엇을 말하나요?

- 올빼미는 "만약 친구를 사귄다면 너 같은 친구였으면 좋겠어"라고 말합니다. 워턴은 올빼미에게 어떤 친구일까요?

- 올빼미는 생일 특식으로 두꺼비가 아닌 물고기를 먹으려 했어요. 마음이 바뀐 이유는 뭘까요?

3. 조지가 되어 워턴에게 쪽지 쓰기 이야기 완성하기

올빼미 조지가 두꺼비 워턴에게 남겨 놓은 쪽지에는 어떤 말이 적혀 있었을까요?
마음대로 상상해서 써 보세요.

짜증방

#짜증 #걱정 #감정표현
#인성 #태도

글 소중애
그림 방새미
출간 2014년
펴낸 곳 거북이북스
갈래 한국문학(판타지 동화)

📖 이 책을 소개합니다

떼쓰고 짜증 내는 아이와 이런 아이 때문에 걱정 많은 엄마를 위한 동화예요. 편식이 심하고 아토피로 고생하는 도도는 짜증대장이에요. 버릇없는 행동을 많이 하고 친구에게도 함부로 대하지요. 어느 날, 도도네 집에 수상한 할머니가 찾아오고, 출장 중인 아빠가 다쳐 엄마마저 중국으로 갑니다. 도도의 짜증은 더 심해지지요. 할머니는 도도에게 맛없는 채소 반찬만 주고 도도가 밥을 굶어도 내버려 둬요. 할머니가 마귀할멈이라고 생각하게 된 도도는 몰래 할머니 방에 들어갔다가 엄청난 비밀을 발견합니다. 방 속에서 다른 방들이 나타나는데, 그 안에서 각각 어린 시절의 도도가 짜증을 내고 있었어요.

도서 선정 이유

초등학교에 재직했던 저자는 아이의 마음과 행동은 물론 엄마의 입장도 이야기로 잘 풀어냈어요. 훈계하며 직접적으로 교훈을 제시하는 것이 아니라 흥미로운 이야기를 통해 따뜻한 감동을 전해 줍니다. 잔소리나 훈육보다는 아이가 스스로의 모습을 들여다봄으로써 많은 것을 깨달을 수 있지요. 도도와 비슷한 아이가 엄마랑 함께 읽기 좋은 책입니다. "짜증은 벽돌이 된단다. 짜증 벽돌이 쌓이고 쌓여 짜증방을 만들고 사랑하는 사람들을 가두지"라는 문장이 마음에 와닿을 거예요.

함께 읽으면 좋은 책

비슷한 주제

○ 화나고 짜증 날 때 이렇게 말해요 | 오효진 글, 김수옥 그림, 책읽는달, 2015

○ 왜 자꾸 짜증 나지? | 양지안 글, 김다정 그림, 위즈덤하우스, 2015

○ 지친 몸과 마음이 보내는 신호 짜증 | 노지영 글, 순미 그림, 소담주니어, 2010

○ 잘 가! 짜증 바이러스 | 임여주 글, 김효진 그림, 위즈덤하우스, 2017

○ 긍정적인 태도를 기르는 마음 튼튼 감사 일기 | 좋은생각 편집부 글·그림, 좋은생각, 2021

○ 나는 커서 행복한 사람이 될 거야 | 안나 모리토 가르시아 글, 에바 라미 그림, 김유경 옮김, 천문장, 2019

○ 공감 씨는 힘이 세! | 김성은 글, 강은옥 그림, 책읽는곰, 2017

같은 작가

○ 누가 박석모를 고자질했나 | 소중애 글, 이지선 그림, 청개구리, 2014(개정판)

○ 산호 숲을 살려 주세요! | 소중애 글·그림, 함께자람(교학사), 2021

문해력을 높이는 엄마의 질문

1. 작가의 생각 읽기

《짜증방》을 쓰신 소중애 선생님의 인터뷰 기사(일부)를 읽고 다음 질문에 답해 보세요.

- 질문과 답변에 '리얼리티'라는 표현이 나오는데, 무슨 뜻일까요?
- 작가님은 짜증 내는 아이들에게 무엇이 필요하다고 하나요?
- 초등학교 교사라는 직업은 동화작가라는 직업에 어떤 영향을 주나요?

이렇게 활용해 보세요

이번에도 긴 인터뷰 기사 중 일부를 발췌했어요. 특히 아이들과 나누고 싶은 질문과 대답, 그리고 우리들의 질문이나 이야기 나누기로 연결되기 좋은 내용 중심으로요.

작가의 글이나 인터뷰 내용을 읽으면 책의 내용을 더 깊이 이해하고 생각의 폭을 넓히는 데 도움이 됩니다. 인터뷰는 일반 어른들의 대화이기 때문에 1학년들을 위한 동화보다 읽기 수준이 높아요. 천천히 소리 내어 읽어 주는 것도 좋습니다.

읽은(들은) 내용에서 질문거리를 뽑았어요. 이렇게 바로 읽거나 들은 내용을 질문을 통해 재정리하는 연습은 학습 방식으로 아주 효과적입니다.

2. 내 경험 떠올리기

짜증은 벽돌이 되어 마음속에 '짜증방'을 만든답니다. 벽돌 안에 나의 짜증 경험을 써 보세요. 다음 질문에 대해 이야기 나누어 보아요.

- 도도가 어릴 때부터 계속 짜증을 낸 이유는 무엇이었을까요?
- 짜증을 내지 말라고만 하면 될까요?
- 내 마음 안의 짜증 벽돌은 얼마큼 쌓여 있나요?

이렇게 활용해 보세요

벽돌담 모양의 도식을 구성했어요. 전에 배운 육하원칙대로 '언제, 어디에서, 누가, 무엇을, 어떻게, 왜'에 맞추어 사건을 기술해요. 마지막에는 정서도 추가했고요.

'짜증'이라는 책의 주제에 맞추어 자신이 짜증 났던 경험을 떠올려 봅니다. 이런 도식에 내용을 적어 나가다 보면, 부정적인 정서가 정말로 벽돌처럼 쌓여 벽을 만들 수 있다고 느끼게 될 거예요. 칸이 넉넉하다면 세로로 공간을 나눠 두세 건의 이야기를 적어도 좋아요.

언제	2014년 8살 때	2014 8살 때
어디서	행일 초등 학교에서	초등학교에서
누가	11반 ○○가	8반 △△이가
무엇을	내 신발을 벗겼다	내가 만들고 있던 블록을 부셨다
어떻게	발에서 벗겼다	책상을 쳐서
왜	그냥 장난으로	일부러
내 기분	화가 났다	짜증 났다

3. 문제 해결 방법 찾기

어떻게 짜증방을 허물 수 있을까요? 나만의 방법을 찾아보세요.

> **이렇게 활용해 보세요**

 짜증 같은 부정적 정서를 처리하는 나만의 방법을 생각하고 종이에 적어요. 이런 활동은 어린 아동의 사회·정서 발달에 도움이 된답니다.

책동아리 POINT

친구들과 서로의 방식을 공유해요.

1. 작가의 생각 읽기

《짜증방》을 쓰신 소중애 선생님의 인터뷰 기사를 읽고 다음 질문에 답해 보세요.

Q 초반 공항 식당에서의 대화 장면부터 시작해서 주인공 도도를 비롯한 등장인물의 말투, 감정 모두 굉장히 사실적입니다. 이러한 리얼리티는 어떻게 확보하셨는지 궁금합니다.

A 저는 38년간 초등학교 교사를 했고 동화를 쓴 지도 30년이 넘었어요. 그래서 그런지 아이들이 눈에 잘 들어와요. 어느 장소에서 어떻게 생긴 아이가 어떻게 행동했는가는 비교적 기억을 잘 해요. 그 기억의 조각들이 리얼리티를 살리는 데 많은 도움을 주고 있어요.

Q 동화를 읽기 전 작가의 말을 읽어 보면 이 책을 쓰신 의도가 분명하게 나옵니다. 아이들이 짜증 부리는 버릇을 고쳤으면 하는 바람을 담았다고 하셨는데, 막상 이야기 속에는 이래라저래라 하는 일방적인 설교가 나오지 않아 의외이기도 했습니다. 《짜증방》을 쓰시면서 가장 중점을 둔 부분이 있으신지 듣고 싶습니다.

A 도도 같은 짜증이들은 남을 생각하는 공감 능력이 부족해요. 사회생활 하는 데 어려움이 많고 행복하지 못하지요. 짜증을 털어 버리면 사랑받는 아이, 귀여운 아이가 될 수 있다는 것을 얘기하고 싶었어요.

Q 초등학교 선생님, 그리고 동화작가라는 직업에는 공통점이 있는 것 같습니다. 아무나 할 수 없는 축복받은 일이면서도 많은 숙제를 안겨 주었을 것 같거든요. 기쁨과 고통이 동시에 따르는 이 두 가지 일을 어떻게 해 오셨는지요.

A 초등학교 교사와 동화 작가는 축복처럼 잘 맞는 것 같습니다. 아이들을 가르치며 아이들을 잘 알게 되었고, 그 속에서 소재를 구했지요. 그랬다고 아이들이 언제나 즐겁고 사랑스럽게 다가온 것은 아니었어요. 알잖아요, 가끔씩 뒤로 넘어갈 것 같은 것…ㅎㅎㅎ. 그럴 때 저는 동화작가로서 한 발자국 물러나 살펴보고 이해하려고 노력했어요. 그런 노력이 아이들을 더욱 사랑하게 만들었고 내 글을 풍요롭게 했지요. 그건 저에게나 아이들에게 참 다행스럽고 좋은 일이었지요.

• 질문과 답변에 '리얼리티'라는 표현이 나오는데, 무슨 뜻일까요?

• 작가님은 짜증 내는 아이들에게 무엇이 필요하다고 하나요?

• 초등학교 교사라는 직업은 동화작가라는 직업에 어떤 영향을 주나요?

2. 나의 짜증 벽돌 【내 경험 떠올리기】

짜증은 벽돌이 되어 마음속에 '짜증방'을 만든답니다. 벽돌 안에 나의 짜증 경험을 써 보세요. 다음 질문에 대해 이야기 나누어 보아요.

- 도도가 어릴 때부터 계속 짜증을 낸 이유는 무엇이었을까요?
- 짜증을 내지 말라고만 하면 될까요?
- 내 마음 안의 짜증 벽돌은 얼마큼 쌓여 있나요?

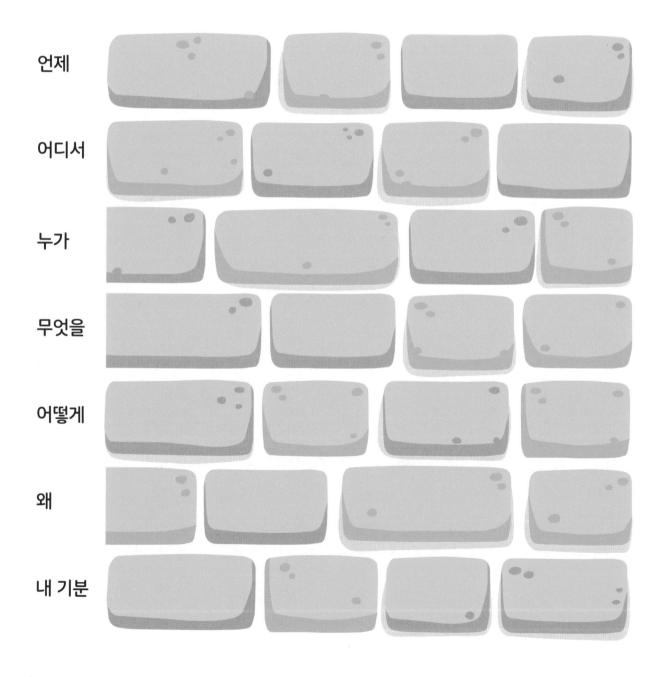

언제

어디서

누가

무엇을

어떻게

왜

내 기분

3. 문제 해결 방법 찾기

어떻게 짜증방을 허물 수 있을까요? 나만의 방법을 찾아보세요.

고맙습니다, 선생님

원제: Thank you, Mr. Falker, 1998년

#교사 #학습 #독서 #극복

글 · 그림 패트리샤 폴라코
옮김 서애경
출간 2001년
펴낸 곳 미래엔아이세움
갈래 외국문학(사실주의 그림책)

 ## 이 책을 소개합니다

작가 패트리샤 폴라코를 빛의 세계로 인도한 실제 선생님의 이야기로, 선생님의 가르침에 대한 감사와 존경을 담은 책이에요. 트리샤가 일곱 살이 되던 날, 할아버지는 책에 꿀을 끼얹고는 맛을 보게 하며 트리샤에게 글을 배울 때가 되었음을 알려 줍니다. 그런데 트리샤는 5학년이 될 때까지 글을 읽지 못해 놀림 받고 따돌림까지 당해요. 트리샤가 전학 간 학교에 새로 부임한 폴커 선생님은 트리샤에게 용기를 주고 자신감을 갖게 합니다. 폴커 선생님의 도움으로 트리샤는 마침내 글을 읽게 되지요.

트리샤와 폴커 선생님이 30년 후에 만나는 마지막 장면은 한 편의 영화처럼 극적입니다. 선생님의 사랑이 한 사람의 인생을 어떻게 변화시켰는지 느낄 수 있어요.

 **도서 선정 이유**

　우리나라에서는 많은 아이들이 어느 정도 읽기에 자신을 갖게 되는 1학년 말, 하지만 여전히 해독 자체가 어려운 아이들도 있어요. 외국만큼은 아니어도 읽기장애, 난독증을 가진 아이도 있고, 아직 읽기 경험이 부족하고 적절한 지도를 받지 못해 서툰 경우도 있으니까요. 아름다운 그림이 곁들여진 그림책으로 유명 작가의 실화를 읽으면서 이런 문제에 대해서 생각해 볼 기회입니다. 읽는다는 것의 의미와 책의 존재, 그리고 지도해 주시는 선생님에 대한 고마움을 느낄 수 있고요. 읽어서 얻는 것이 꿀처럼 달콤하다는 비유가 정말 인상 깊지요.

　한편으로는 어려움을 가진 친구에 대한 태도에 대해서도 이야깃거리를 던져 주는 책입니다. 또한 트리샤가 기나긴 어려운 과정을 거치고 성취해 냈을 때, 독자도 함께 감동을 느끼게 되는데요, 이렇게 쉽지 않은 길에 대해서도 주목할 필요가 있어요. 스스로 겪어 이겨 낸 힘겨움이 지름길이나 공짜보다 훨씬 가치 있다는 것을 이야기 나누면 좋겠습니다.

 함께 읽으면 좋은 책

비슷한 주제

○ 커다란 나무 같은 사람 | 이세 히데코 글 · 그림, 고향옥 옮김, 청어람미디어, 2010

○ 우리 선생님이 최고야! | 케빈 헹크스 글 · 그림, 이경혜 옮김, 비룡소, 1999

○ 유령 도서관 | 데이비드 멜링 글 · 그림, 강성순 옮김, 주니어김영사, 2008

○ 내게 그 책을 읽어 줄래요? | 디디에 레비 글, 고치미 그림, 나선희 옮김, 책빛, 2017

○ 아름다운 책 | 클로드 부종 글 · 그림, 최윤정 옮김, 비룡소, 2002

○ 책 읽어 주는 고릴라 | 김주현 글 · 그림, 보림, 2010

○ 브루노를 위한 책 | 니콜라우스 하이델바흐 글 · 그림, 김경연 옮김, 풀빛, 2020(개정판)

○ 선생님, 기억하세요? | 데보라 홉킨스 글, 낸시 카펜터 그림, 씨드북, 2017

같은 작가

○ 존경합니다, 선생님 | 패트리샤 폴라코 글 · 그림, 유수아 옮김, 미래엔아이세움, 2015

○ 오늘은 내가 스타! | 패트리샤 폴라코 글 · 그림, 이현진 옮김, 나는별, 2015

○ 날아라, 고물 비행기 | 패트리샤 폴라코 글 · 그림, 황윤영 옮김, 베틀북, 2011

문해력을 높이는 엄마의 질문

1. 이유 생각하기

작가 패트리샤 폴라코의 자전적인 이야기《고맙습니다, 선생님》을 읽고, 글에 직접 드러나지 않은 내용에 대해 답해 봅시다. 한두 개의 문장으로 내 생각을 다듬어서 써 보세요.

- 할아버지가 책 표지 위에 꿀을 얹어 트리샤에게 맛보게 하신 이유는 무엇일까요?
- 에릭은 왜 트리샤를 계속 놀리며 괴롭혔을까요?
- 주인공은 왜/어떻게 어린이책 작가가 되었을까요?

> 이렇게 활용해 보세요

책의 글과 그림은 인물의 행동이나 변화에 대해 모든 것을 말해 주지 않아요. 하지만 독자는 눈으로 본 것보다 더 많은 것을 알게 되지요. 자신의 경험을 대입하여 이해하고 생각을 통해 주어진 맥락을 넓히며 읽기 때문입니다.

이런 활동을 활발하게 만들기 위해 좋은 질문이 필요해요.

책동아리 POINT

단 하나의 정답을 찾는 건 아니기 때문에 친구들의 의견을 들어 보는 경험도 소중합니다.

2. 감정 이입하기

다음 장면에서 트리샤의 기분이 어땠을지 생각해 봅시다.

- 자신이 친구들과 '다르다'는 것을 느낀 트리샤는 어떤 기분이었을까요?
- 할머니, 할아버지가 세상을 떠나시고, 새로운 곳으로 이사하게 된 트리샤는 어떤 기분이었을까요?

또래 인물의 이야기를 읽으며 정서적으로 공감하는 경험은 아동기 독서가 주는 발달적 기회에 해당해요. 간접 경험이지만 구체적인 상황을 상상하며 다양한 감정을 느껴 볼 수 있지요. 이런 경험이 많아지면 공감 능력과 사회 인지가 발달합니다.

자신이 경험해 본 일일 수도 있고, 아직 못 겪어 본 상황일 수도 있어요. 주인공 트리샤의 입장이 되어 느껴지는 감정을 언어로 표현합니다.

3. 인물 평가하기

이 책은 트리샤가 선생님께 바치는 이야기로도 볼 수 있어요. 폴커 선생님은 어떤 분이라고 생각하나요?

제목이 《고맙습니다, 선생님》인 이 책은 한 소녀의 성장기이자, 선생님께 바치는 헌사 같아요. 아이들의 눈에는 폴커 선생님이 어떻게 보였을까요?

구체적인 에피소드를 되짚어 보며 그런 장면을 통해 이 선생님이 어떤 분이라고 생각되는지 이야기 나눠요.

1. 이유 생각하기

작가 패트리샤 폴라코의 자전적인 이야기 《고맙습니다, 선생님》을 읽고, 글에 직접 드러나지 않은 내용에 대해 답해 봅시다. 한두 개의 문장으로 내 생각을 다듬어서 써 보세요.

할아버지가 책 표지 위에 꿀을 얹어 트리샤에게 맛보게 하신 이유는 무엇일까요?

에릭은 왜 트리샤를 계속 놀리며 괴롭혔을까요?

주인공은 왜/어떻게 어린이책 작가가 되었을까요?

2. 감정 이입하기

다음 장면에서 트리샤의 기분은 어땠을지 생각해 봅시다.

자신이 친구들과 '다르다'는 것을 느낀 트리샤는 어떤 기분이었을까요?

할머니, 할아버지가 세상을 떠나시고, 새로운 곳으로 이사하게 된 트리샤는 어떤 기분이었을까요?

3. 인물 평가하기

이 책은 트리샤가 선생님께 바치는 이야기로도 볼 수 있어요. 폴커 선생님은 어떤 분이라고 생각하나요?

2학년을 위한
책동아리 활동

초등 2학년도 1학년 때와 비슷합니다. 여전히 그림책을 접하는 것도 좋아요. 그래픽 오거나이저 등을 통해 읽기 반응을 남기는 방식이 잘 맞습니다. 이야기의 전체적 흐름을 파악하고 자신의 생각을 담아 말할 수 있게 되는 것을 목표로 삼을 수 있어요.

아이들의 학교생활, 친구 관계 등을 담은 생활 동화 중에 재미를 느낄 만한 책이 많아요. 관심 분야에 맞는 정보책도 좋고 책의 주제나 장르가 골고루 포함되어 있으면 좋아요.

2학년쯤 되면 50쪽이 넘는 책도 충분히 잘 읽을 수 있습니다. 한 권을 다 읽어 냈을 때 만족감과 자신감을 느끼는 것이 반복될수록 읽기 효능감이 발달해서 읽기 동기가 높은 독자가 됩니다. 이 시기에도 여전히 어떤 책은 부모님이 읽어 주세요.

초등학교 2학년 문해력 성장을 위한

책동아리 도서 목록

START

함께 한
날짜를 적어 보세요 ♡

가방
들어 주는
아이

책 먹는 여우와
이야기 도둑

나쁜
어린이표

멋진
여우 씨

그림자
도둑

동백꽃

리오와 줄리엣

마법의
설탕 두 조각

라면
맛있게
먹는 법

오즈의 마법사

GOAL

가방 들어주는 아이

#장애 #친구 #우정 #도움 #봉사
#보상

글 고정욱
그림 백남원
출간 2014년
펴낸 곳 사계절
갈래 한국문학(사실주의 동화)

이 책을 소개합니다

　장애를 소재로 한 작품을 많이 쓴 고정욱 작가의 대표작이에요. 장애를 다룬 대부분의 작품들이 장애인의 고통에 초점을 맞추었다면 이 작품은 주변인의 마음에 더 중심을 두어 관점의 변화를 보여 줍니다. 장애 때문에 아이들에게 따돌림받는 영택이의 가방을 들어 준다는 이유로 놀림당하는 석우, 그 둘 사이에 벌어지는 크고 작은 사건과 석우의 갈등이 주된 축을 이룹니다. 처음엔 그저 주어진 일이어서 친구의 가방을 들어 주었는데 칭찬과 상까지 받게 된 석우는 자신의 진짜 마음이 무엇인지 알아차리는 데 어려움을 겪습니다. 몸이 불편한 영택이를 곁에서 지켜보면서 석우의 마음이 조금씩 변화하고, 이는 다른 아이들의 변화도 이끌어 내지요.

 ## 도서 선정 이유

　이 책을 통해 아이들이 장애에 대해 실제적으로 생각할 수 있는 계기를 마련해 줄 수 있어요. 현실적인 사건을 겪는 인물들의 마음이 잘 묘사되어 있습니다. 만약에 아이들에게 장애에 대한 편견이 있었다면 바로잡고, 언제든 친구를 도울 준비를 할 수 있기를 희망합니다.

　이 책을 읽고 봉사와 보상에 대해서도 이야기를 나눠 볼 수 있을 거예요. 진정한 우정이란 어떤 것인지도 느낄 수 있게 해 주는 깊이 있는 책입니다. 3학년 이상의 어린이들에게도 권합니다.

 ## 함께 읽으면 좋은 책

비슷한 주제

○ 42가지 마음의 색깔 | 크리스티나 누녜스 페레이라·라파엘 R. 바카르셀 글, 가브리엘라 티에리 외 21인 그림, 남진희 옮김, 레드스톤, 2019

○ 42가지 마음의 색깔 2 | 크리스티나 누녜스 페레이라·라파엘 R. 바카르셀 글, 벨라 오비에도 외 19인 그림, 김유경 옮김, 레드스톤, 2020

○ 위를 봐요! | 정진호 글, 현암사주니어, 2014

○ 하지만… | 안느 방탈 글, 이정주 옮김, 유경화 그림, 이마주, 2018

○ 그냥 내 친구니까 | 플로랑스 지벨레-드 레스피네이 글, 브리지트 메르카디에 그림, 라미파 옮김, 한울림스페셜, 2020

○ 아나톨의 작은 냄비 | 이자벨 카리에 글·그림, 권지현 옮김, 씨드북, 2014

○ 그해 가을 | 권정생 원작, 유은실 글, 김재홍 그림, 창비, 2018

○ 눈을 감아 보렴! | 빅토리아 페레스 에스크리바 글, 클라우디아 라누치 그림, 조수진 옮김, 한울림스페셜, 2016

○ 다녀왔습니다 | 홍민정 글, 최정인 그림, 단비어린이, 2020

○ 피카소도 나처럼 글자가 무서웠대 | 행크 린스켄스 글·그림, 김희정 옮김, 한울림스페셜, 2018

○ 까막눈 | 최남주 글, 최승주 그림, 딩키북스, 2020

○ 빨간 모자가 앞을 볼 수 없대 | 한쉬 글·그림, 조윤진 옮김, 한울림스페셜, 2020

같은 작가

○ 엄마가 사라진 날 | 고정욱 글, 이예숙 그림, 한솔수북, 2019

○ 돈이 사라진 날 | 고정욱 글, 김다정 그림, 한솔수북, 2021

문해력을 높이는 엄마의 질문

1. 주인공의 감정 따라가기

이 책에서 영택이에 대한 석우의 마음은 여러 차례 변합니다. 각 장면에서 석우는 어떤 마음일지 써 봅시다.

책 속의 장면	석우의 마음
선생님 말씀에 따라 석우는 등·하교 때 영택이의 가방을 들어 주게 되었어요.	억지로 하게 되어서 기분이 안 좋다. 선생님이 원망스럽다. 불공평하다고 생각한다.
축구를 하다 늦게 가방을 가져갔는데도 영택이 어머니가 초콜릿을 주셨어요.	미안하다. 당황스럽다.
문방구 아저씨는 착한 일 한다며 사탕을 주시고, 영택이 어머니가 사 주신 찰흙으로 작품을 잘 만들어 선생님께 칭찬받았어요.	신이 난다. 이래도 되나 하는 생각이 든다. 영택이 가방을 들어 주는 일이 나쁘지만은 않다고 느낀다.
영택이에게 나쁜 말을 하시는 할머니들께 뭐라고 하며 영택이랑 함께 하교해요.	영택이가 불쌍하다. 할머니들이 밉다. 영택이가 가깝게 느껴진다.
3학년 첫날, 망설이던 석우는 2학년 후배들의 수군거림을 듣고 영택이네 집에 안 들르고 등교해요.	후배들의 말에 화가 난다. 더 이상 영택이 가방을 안 들어 주기로 결심한다.
일 년간 영택이의 가방을 들어 주느라 수고했다고 모범상을 받게 되자 엉엉 울어요.	어쩔 줄 모른다. 부끄럽다. 죄책감이 든다. 영택이에게 미안하다.
영택이가 같은 반이 된다는 소식을 듣고 준비물을 챙기러 되돌아가요.	기쁘다. 다시 친구를 열심히 도우며 친하게 지내기로 마음먹는다.

인물의 감정선을 따라 중요한 장면 일곱 개를 골라 각 장면을 간결한 문장으로 기술했어요. 장면을 묘사하는 삽화를 스마트폰으로 찍고 크기를 편집하여 활동지에 넣으면 효과적이에요. 상업적 용도가 아니라면 엄마표 책동아리 활동지에서는 이렇게 만들어도 괜찮아요. 삽화와 함께 이 글을 읽으면 어떤 장면이었는지 금방 기억할 수 있을 거예요.

이런 글과 그림으로 (순서를 뒤섞어서) 이야기의 흐름을 되짚어 보는 활동도 할 수 있어요. 원인과 결과, 기승전결, 사건의 순서 등에 민감해지게 하는 연습이지요. 그림만 활용해서 문장을 써 보는 연습도 할 수 있어요.

사건 중심으로만 기술한 이 문장을 읽고 이때 주인공이 어떤 감정을 느꼈을지, 무슨 생각을 했을지 추론해 봅니다. 정서에 초점을 맞추었으므로 공감, 감정 이입에 해당하는 활동이에요. 아이들이 제시할 수 있는 반응을 두세 개씩 표에 넣어 두었습니다.

책동아리 POINT

아이들이 줄거리만 따라 쭉 읽기보다는 이렇게 마음으로 느끼며 읽는 독자가 되었으면 합니다. 감정은 여러 가지로 표현될 수 있으니 책동아리 회원들의 다양한 의견을 수용해 주세요. 의미가 같거나 비슷해도 각자의 말로 조금씩 다르게 표현해서 서로 나누는 것이 책 모임의 효과를 가져옵니다.

2. 내 경험 나누기

어린이집, 유치원, 초등학교, 학원 등에서 몸이 불편한 친구를 만난 적이 있나요? 내 경험과 생각을 친구들과 나눠요.

• 어떤 친구였나요?
• 그 친구에게 어떤 도움을 주었나요?
• 그 친구로부터 무엇을 배웠나요?
• 나는 친구들에게 어떤 도움을 바라나요?

이렇게 활용해 보세요

이 책의 주제인 장애, 친구, 우정, 도움에 대해 이야기 나눕니다. 지금까지 자라면서 주변에서 특별한 요구를 가진 친구들을 만나고 사귀었을 거예요. 서로 필요로 하는 것이 다른 다양한 친구들과 함께 크고 놀고 배우는 것은 소중한 경험이에요. 나의 경험을 친구에게 들려주며 책과 연결해 봅니다.

1. 주인공의 감정 따라가기

이 책에서 영택이에 대한 석우의 마음은 여러 차례 변합니다. 아래의 각 장면에서 석우는 어떤 마음일지 써 봅시다.

책 속의 장면	석우의 마음
선생님 말씀에 따라 석우는 등·하교 때 영택이의 가방을 들어 주게 되었어요.	
축구를 하다 늦게 가방을 가져갔는데도 영택이 어머니가 초콜릿을 주셨어요.	
문방구 아저씨는 착한 일 한다며 사탕을 주시고, 영택이 어머니가 사 주신 찰흙으로 작품을 잘 만들어 선생님께 칭찬받았어요.	
영택이에게 나쁜 말을 하시는 할머니들께 뭐라고 하며 영택이랑 함께 하교해요.	
3학년 첫날, 망설이던 석우는 2학년 후배들의 수군거림을 듣고 영택이네 집에 안 들르고 등교해요.	
일 년간 영택이의 가방을 들어 주느라 수고했다고 모범상을 받게 되자 엉엉 울어요.	
영택이가 같은 반이 된다는 소식을 듣고 준비물을 챙기러 되돌아가요.	

2. 내 경험 나누기

어린이집, 유치원, 초등학교, 학원 등에서 몸이 불편한 친구를 만난 적이 있나요? 내 경험과 생각을 친구들과 나눠요.

어떤 친구였나요?

그 친구에게 어떤 도움을 주었나요?

그 친구로부터 무엇을 배웠나요?

나는 친구들에게 어떤 도움을 바라나요?

책 먹는 여우와 이야기 도둑

원제: Herr Fuchs und der rote Faden, 2015년

#책 #도서관 #독서 #용서

글·그림 프란치스카 비어만
옮김 송순섭
출간 2015년
펴낸 곳 주니어김영사
갈래 외국문학(판타지 동화)

 ## 이 책을 소개합니다

《책 먹는 여우》의 후속편으로, 여우 아저씨가 이야기 수첩과 수집품들을 훔쳐 간 범인을 찾는 이야기입니다. 유명한 작가가 된 여우 아저씨는 멋진 집도 생기고 금빛 손잡이가 달린 오토바이도 타고 다니지만, 여전히 책을 읽고 나서 소금과 후추를 뿌려 먹어 치워요. 자신이 쓴 책이 맛있다는 걸 알게 된 여우 아저씨는 열심히 글을 쓰고, 글쓰기 자료를 모으지요. 어느 날 이야기 창고에 도둑이 들고, 경찰이 별 도움이 안 되자 여우 아저씨는 직접 범인을 잡으려 해요. 도서관 천장에서는 생쥐가 훔친 자료들을 쌓아 놓고 열정적으로 글을 쓰고, 두더지는 글을 어떻게 쓰는지 알 수 없어 훔친 수첩을 물어뜯고 있었지요.

《책 먹는 여우와 이야기 도둑》은 책을 사랑하는 이들에게 일어날 수 있는 일들을 들려줍니다. 전편과 마찬가지로 곳곳에 책과 관련된 재치 있고 장난기 넘치는 부분들이 숨어 있어 찾아보는 재미가 있어요.

 ## 도서 선정 이유

　작가 비어만은 이 책을 우리나라에서 최초로 출간했다고 해요. 책을 요리처럼 음미하는 주인공을 통해 책 사랑을 듬뿍 느끼게 해 주는 책입니다. 읽기에서 더 나아가 쓰기까지 다루고 있어, 우리가 독자뿐 아니라 작가가 될 수 있음을 알려 줍니다. 글을 쓰기 위해서는 자료 수집, 영감, 상상력, 양심 모든 것이 필요하다네요. 또한 이 책은 생쥐의 사례를 통해 각자 자신에게 맞는 일, 직업이 있다는 것을 알려 주기도 해요.

　글이 많은 책에도 자신감이 생기는 2학년 때는 추리동화가 인기가 많답니다. 이 책은 이야기 도둑을 추리하는 재미도 쏠쏠하고, 전편을 요약한 페이지도 센스 있다고 느꼈어요.

 ## 함께 읽으면 좋은 책

시리즈

○ 책 먹는 여우 | 프란치스카 비어만 글·그림, 김경연 옮김, 주니어김영사, 2001

○ 책 먹는 여우의 겨울이야기 | 프란치스카 비어만 글·그림, 송순섭 옮김, 주니어김영사, 2020

○ 책 먹는 여우의 여행일기 | 프란치스카 비어만 글·그림, 송순섭 옮김, 주니어김영사, 2020

비슷한 주제

○ 이야기 도둑 | 임어진 글, 신가영 그림, 문학동네, 2006

○ 이야기 도둑 | 그레이엄 카터 글·그림, 루이제 옮김, 에듀앤테크, 2021

○ 그림 도둑 준모 | 오승희 글, 최정인 그림, 낮은산, 2003

○ 박완서: 세상의 아픔을 보듬은 한국 대표 작가 | 유은실 글, 이윤희 그림, 비룡소, 2021

○ 책 만드는 이야기, 들어볼래? | 곰곰 글, 전진경 그림, 사계절, 2013

○ 글쓰기 왕 랄프 | 애비 핸런 글·그림, 이미영 옮김, 내인생의책, 2015

○ 왜 용서 안 하면 안 되나요? | 이아연 글, 유명희 그림, 김태훈 감수, 참돌어린이, 2014

같은 작가

○ 잭키 마론과 악당 황금손 | 프란치스카 비어만 글·그림, 송순섭 옮김, 주니어김영사, 2017

○ 잭키 마론과 검은 유령 | 프란치스카 비어만 글·그림, 송순섭 옮김, 주니어김영사, 2018

○ 게으른 고양이의 결심 | 프란치스카 비어만 글·그림, 임정희 옮김, 주니어김영사, 2009

문해력을 높이는 엄마의 질문

1. 이해 확인하기

책을 읽고 다음 질문에 대답해 보세요.

- 마음씨가 고운 여우 아저씨는 이야기 도둑에게 은혜를 베풀어 주었지요. 어떤 은혜일까요?

- 등장인물들 중에서 가장 큰 변화를 겪은 인물은 누구인가요? 왜 그렇게 생각하나요?

이렇게 활용해 보세요

본격적인 이야기 나누기나 문해 활동에 들어가기 전에 책의 내용과 관련된 질문을 하면 읽은 이야기의 기억을 되살릴 수 있어요. 사실적 이해와 추론적 이해를 묻는 질문이 골고루 들어가는 게 좋아요. 단답식의 질문만 하면 아이들이 테스트받는 느낌을 받을 수 있고, 책을 읽을 때도 마음이 편하지 않아요.

2. 나에게 적용하기

몽털 씨는 막연하게 작가가 되고 싶다고 했지만 그런 재능이 없는 것에 좌절했어요. 대신 도서관 일을 잘해서 인기가 많았어요. 결국 자신의 재능과 흥미에 대해 잘 알고 나서 행복해졌지요. 이 책은 자신이 잘하는 것과 좋아하는 것, 꿈에 대해 생각해 볼 기회를 줍니다.

내 꿈을 향해 나아가기 위해 내가 좋아하면서도 잘하는 것이 무엇인지 알아보아요. 벤 다이어그램에 내가 잘하는 것과 좋아하는 것을 써 보세요. 가운데 겹치는 부분에 들어갈 수 있는 것은 무엇인가요?

이렇게 활용해 보세요

이야기의 내용을 살려 진로 교육도 할 수 있겠어요. 벤 다이어그램을 도식으로 활용하여 교집합을 찾는 활동입니다. 나의 재능과 흥미를 생각해서 단어나 문장으로 표현하고, 공통적 요소를 찾아냅니다.

3. 새로운 이야기 만들기

여우 아저씨가 도둑맞았던 물건들의 목록이에요. 어떤 이야기로 다시 태어나게 되었을까요?

• 한두 개 소재를 골라 흥미로운 이야깃거리로 만들어 보세요.

• 무슨 이야기인지 주제를 써 보세요.

• 나만의 이야기를 총 세 개 만들어요.

• 목록에 없는 소재를 끼워 넣어도 괜찮아요.

내가 고른 소재	이야기의 주제
뚜껑이 요상한 신비로운 깡통 1개	베이맥스가 신비로운 깡통을 주워 뚜껑을 땄더니 빨려 들어가서 다른 세계에서 모험을 하는 이야기
꽤 많이 모은 돌 돌보다 많이 모은 지팡이	헨젤과 그레텔이 숲에서 돌과 지팡이가 가득한 것을 발견했다. 둘 다 쓸모없는 물건들인 줄 알았는데, 돌을 하나씩 던져 지팡이로 맞추면 보석으로 변하는 이야기
수북한 깃털	엿이 안 팔려 가난한 엿장수가 엿을 풀처럼 이용해서 깃털을 붙여 새를 만들었다. 엿새가 잘 팔려 돈을 번 이야기

> **이렇게 활용해 보세요**

　　　창의적 사고는 서로 관계없는 것들 간에 새로운 관계를 만들어내는 것이라고 하지요. 아이들이 이런 생각을 할 수 있는 기회가 필요해요.

　　　이 책에는 여우 아저씨가 도둑맞은 물건들의 목록이 등장합니다. 언뜻 봐도 특이한 물건들이지요. 이 물건들로 어떤 이야기를 만들 수 있을지 상상하는 활동이에요. 목록에서 한두 가지의 소재를 고르고, 그 물건이 이야기로 어떻게 이어질 수 있을지 마음껏 생각을 펼치도록 도와주세요.

> **책동아리 POINT**

돌아가며 이야기를 읽는 시간을 가져 주세요. 낭독회를 열어도 괜찮아요.

4. 새로운 이야기 쓰기 심화

위에서 가장 마음에 드는 이야기 하나를 골라 길게 써 보아요. 제목도 정해 보세요.

> 이렇게 활용해 보세요

 위에서 꾸민 이야기의 틀 중에서 아이 자신도 재미있다고 느껴지는 게 있을 거예요. 하나만 골라서 진짜 이야기로 만들어 보는 활동이에요.

시간을 충분히 주시고, 마지막에 제목도 정하게 하세요.

예시 고른 소재: 꽤 많이 모은 돌, 돌보다 많이 모은 지팡이

<헨젤과 그레텔, 부자가 되어 돌아온 남매>

헨젤과 그레텔은 새엄마한테 쫓겨난 것을 알았다. 너무나 슬펐지만 정신을 차리기로 했다. 깊은 숲 한가운데서 먹을 것이 없을까 찾아보기로 했다. 헨젤은 나무 지팡이가 잔뜩 쌓여 있는 것을 발견했다. 그레텔은 동그랗고 반들반들한 조약돌이 무더기로 쌓여 있는 것을 발견했다.

"에이, 이게 뭐야! 우리한텐 지팡이는 필요 없는데……."

"이 돌멩이가 나무 열매라면 먹을 수 있을 텐데……."

헨젤과 그레텔은 투덜거리며 아쉬워했다. 그때 그레텔이 조약돌 하나를 던졌고, 헨젤은 들고 있던 지팡이를 야구방망이처럼 휘둘렀다.

딱! 돌멩이가 제대로 맞아 날아갔다. 그런데 까맣던 돌멩이가 땅에 떨어져서 빨갛게 빛나고 있었다. 가까이 가 보니 보석이었다. 놀란 남매는 돌멩이를 하나씩 던지고 치기 시작했다. 지팡이에 맞을 때마다 돌멩이는 파랗고 노랗고 빨갛게 변하며 보석이 되었다. 헨젤과 그레텔은 주머니와 모자 가득히 보석을 가지고 집으로 돌아갔다.

1. 이해 확인하기

책을 읽고 다음 질문에 대답해 보세요.

• 마음씨가 고운 여우 아저씨는 이야기 도둑에게 은혜를 베풀어 주었지요. 어떤 은혜일까요?

• 등장인물들 중에서 가장 큰 변화를 겪은 인물은 누구인가요? 왜 그렇게 생각하나요?

2. 나에게 적용하기

몽털 씨는 막연하게 작가가 되고 싶었지만 그런 재능이 없는 것에 좌절했어요. 대신 도서관 일을 잘해서 인기가 많았어요. 결국 자신의 재능과 흥미에 대해 잘 알고 나서 행복해졌지요. 이 책은 자신이 잘하는 것과 좋아하는 것, 꿈에 대해 생각해 볼 기회를 줍니다.

내 꿈을 향해 나아가기 위해 내가 좋아하면서도 잘하는 것이 무엇인지 알아보아요. 벤 다이어그램에 내가 잘하는 것과 좋아하는 것을 써 보세요. 가운데 겹치는 부분에 들어갈 수 있는 것은 무엇인가요?

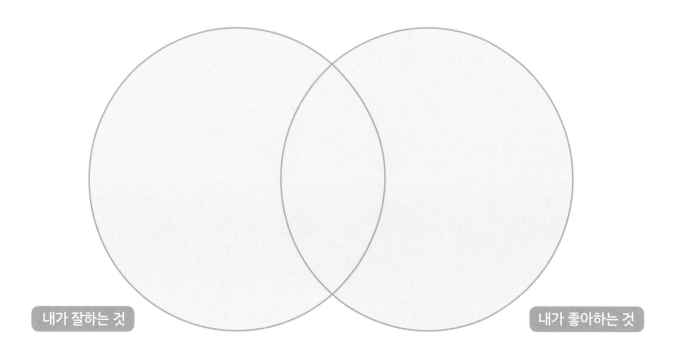

내가 잘하는 것   내가 좋아하는 것

3. 새로운 이야기 만들기

여우 아저씨가 도둑맞았던 물건들의 목록이에요. 어떤 이야기로 다시 태어나게 되었을까요?

	무늬가 다른 주인 없는 낡은 우산	5개
	빵집/서점/숲의 향기를 담은 유리병	7개
	뱃사람들의 모험 이야기를 가득 담은 상자	1개
	꽤 많이 모은 돌	
	수북한 깃털	
	돌보다 많이 모은 지팡이	
	뚜껑이 요상한 신비로운 깡통	1개
	돌구슬을 모아 둔 유리병	1개
	부러진 볼펜	1개

- 한두 개 소재를 골라 흥미로운 이야깃거리로 만들어 보세요.
- 무슨 이야기인지 주제를 써 보세요.
- 나만의 이야기를 총 세 개 만들어요.
- 목록에 없는 소재를 끼워 넣어도 괜찮아요.

내가 고른 소재	이야기의 주제

4. 새로운 이야기 쓰기

위에서 가장 마음에 드는 이야기 하나를 골라 길게 써 보아요. 제목도 정해 보세요.

나쁜 어린이 표

#학교생활 #교사와 학생 #평가
#선과 악

글 황선미
그림 이형진
출간 2017년(개정판)
펴낸 곳 이마주
갈래 한국문학(사실주의 동화)

 이 책을 소개합니다

황선미 작가의 학창 시절 스승에 대한 추억과 이제는 다 자라 엄마 품을 떠난 큰아들의 경험을 모티브로 써낸 이 작품은 출간 18년 만에 새 옷으로 갈아입고 다시 나왔어요. 스티커로 아이들을 규제하려는 선생님과 착한 어린이가 되고 싶지만 번번이 나쁜 어린이로 몰리는 건우의 이야기를 통해 아이들의 심리를 세밀하게 묘사한 작품입니다.

새 학년이 된 건우는 반장 선거에서 떨어지던 날에 제일 먼저 나쁜 어린이 표까지 받게 돼요. 본의 아니게 자꾸만 나쁜 어린이 표를 받은 건우는 결과만 보고 판단하는 선생님에 대한 불만으로 나쁜 선생님 표를 만들어요. 선생님 책상에서 나쁜 어린이 표가 잔뜩 들어 있는 통을 발견해서 화장실에 버리고요. 건우는 진짜 나쁜 어린이가 아니라 옳고 그림을 잘 알지만 자신도 모르게 자꾸 실수를 하게 되는 아이였어요. 다행히 건우의 마음을 잘 헤아린 선생님도 나쁜 선생님 표를 받을 만한 분은 아니었겠지요. 나쁜 어린이 표가 아이들에게 어떤 상처와 부담을 주는지 선생님도 건우를 통해 다시 한번 생각해 보게 된 것 같아요.

 도서 선정 이유

학교라는 공간에서 평범한 주인공이 겪는 일을 담아낸 작품으로, 아이들에게는 깊은 공감을 주고, 어른들에게는 은연중에 아이들을 정해진 틀 안에 가두려고 하지는 않았는지 생각해 보게 하는 책이에요. 어느덧 우리 창작동화의 고전으로 자리 잡은 이 책은 아이의 내면과 정서를 따뜻하게 감싸 안으며 어린이뿐 아니라 부모에게도 감동을 선사합니다. 갈등, 소통, 화해를 담고 인물들 간의 관계를 양방향적으로 바라본다는 점에서 뛰어나, 초등학생을 둔 가정에서 오랜 세월 두루 읽히고 감동을 준 것 같습니다.

스티커 제도가 가진 의미와 문제점을 둘러싸고 이야기할 것이 많겠어요. 교육 현장에 있는 선생님들에게 주는 시사점도 큽니다. 이런 평가 방식이 아이들 사이에서 지나친 경쟁을 부추긴다거나 상처를 주거나 서로를 판단하게 하는 잣대가 되어서는 안 되겠지요. 가정에서는 어떤지 이야기 나누어 보세요. 어른들은 몰랐던 아이들의 속상함을 알 수 있는 기회가 될 거예요.

함께 읽으면 좋은 책

비슷한 주제

○ 참잘 씨와 좋아 씨, 그리고 검 할아버지 | 조은경 글, 이갑규 그림, 머스트비, 2020

○ 선생님은 모르는 게 너무 많아 | 강무홍 글, 이형진 그림, 사계절, 2015(개정판)

○ 어느 날 목욕탕에서 | 박현숙 글, 심윤정 그림, 국민서관, 2015

같은 작가

○ 초대받은 아이들 | 황선미 글, 이명애 그림, 이마주, 2020(개정판)

○ 아무도 지지 않았어 | 황선미 글, 백두리 그림, 주니어김영사, 2020

○ 꼭 한 가지 소원 | 황선미 글, 고혜진 그림, 웅진주니어, 2019

문해력을 높이는 엄마의 질문

1. 작가의 글 살펴보기

먼저 《나쁜 어린이 표》의 황선미 작가에게 일어났던 일을 읽어 봅시다. 가장 인상 깊은 한 문장을 골라서 써 보세요.

이렇게 활용해 보세요

작가의 글이나 옮긴이의 글 등 부가적인 텍스트가 실려 있는 책들이 있어요. 이런 글을 소중하게 다루어 주세요. 독서 경험을 더 가치 있게 만들어 주거든요. 작가가 왜 이런 작품을 썼는지 이해하게 됩니다. 옮긴이의 글에서도 작품을 이해할 힌트를 얻게 되고요.

이 책에서는 작가의 어린 시절, 책과 관련된 경험을 엿볼 수 있어서 재미있어요. 저희 아이는 "그래서 나는 졸업할 때까지 책장의 책을 거의 다 읽을 수 있었지요."라는 문장을 골랐네요. 작가의 어린 시절 독서 경험이 인상 깊었나 봐요.

책동아리 POINT

왜 그 문장을 골랐는지 아이마다 돌아가며 이야기해 보도록 해 주세요.

2. 원인에 따른 결과(마음) 헤아리기

《나쁜 어린이 표》는 모두 아홉 개의 장으로 이루어져 있어요. 각 장에서 일어난 중심 사건을 찾아 써 보세요. 그리고 그 사건(원인)으로 인한 주인공 건우의 마음(결과)은 어땠을지 헤아려 써 보세요.

장 제목	중요한 사건	건우의 마음
반장 선거	첫 나쁜 어린이 표를 받았다.	억울하다. 속상하다.
지각	늦게 들어와서 나쁜 어린이 표를 두 장 받았다.	선생님이 원망스럽다. 기분이 나쁘다. 창피하다.

노란색 스티커	나쁜 선생님 표를 시작했다.	기분이 한결 나아졌다. 통쾌하다.
규칙	실망하신 선생님이 나쁜 어린이 표에 대한 규칙을 바꾸셨다.	실망스럽다. 좌절했다.
과학 상자	아빠가 비싼 과학 상자를 사 오셨다.	신이 났다. 기쁘다. 아빠한테 감사하다.
과학 경진대회 날	아빠의 드라이버를 선생님께 빼앗겼다.	억울하다. 화가 난다. 걱정된다.
친구	경식이, 건우, 은지가 서로를 이해하게 되었다.	어리둥절하다.
스티커 뭉치	선생님의 나쁜 어린이 표를 몰래 버렸다.	조마조마하다. 겁이 난다. 두렵다. 후련하다.
우리끼리 비밀	나쁜 어린이 표가 없어졌고 선생님과 친해졌다.	선생님께 감사하다. 마음이 편안하다.

> **이렇게 활용해 보세요**

표로 제시하면 장별로 소제목이 나열되어 있어 책 내용을 흐름대로 다시 한번 훑어볼 수 있어요. 각 장에서 어떤 일이 중심적인 사건이었는지 떠올리고 짧은 문장 하나로 나타냅니다.

대부분은 주인공 건우 입장의 사건이니 주어가 생략되어도 괜찮아요. 한 문장으로 표현하는 게 쉽지는 않을 거예요. 시간도 꽤 걸릴 거고요. 아이들 입장에서는 머릿속에 떠오르는 세부적인 내용을 물리치고(?) 많이 다듬어야 짧은 문장이 만들어지거든요.

이 사건이 원인이라고 할 때 건우는 어떤 마음을 결과로 느꼈을지 생각해 보는 활동입니다. 인과 관계도 되겠지만, 이야기 속 인물의 정서를 추론하고 감정을 이입해 본다는 게 더 의미 있어요. 하나의 사건에 대해 복합적인 감정도 가질 수 있음을 깨닫게 될 거예요.

> **책동아리 POINT**

내 생각과 친구의 생각이 다를 수 있음을 느껴 볼 기회입니다.

3. 내 생각 말하기

다음 주제에 대해 이야기해 봅시다.

- 어린이집, 유치원이나 학교에서 상을 받았던 적이 있나요? 벌은요?

- 지금 우리 반에는 어떤 상 제도가 있나요?

- '나쁜 어린이 표'는 '착한 어린이 표'와 무엇이 다른가요? 어떤 게 더 효과적일까요?

- 우리 학교, 우리 반에서 이 책에 나오는 '나쁜 어린이 표'를 받게 된다면 어떨 것 같아요?

이렇게 활용해 보세요

이 책의 주요 소재인 나쁜 어린이 표에 대해 이야기 나눕니다. 아이들에게 상과 벌에 대한 경험이 어느 정도 있을 거예요. 자신의 경험에 비추어 상과 벌에 대해 어떻게 생각하는지 친구들과 토의해요. 질문을 다양하게 바꾸어 가면서 활기찬 대화를 이끌어 주세요.

1. 황선미 작가에게 일어났던 일 작가의 글 살펴보기

먼저 《나쁜 어린이 표》의 황선미 작가에게 일어났던 일을 읽어 봅시다.
가장 인상 깊은 한 문장을 골라서 써 보세요.

2. 원인에 따른 결과(마음) 헤아리기

《나쁜 어린이 표》는 모두 아홉 개의 장으로 이루어져 있어요. 각 장에서 일어난 중심 사건을 찾아써 보세요. 그리고 그 사건(원인)으로 인한 주인공 건우의 마음(결과)은 어땠을지 헤아려 써 보세요.

장 제목	중요한 사건	건우의 마음
반장 선거		
지각		
노란색 스티커		
규칙		
과학 상자		

과학 경진대회 날		
친구		
스티커 뭉치		
우리끼리 비밀		

3. 내 생각 말하기

다음 주제에 대해 이야기해 봅시다.

- 어린이집, 유치원이나 학교에서 상을 받았던 적이 있나요? 벌은요?

- 지금 우리 반에는 어떤 상 제도가 있나요?

- '나쁜 어린이 표'는 '착한 어린이 표'와 무엇이 다른가요? 어떤 게 더 효과적일까요?

- 우리 학교, 우리 반에서 이 책에 나오는 '나쁜 어린이 표'를 받게 된다면 어떨 것 같아요?

멋진 여우 씨

원제: Fantastic Mr. Fox, 1974년

#공동체 #상생 #도덕 #도둑질
#가족 #가장

글 로알드 달
그림 퀸틴 블레이크
옮김 햇살과나무꾼
출간 2017년(개정판)
펴낸 곳 논장
갈래 외국문학(판타지 동화)

이 책을 소개합니다

《찰리와 초콜릿 공장》,《마틸다》등의 작품으로 전 세계 어린이들의 마음을 사로잡은 로알드 달의 작품이에요. 그가 자신의 작품 중에서 '모든 것이 균형 잡힌 뛰어난 작품'으로 꼽은 동화지요. 일곱 살 때 홍역으로 세상을 떠난 첫딸 올리비아를 위해 썼다네요. 기상천외한 상상력과 거침없는 표현으로, 탐욕스러운 세 농부와 그들을 골탕 먹이며 가축을 잡아가는 멋진 여우 씨와의 한판 대결을 담고 있어요.

보기스, 번스, 빈은 다들 악독하고 탐욕스러운 농장주예요. 세 농부는 자신들의 농장에 들어와 먹을거리를 훔쳐 가는 여우 씨가 눈엣가시입니다. 화가 머리끝까지 난 여우 씨네를 완전히 박멸하기 위해 동분서주합니다. 하지만 조심성 많고 꾀 많은 여우 씨는 보관창고 아래로 굴을 파서 편히 드나들 수 있게 만들지요. 여우 씨는 자신 때문에

고립된 동물들을 모두 불러 만찬을 엽니다. 여우 씨는 굶어 죽을 현실도 거부하고 포기를 모르는 노력가이자 아이디어가 넘치는 지적인 활동가예요.

 도서 선정 이유

안데르센 상과 국제아동도서협의회(IBBY) 아너 리스트(Honour List) 수상작이에요. 원작을 영화화한 〈판타스틱 Mr.폭스(웨스 앤더슨 감독)〉는 2009년 타임지 선정 올해의 영화 베스트 10에 들었고요.

퀸틴 블레이크의 삽화는 이야기 몰입을 돕습니다. 18개 챕터로 나뉜 이야기는 속도감 있는 문장과 만나 흥미진진한 독서를 이끌어 주기 때문에 초등 저학년이 책 읽기를 즐기게 하는 힘이 있어요. 글이 쉽고 가독성이 높아, 글이 많은 책을 어려워하더라도 완독의 즐거움을 맛볼 수 있을 거예요.

흔한 선과 악의 개념을 뒤집으며 여우가 농부들을 혼내 주는 이야기는 아이들의 부정적 감정을 해소하는 카타르시스를 선사합니다. 약자들의 공동체를 통해 보여 주는 주제 의식도 가볍지 않아 나눌 이야기가 생깁니다. 여우 가족이 농부의 식량을 훔쳐 가는 것이 정당한 것인지 토의해 보세요.

함께 읽으면 좋은 책

비슷한 주제

○ 다투고 도와주고 더불어 살아가는 숲속 네트워크 | 김신회 글, 강영지 그림, 한울림어린이, 2018

○ 내 고양이는 말이야 | 미로코 마치코 글·그림, 엄혜숙 옮김, 길벗스쿨, 2018

○ 내 이름은 제인 구달 | 지네트 원터 글·그림, 장우봉 옮김, 두레아이들, 2011

○ 서로를 보다 | 윤여림 글, 이유정 그림, 낮은산, 2012

같은 작가

○ 아북거, 아북거 | 로알드 글, 퀸틴 블레이크 그림, 지혜연 옮김, 시공주니어, 1997

○ 이야기가 맛있다 | 로알드 달 글, 퀜틴 블레이크 그림, 박진아 옮김, 다산기획, 2012

○ 거꾸로 목사님 | 로알드 달 글, 퀜틴 블레이크 그림, 장미란 옮김, 열린어린이, 2009

○ 앵무새 열 마리 | 퀸틴 블레이크 글·그림, 장혜린 옮김, 시공주니어, 2017(개정판)

○ 내 이름은 자가주 | 퀜틴 블레이크 글·그림, 김경미 옮김, 마루벌, 2010

○ 신기한 잡초 | 퀸틴 블레이크 글·그림, 서남희 옮김, 시공주니어, 2021

○ 친구를 돕는 특별한 방법 | 퀜틴 블레이크 글·그림, 노은정 옮김, 한솔수북, 2016

문해력을 높이는 엄마의 질문

1. 인물 특징으로 제목 바꿔보기

《멋진 여우 씨》의 영문 제목은 《Fantastic Mr. Fox》랍니다.

주인공 여우 아저씨는 어떤 캐릭터인지 '멋진' 이외의 다른 말(형용사)로 나타내 보세요.

이렇게 활용해 보세요

제목에 쓰인 캐릭터의 특성을 다르게 표현해 보는 워밍업 활동이에요. 이야기 전체에서 드러난 인물의 특성을 어떻게 표현할 수 있을지 여러 가지 형용사로 생각해 봅니다. 활동지에 주요 삽화를 넣어 주시면 좋아요.

책동아리 POINT

친구들의 의견을 듣고 공감이 가면 자신의 목록에 더해 쓰도록 지도해 주세요.

2. 장 제목으로 줄거리 완성하기

《멋진 여우 씨》의 각 장 제목을 활용해 책의 줄거리를 써 봅시다.

- 제목이 포함되도록 하나의 문장(또는 구)을 만들어요.
- 제목과 제목 사이에 알맞은 표현을 채워 넣어 내용이 매끄럽게 이어지게 해 보세요.
- (제목에 줄을 그어 지우거나 순서를 바꾸어) 제목의 표현을 살짝 바꾸어도 괜찮아요.

이렇게 활용해 보세요

주어진 장 제목을 활용해 글을 짓는 흥미로운 활동을 소개합니다. 많은 동화에서 장별 제목을 제공해요. 챕터 제목을 자세히 살펴보면 각 장의 내용을 핵심적으로 보여 주는 키워드임을 알 수 있어요. 이 책의 장 제목들은 주로 명사로 이루어져 서로 연결되기 쉬운 편이에요.

그렇다면 이 제목들을 이어 전체 줄거리를 요약할 수도 있겠지요! 물론 모든 제목이 저절로 매끄럽게 이어지지는 않아요. 그래서 더 재미있고 언어 감각도 요구되는 글짓기 활동이 됩니다. '이

제목을 줄거리로 도대체 어떻게 활용하지?' 하며 고민하는 과정이 언어 능력을 키워 줄 거예요.

필요에 따라 제목을 조금 바꾸거나 포기해야 해요. 그런 융통성을 발휘하면서 간결한 문장이나 구로 내용을 이어 나갑니다. 뒤의 제목을 연결할 때 뭔가 아쉽게 빠진 내용이 있는 듯하면 오히려 앞의 제목 뒤에 단어들을 살짝 채울 필요가 있어요. 3행시를 지을 때도 그런 경우가 있지요.

다 쓰고 나서 소리 내어 읽어 보면 어떤 줄거리보다도 흥미로운 글이 완성되어 있을 거예요.

세 농부 의 이름은 보기시, 번스, 빈이에요.

여우 씨 가 세 농부의 식량을 훔쳐서

총 쏘가 농부들이 여우에게 총을 쐈어요. 여우가 도망가자

무시무시한 굴 파기 가 시작되었지만 소용이 없어서 결국

무시무시한 굴착기 가 동원됐어요. 여우 가족은

누가 누가 빨리 파나 대결했어요.

'절대로 놓치지 않을 거야' 라고 농부들이 다짐했지요.

여우 씨네 식구들이 굶주라타 릴 수밖에 없어서

여우 씨가 꾀를 내타어 땅굴을 파고

보기스의 1호 닭장 으로 가서 닭을 훔쳐 왔어요.

여우 씨 부인을 위한 깜짝 선물 이었지요. 여우씨 네는 굴을 파다가

오소리 를 만났어요. 여우 씨네 가족은

번스의 거대한 창고 에 가서 거위와 오리를 훔쳤어요.

오소리가 걱정하타 했지만 여우 씨가 설득해서

빈의 비밀 사과주 창고 까지 가서 사과주를 훔치려는데

아주머니 가 나타나서 깜짝 놀랐지요. 다시 굴로 돌아와

큰 잔치 를 벌였어요. 여우와 동물들을 신이 났지만 세 농부는

여전히 기다라타 고 있었어요, 바보처럼……

238

1. 인물 특징으로 제목 바꿔 보기

《멋진 여우 씨》의 영문 제목은 《Fantastic Mr. Fox》랍니다.
주인공 여우 아저씨는 어떤 캐릭터인지 '멋진' 이외의 다른 말(형용사)로 나타내 보세요.

2. 장 제목으로 줄거리 완성하기

《멋진 여우 씨》의 각 장 제목을 활용해 책의 줄거리를 써 봅시다.

- 제목이 포함되도록 하나의 문장(또는 구)을 만들어요.
- 제목과 제목 사이에 알맞은 표현을 채워 넣어 내용이 매끄럽게 이어지게 해 보세요.
- (제목에 줄을 그어 지우거나 순서를 바꾸어) 제목의 표현을 살짝 바꾸어도 괜찮아요.

세 농부

여우 씨

총 쏘기

무시무시한 굴 파기

무시무시한 굴착기

누가 누가 빨리 파나

'절대로 놓치지 않을 거야'

여우 씨네 식구들이 굶주리다

여우 씨가 꾀를 내다

보기스의 1호 닭장

여우 씨 부인을 위한 깜짝 선물

오소리

번스의 거대한 창고

오소리가 걱정하다

빈의 비밀 사과주 창고

아주머니

큰 잔치

여전히 기다리다

그림자 도둑

#학교 #공부 #친구 #왕따
#그림자

글 임제다
그림 배현정 그림
출간 2014년
펴낸 곳 웅진주니어
갈래 한국문학(판타지 동화)

이 책을 소개합니다

공부 때문에 하고 싶은 것을 미뤄야 하는 요즘 아이들의 현실을 판타지 요소를 활용해 그린 책이에요. 그림자를 잃은 친구를 놀리던 대호도 그림자를 잃고, 졸지에 그림자 도둑으로 몰려요. 대호는 누명을 벗기 위해 진짜 범인을 잡으러 찾아 나서지요.

학교, 집, 학원처럼 건물에 갇혀 공부만 해야 하는 아이들의 신세에 그림자마저 자유를 갈구하는 사태를 재치 있게 풍자한 동화입니다. 추리소설 기법을 접목한《달팽이의 성》으로 웅진주니어 문학상을 받은 임제다 작가의 두 번째 작품이에요.

도서 선정 이유

　추리물을 읽듯 흥미롭게 책장을 넘기게 됩니다. 긴 책에 익숙하지 않던 어린이도 이 책의 명쾌한 문장들을 속도 감 있게 읽게 될 거예요. 공부에 지친 어린이들의 유쾌한 판타지라, 상상력이 가득하면서도 현실적이에요. 부모의 압박과 강요로 숨 막히는 일상에 갇힌 아이들을 관찰해 온 작가의 문제의식이 드러납니다.

　공부 못하는 사고뭉치 대호와 보자기를 두르고 하늘을 날겠다는 4차원 소년 호기, 이 두 사람이 친구들을 난관에서 구하고 영웅이 되는 설정이 통쾌합니다.

함께 읽으면 좋은 책

비슷한 주제

○ 지구별 스쿨 라이프 | 이송현 글, 이송은 그림, 찰리북, 2017

○ 엄마, 오늘은 학교가기 싫어요 | 지젤 비엔느 글, 김영신 옮김, 박혜선 그림, 거인, 2017

○ 공부는 왜 하나? | 조은수 글·그림, 해그림, 2012

○ 마인드 스쿨 16: 스트레스는 이제 그만! | 조재호·은하수 글·그림, 고릴라박스(비룡소), 2020

같은 작가

○ 달팽이의 성 | 임제다 글, 윤예지 그림, 웅진주니어, 2011

○ 탐험가의 시계 | 임제다 글, 윤예지 그림, 한겨레아이들, 2015

문해력을 높이는 엄마의 질문

1. 내용 이해하기

이 책을 재미있게 읽었나요? 다음 질문에 대해 생각해 보고 함께 이야기를 나눠요.

- 대호는 어떤 아이인가요?

- 이호기는 어떤 아이인가요?

- 사람들은 사라진 그림자에 무슨 일이 일어났다고 생각했나요?

- 대호가 찾아낸 중요한 단서는 무엇인가요?

- 실제로 그림자들은 왜 사라진 걸까요?

- 이 이야기에서 그림자가 나타내는 것(상징)은 무엇일까요?

> 이렇게 활용해 보세요

홍미롭게 책을 읽은 후에 함께 읽은 친구들과 이야기를 나누면 더 명확하게 이해하고 더 깊은 생각을 할 수 있어요. 말로 풀어내는 과정에서 언어 능력도 성장하지요.

사건 위주로 속도감 있게 읽었을 때 놓치기 쉬운 인물, 배경, 주제 등에 대해 질문으로 만들어 모임을 시작하면 좋아요. 정답이 뻔하거나 선택만 하면 되는 단답형의 폐쇄적 질문 말고 확산적 질문을 해 주세요. 주로 '무엇', '왜', '어떤', '어떻게'가 들어가는 질문에 해당합니다.

2. 이야기의 구멍 메우기

이 책의 마지막 부분을 다시 훑어볼까요? '그림자 장군' 대호가 사건을 해결하고 난 다음인 마지막 장의 제목은 '행복한 그림자들'이에요.

작가가 책을 쓸 때 모든 이야기를 다 알려 주는 것은 아니랍니다. 이야기에 '공란(구멍)'이 있다는 뜻이에요. 책을 읽는 독자는 스스로 그 구멍을 메워 가며 읽게 되지요.

이 책의 결말 '행복한 그림자들' 앞에서는 어떤 일들이 있었을까요? 상상해서 써 보세요.

그림자들은 모두 아이들에게 돌아갔다. 대호가 어른들에게 차근차근 설명을 해 주었다. 어른들은 처음에는 믿지 않았지만 그림자가 돌아온 것을 보고 믿게 되었다. 그리고 대호에 대해서도 많이 놀랐다. 그 사건 이후로 대호는 친구들과 더 친해졌다.

책에서 말해 주지 않은 부분을 상상해서 채워 넣는 활동이에요. 빈 구멍을 잘 만드는 것도 작가의 재능이고 세련된 글쓰기랍니다. 독자가 맥락과 정보를 활용해서 채워 나가며 읽게 되니까요.

이 책에서는 특이하게도 마지막이 열린 결말인 게 아니라, 결말 앞부분에 빈 구멍을 설치해 두었어요. 어떤 일이 일어나서 이런 결말이 생겼을지 생각해 보면 됩니다. 예시처럼 줄거리를 쓰듯 간결하게 써도 되고, 실제 책의 문체와 가깝게 써 봐도 좋아요.

3. 나와 연결하기

다음 질문에 대한 답을 생각한 뒤 그림자 옆에 써 보세요.

- 요즘 내가 가장 바라는 것은 무엇인가요?
- 주로 무엇을 하며 시간을 보내나요?
- 요즘 나의 가장 큰 스트레스는 무엇인가요?
- 내 그림자에게 바라는 것은 무엇인가요?

책의 주제를 살려 어린이의 꿈, 시간, 스트레스에 대해 이야기해 봅니다. 내가 원하는 꿈인데 이루어질 것 같지 않아 힘들지는 않은지, 날 괴롭게 하는 것은 무엇인지, 학원과 공부에 시달리며 시간 부족에 힘들지는 않은지…….

더 나아가 '나와 그림자'에 대해서도 생각해 볼 수 있어요. 흥미를 더하기 위해 빈칸을 채워 문장 완성하기로 구성했습니다.

일단 주제에 초점을 맞추어 스스로의 생각을 담아내는 것이 중요하겠지요. 그런데 문장 완성하기 과제이기 때문에 과연 이 빈 곳에 어떤 내용이 들어가야 매끄럽게 연결이 될지도 생각해야 해요.

주어진 문단이 짧아 깊은 생각을 다 표현하기 어렵다면 질문을 통해 왜 그런 생각을 했는지 물어봐 주세요.

1. 내용 이해하기

이 책을 재미있게 읽었나요? 다음 질문에 대해 생각해 보고 함께 이야기를 나눠요.

- 대호는 어떤 아이인가요?

- 이호기는 어떤 아이인가요?

- 사람들은 사라진 그림자에 무슨 일이 일어났다고 생각했나요?

- 대호가 찾아낸 중요한 단서는 무엇인가요?

- 실제로 그림자들은 왜 사라진 걸까요?

- 이 이야기에서 그림자가 나타내는 것(상징)은 무엇일까요?

2. 이야기의 구멍 메우기

이 책의 마지막 부분을 다시 훑어볼까요? '그림자 장군' 대호가 사건을 해결하고 난 다음인 마지막 장의
제목은 '행복한 그림자들'이에요.
작가가 책을 쓸 때 모든 이야기를 다 알려 주는 것은 아니랍니다. 이야기에 '공란(구멍)'이 있다는 뜻이에요.
책을 읽는 독자는 스스로 그 구멍을 메워 가며 읽게 되지요.
이 책의 결말 '행복한 그림자들' 앞에서는 어떤 일들이 있었을까요? 상상해서 써 보세요.

3. 나와 연결하기

다음 질문에 대한 답을 생각한 뒤 그림자 옆에 써 보세요.

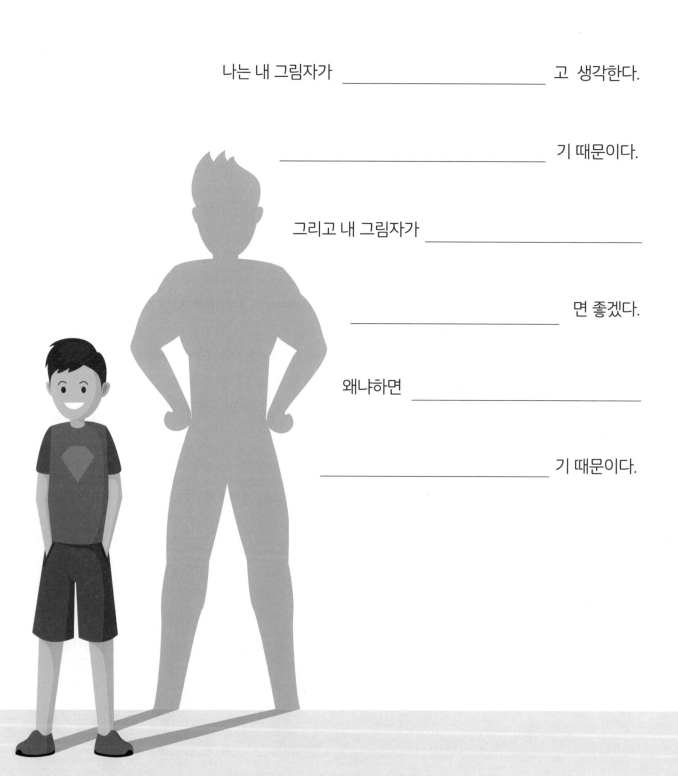

나는 내 그림자가 _____ 고 생각한다.

_____ 기 때문이다.

그리고 내 그림자가 _____

_____ 면 좋겠다.

왜냐하면 _____

_____ 기 때문이다.

246

오즈의 마법사

원제: The Wonderful Wizard of OZ, 1900년

**#마법 #모험 #용기 #희망 #지혜
#마음 #자존감**

글 라이먼 프랭크 바움
그림 리즈베트 츠베르거
엮음 한상남
출간 2008년
펴낸 곳 어린이작가정신
갈래 외국문학(판타지 동화)

 이 책을 소개합니다

회오리에 휩쓸려 신비한 세계로 날아간 도로시는 캔자스의 고향으로 돌아가기 위해 위대한 마법사 오즈를 찾아가요. 도중에 똑똑해지고 싶은 허수아비, 심장이 필요한 양철 나무꾼, 겁쟁이 사자를 만나 함께 여행을 하지요. 도로시 일행이 힘을 합쳐 서쪽 마녀를 물리치자 오즈는 허수아비에게 두뇌를, 양철 나무꾼에게 심장을, 사자에게 용기를 상으로 주었지요. 도로시는 신고 있던 은색 구두의 굽을 맞부딪쳐 무사히 고향으로 돌아갑니다.

《오즈의 마법사》는 120여 년이 지난 지금까지도 세계 곳곳에서 그림책, 팝업북, 만화 등 다양한 형식으로 출간되고 있어요. 영화, 게임, 애니메이션, 드라마 등으로도 미디어 믹스되고요. 바움은 아들 넷에게 이야기를 들려주다가 이 책을 쓰게 되었다고 해요. 동화가 완성될 무렵 바움의 처조카 도로시가 태어난 지 5개월 만에 세상을 뜨자,

바움은 슬퍼하는 아내를 위로하려고 주인공 이름을 도로시로 바꿨다고 하네요. 프랭크 바움은 1919년 세상을 뜰 때까지 14편의 '오즈' 시리즈를 발표했어요.

도서 선정 이유

유명한 고전일수록 안 읽고 넘어가기 쉽지요. 저학년생도 읽을 수 있는 고전이라 골라 봤어요. 여기저기서 이야기의 내용을 대충 듣게 되기 전에 책으로 읽는 게 더 낫다고 봐요. 등장인물들이 모두 개성 넘치고 매력 있어서 몰입해서 읽을 수 있을 거예요. 흥미진진하게 전개되는 이야기라 시대를 초월하는 재미와 감동을 줍니다.

인물들이 모두 자신의 결점을 크게 인식하고 모험에 뛰어들었지만, 위기 앞에서 서로 도우며 강점을 발휘하는 모습이 그려져요. 판타지나 마법을 떠나 아이들이 이런 내용을 현실적으로 받아들일 수 있어 도움이 된다고 생각해요. 도로시의 은 구두가 가까이에 있었던 것처럼, 자신 안에 해답이 있음을 일깨워 주는 멋진 이야기입니다. 어린이 독자들이 자신만의 원석을 발견해 갈고닦아 나갈 수 있도록 지혜를 주는 책이에요.

함께 읽으면 좋은 책

비슷한 주제

○ 괴물들이 사는 나라 | 모리스 샌닥 글·그림, 강무홍 옮김, 시공주니어, 2017

○ 너는 특별하단다 | 맥스 루카도 글, 세르지오 마르티네즈 그림, 아기장수의 날개 옮김, 고슴도치, 2002

○ 상어 지느러미 여행사 | 강경호 글, 이나래 그림, 다림, 2018

같은 작가

○ 오즈의 마법사 시리즈(1~14권) | 라이먼 프랭크 바움 글, 존 R. 닐 그림, 최인자 옮김, 문학세계사, 2013(개정판)

○ 아빠 거위 | 라이먼 프랭크 바움 글, 윌리엄 월리스 덴슬로우 그림, 문형렬 옮김, 문학세계사, 2019

○ 브레멘 음악대 | 그림 형제 글, 리즈베트 츠베르거 그림, 서애경 옮김, 어린이작가정신, 2015

문해력을 높이는 엄마의 질문

1. 묘사하는 글 읽고 삽화 그리기

《오즈의 마법사》를 다시 훑어보면서 '묘사하는 표현'을 찾아봅시다.

이야기의 배경이나 인물, 또는 사건을 자세하게 설명하면서 마치 눈에 보이듯이 만들어 주는 부분을 찾으면 됩니다. 가장 마음에 드는 장면을 골라 묘사하는 문장들을 그대로 써 보세요. 그리고 그 장면을 상상해서 색연필로 그려 보세요.

> 이렇게 활용해 보세요

아이들은 책을 읽을 때 중요한 사건이 나오지 않는 부분이나 초반 도입부에서는 집중하지 않고 흘려 읽기 쉬워요. 주로 그런 부분에서 이야기의 배경이나 인물의 외양 등에 대한 묘사가 이루어지죠. 이러한 묘사는 이야기의 설정에 중요하게 작용하는 정보이자 글을 읽고 이해하거나 풍부하게 쓰기 위해 필요한 자료입니다.

책은 다 읽었지만, 묘사가 이루어진 인상적인 부분을 찾아 다시 꼼꼼하게 읽어 보게 했어요. 자신이 고른 문단이 묘사하는 내용을 읽고 그림으로 그려 보면 책에 들어가는 삽화의 기능에 대해서도 생각하게 됩니다. 글에 나타난 풍부한 묘사가 이해, 상상과 그림 표현에 도움이 된다는 것도 알게 되고요.

책동아리 POINT

아이마다 다른 부분을 찾아 준다면 서로에게도 도움이 되지요.

2. 인물의 특성과 관계 나타내기

이 책에는 동·서·남·북 네 마녀가 등장해요. 이야기에 나오는 순서대로 표의 왼쪽 괄호 안에 ①, ②, ③, ④ 숫자를 쓰세요. 그리고 오른쪽 괄호 안에는 착한 마녀에겐 O표, 나쁜 마녀에겐 X표를 하세요. 도로시 또는 친구들에게 각 마녀는 어떤 인물인가요? 무슨 일이 있었는지 써 보세요.

(❷) 북쪽 마녀 (○)
은 구두를 도로시에게 넘겨주고 에메랄드 시로 안내해 주었다.

(❸) 서쪽 마녀 (×)	(❶) 동쪽 마녀 (×)
도로시와 친구들하고 싸웠다. 물을 맞고 죽었다.	태풍이 불어서 날아간 도로시 집에 깔려서 죽었다. 도로시는 은 구두를 갖게 되었다.

(❹) 남쪽 마녀 (○)
도로시가 집으로 돌아갈 수 있도록 방법을 가르쳐 주었다.

이렇게 활용해 보세요

이 책에는 주인공은 아니지만, 아주 흥미로운 인물들인 네 마녀가 등장합니다. 방향성과 관련된 이름을 가졌으니 동서남북 방향을 살려 표를 만들었어요. 대표적 삽화에서 얼굴을 따 와서 활동지에 넣어 주면 좋아요.

저학년 때는 지시문을 읽고 따르는 훈련도 중요합니다. 각 마녀가 이야기에 등장하는 순서를 매기고 선악의 자질을 부여하도록 지시했어요.

그리고 표 안에는 각 마녀가 한 일, 주인공(들)과의 관계에 대해 쓰게 했으니 중요한 인물과 사건을 아우르는 내용을 다시 생각해 보게 될 거예요.

1. 묘사하는 글 읽고 삽화 그리기

《오즈의 마법사》를 다시 훑어보면서 '묘사하는 표현'을 찾아봅시다.
이야기의 배경이나 인물, 또는 사건을 자세하게 설명하면서 마치 눈에 보이듯이 만들어 주는 부분을 찾으면 됩니다. 가장 마음에 드는 장면을 골라 묘사하는 문장들을 그대로 써 보세요. 그리고 그 장면을 상상해서 색연필로 그려 보세요.

2. 동서남북 네 마녀 (인물의 특성과 관계 나타내기)

이 책에는 동서남북 네 마녀가 등장해요.

이야기에 나오는 순서대로 표의 왼쪽 괄호 안에 ①, ②, ③, ④ 숫자를 쓰세요. 그리고 오른쪽 괄호 안에는 착한 마녀에겐 O표, 나쁜 마녀에겐 X표를 하세요. 도로시 또는 친구들에게 각 마녀는 어떤 인물인가요? 무슨 일이 있었는지 써 보세요.

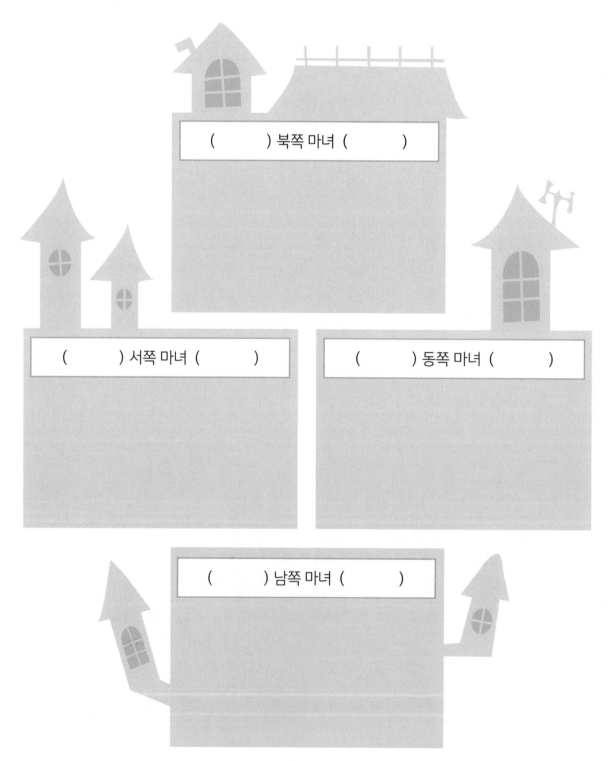

(   ) 북쪽 마녀 (   )

(   ) 서쪽 마녀 (   )

(   ) 동쪽 마녀 (   )

(   ) 남쪽 마녀 (   )

라면 맛있게 먹는 법

#의성어 #의태어 #비유 #리듬
#말의 재미

글 권오삼
그림 윤지회
출간 2015년
펴낸 곳 문학동네
갈래 한국문학(동시집)

이 책을 소개합니다

제목부터 매력적인 시집입니다. 70대 할아버지 권오삼 선생님의 아홉 번째 동시집에는 아이들의 생활과 이어지는 반짝이는 아이디어와 재미난 말이 가득해요. 〈쩍쩍가 모르면〉, 〈저 달도 맛있겠다〉, 〈제일 얄미운 봉지는〉, 〈보이는 가시와 안 보이는 가시〉, 〈개 불알 닮은 씨앗〉 등 5부 안에 모두 68편의 천진하고 유쾌한 시가 실려 있습니다. 자연물, 동물, 일상적 물건, 한글 자음 등 아이들이 주변에서 흔히 경험하는 소재를 참신한 눈으로 바라보고 맛깔스럽게 풀어냈어요.

일러스트가 잘 어우러져 시의 맛을 훨씬 더 살려 줍니다. 윤지회 그림 작가는 이 책에서 의인화된 캐릭터를 다양하게 사용하고 세련된 패턴들을 적절히 배치했어요.

도서 선정 이유

유아 때 운문 그림책을 한두 권 봤을 수 있고, 학교에 들어가서는 교과서에 실린 동시를 읽었겠지만(이 책도 1학년 국어 교과서 2단원 '재미있게 ㄱㄴㄷ'에 실렸어요), 따로 시집을 읽는 경험은 흔치 않아 아쉬워요. 종종 시집을 읽는 아이로 자랐으면 합니다.

좋은 동시집은 첫째, 어린이들이 재미를 느낄 수 있어야 하고 둘째, 신선하고 독창적이며 상상력이 풍부하게 느껴져야 해요. 셋째, 읽고 나면 진정성에 공감할 수 있어야 하고요. 이 책은 이 세 조건을 모두 충족하는 시들로 이루어져 있어요. 의성어, 의태어, 반복, 언어유희가 버무려져 읽는 재미가 뛰어나고 말 자체에 관심을 갖게 해 줍니다.

함께 읽으면 좋은 책

비슷한 주제

○ 참좋다! 2학년 동시 | 명작동시선정위원 엮음, 김정진 그림, 예림당, 2017

○ 마음이 예뻐지는 동시, 따라 쓰는 꽃 동시 | 이상교 글·그림, 어린이나무생각, 2020

○ 수수께끼로 동시쓰기 365(1~2권) | 문삼석 글·그림, 계수나무, 2015

○ 윤동재 선생님이 들려주는 동시로 읽는 옛이야기 | 윤동재 글, 김경희 그림, 계림북스쿨, 2003

○ 박성우 시인의 첫말 잇기 동시집 | 박성우 글, 서현 그림, 비룡소, 2019

○ 박성우 시인의 끝말 잇기 동시집 | 박성우 글, 서현 그림, 비룡소, 2019

○ 최승호 시인의 말놀이 동시집(1~5권) | 최승호 글, 윤정주 그림, 비룡소, 2020

○ 새들은 시험 안 봐서 좋겠구나 | 초등학교 123명 어린이 글, 한국글쓰기교육연구회 엮음, 보리, 2007

○ 별을 사랑하는 아이들아 | 윤동주 글, 신형건 엮음, 조경주 그림, 푸른책들, 2016(개정판)

같은 작가

○ 너도 나도 엄지척 | 권오삼 글, 이주희 그림, 문학동네. 2021

○ 개도 잔소리한다 | 권오삼 글, 박종갑 그림, 상상, 2020

문해력을 높이는 엄마의 질문

1. 시어의 표현과 의미 탐색하기

《라면 맛있게 먹는 법》에 실린 동시들을 보면서 뜻을 생각해 봅시다.

- 〈낙지〉의 3연에서 '발로 소리치는'은 무슨 뜻일까요?

  낙지가 실제로 소리는 못 내지만 요리되느라 뜨거운 게 괴로워서 다리를 마구 꿈틀대는 것

- 〈조기 한 두름〉에서 '두름'은 '조기 따위의 물고기를 짚으로 한 줄에 열 마리씩 두 줄로 엮은 것. 또는 그 단위'를 말해요. 그럼 모두 몇 마리일까요? 스무(20) 마리

- 〈눈 온 아침〉에서 하얀 것은 모두 몇 개인가요? 그리고 그중에서 진짜로 하얀색일 수 없는 것을 찾아보세요.
  8개 - 발소리

- 앞의 동시 세 편에서 모양이나 움직임을 흉내 낸 '의태어'는 빨간색 색연필로, 소리를 흉내 낸 말인 '의성어'에는 파란색 색연필로 써 보세요.

> **이렇게 활용해 보세요**
>
> 시에 쓰인 표현과 그 뜻을 들여다보는 시간이에요. 책에서 동시 세 편(〈낙지〉 22쪽, 〈조기 한 두름〉 23쪽, 〈눈 온 아침〉 58쪽)을 골라 활동지에 제시했어요. 아이들이 지면에 표시하면 편해서요. 타이핑이 귀찮으면 사진으로 찍어서 붙여 넣어도 괜찮습니다.
>
> 첫 번째 질문은 시에서 표현된 이미지의 의미를 해석해 보는 문제예요.
>
> 두 번째 질문은 시를 통해 배우는 어휘에 초점을 맞추었고요.
>
> 세 번째 질문에서는 반복적 시어의 재미를 느끼고 특정 단어(산, 들, 집, 길, 나무, 꽃, 발소리, 발자국)를 찾아 표시하는 문해 활동을 해 보았어요. 찾아낸 단어 중에 시라서 가능한 특이한 경우를 발견해 봅니다. '발소리(청각)가 하얗다(시각)'고 표현한 부분이 공감각적 심상에 해당해요.
>
> 마지막 질문은 시에 쓰인 의태어와 의성어를 찾는 문제예요. 두 가지를 잘 구별하는 것은 의외로 어려울 때가 있어요. 여기에서 '꿈틀', '꽁꽁', '헤', '맹'은 모양을 나타내는 의태어, '뽀작뽀작'은 소리를 흉내 내는 의성어가 됩니다. '앗', '아으' 같은 감탄사와 혼동하지 않도록 알려 주세요.
>
> 시는 이미지를 적극적으로 활용하는 장르라서 의성어와 의태어의 느낌을 살려 읽을 수 있어요.

이렇게 시를 분석하며 천천히 읽으면 의미를 깊이 있게 이해하고, 시어의 맛도 음미할 수 있어요.

활동지에 시를 복사해 두었다면 시어를 쓰는 대신, 다른 색깔 색연필로 동그라미를 치게 할 수 있어요.

2. 비유 이해하기

비유란 '어떤 현상이나 사물을 직접 설명하지 않고 다른 비슷한 현상이나 사물에 빗대어서 설명하는 일'을 뜻해요. 다음 세 편의 시에서(〈헬리콥터〉 30쪽, 〈전투기〉 32쪽, 〈주걱〉 38쪽) 비유한 표현을 찾아 동그라미 치고 원래 표현과 연결해 봅시다.

이렇게 활용해 보세요

비유법은 2학년들이 이해하기 조금 어려울 수도 있지만, 짧고 흥미로운 시를 활용하면 한결 쉬워져요. 일단 비유, 직유, 은유가 무엇인지 정의를 알려 주고 예를 들어 설명했어요.

그리고 책에서 3편의 시를 선정했어요. 시를 다시 한번 차근히 읽어 보면서 중심 소재(주로 제목에 반영)가 어떤 대상에 비유되었는지 찾아봅니다.

각각 '헬리콥터-잠자리', '전투기-새', '구둣주걱-혀/밥주걱-혀'를 찾을 수 있을 거예요. 일단 이 표현들에 숨은 비유를 찾고 나서, 직유/은유 중에 무엇에 해당하는지 이야기 나눔으로써 확실하게 이해하도록 해요.

3. 시어로 놀기

다음 질문에 답해 보세요.
• 〈모여라 교실〉에서는 -어, -치, -귀로 끝나는 물고기 이름이 나옵니다. 이 시에 들어갈 수 있는 물고기 이름을 더 생각해 보세요. 다른 글자로 끝나는 물고기도 생각해 보세요.
 - 어로 끝나는 것: 다랑어, 전어, 장어, 연어
 - 치로 끝나는 것: 쥐치, 곰치, 준치
 - 귀로 끝나는 것: ?
기타: 리로 끝나는 것: 도다리, 다금바리, 부시리, 흰동가리, 가오리, 빠가사리
　　　미로 끝나는 것: 도미, 가자미, 노래미

- 〈짝짓기〉에는 서로 짝이 되는 단어들이 함께 나옵니다. 이 시에 들어갈 수 있는 다른 짝꿍 낱말들을 생각해 보세요. 내가 시인이라면 그중에서 어떤 것을 넣고 싶나요?(왜?)

  실-바늘, 눈-비, 낮-밤, 남자-여자, 햄버거-콜라, 짜장면-짬뽕, 프라이드 치킨-양념 치킨

- 〈같은 이름〉의 모든 행은 서로 의미가 같지만, 다른 단어인 동의어로 이루어져 있어요. 방언(사투리)인 경우(예: 부추-정구지)도 있고, 그렇지 않은 경우(예: 아버지-아빠)도 있습니다. 순우리말과 한자어 또는 외래어 쌍도 있어요. 이처럼 같은 뜻을 가진 다른 낱말 짝꿍들을 찾아보세요. 시의 표현처럼 써 볼까요?

  달걀은, 계란 / 마농은, 마늘(제주도) / 몸은, 신체 / 수건은, 타월 / 밥은, 식사(맘마) / 아저씨는, 아재

- 〈고렇게 우니까〉는 동물의 울음소리와 이름을 연결하고 있어요. 이 시에 들어갈 수 있는 다른 동물을 찾아보세요. 시의 쓰인 표현처럼 쓰세요.

  귀뚤귀뚤 우니 귀뚜라미, 꿩꿩 우니 꿩, 찌르릇 우니 찌르레기

이렇게 활용해 보세요

이번에는 재미있는 낱말이 활용된 시들을 모아 봤어요. 〈모여라 교실〉은 물고기의 이름을 활용해 독특하게 쓴 시입니다. 우리말에서 물고기는 '-치'와 '-어'로 끝나는 경우가 가장 많고, 그밖에도 몇 가지가 더 있다고 해요. 여기에 해당하는 물고기 이름을 생각해 내는 활동입니다. 이런 활동을 통해 단어의 범주와 형식에 대해 민감해질 수 있고, 머릿속 단어를 활발하게 인출하는 연습을 할 수 있어요.

〈짝짓기〉에서는 연관성이 높은 단어 쌍으로 시를 지었어요. 유사한 단어 쌍을 더 생각해 내고 시어 선택에 대해서도 고민하는 시간이 될 거예요. 의미상 같이 붙어 다니는 짝꿍도 있고, 반대 개념에 해당하는 경우도 있어요.

세 번째, 〈같은 이름〉에서는 동의어를 다루는 것만으로 시가 되어 흥미롭습니다. 사투리(땅감, 할배), 옛말(오얏), 격식 없이 쓰는 말(아빠), 귀엽게 이르는 말(아들내미) 등 여러 가지가 함께 제시되었어요. 추가적으로 순우리말과 한자어 또는 외래어 쌍도 생각해 보게 했어요. 이런 활동은 언어 자체에 대한 사고, 즉, 상위 언어적 인식을 강화해 줍니다. 아이들이 우리말-영어 단어만 생각해 내기 쉬우니 다양한 접근을 도와주세요.

네 번째는 곤충을 포함한 동물 이름에 울음소리가 반영된 것을 리듬감 있게 표현한 시예요. 행으로 추가될 수 있는 것들을 더 생각해 봅니다. '개굴개굴'이 아니라 '개골개골', '그렇게'를 '고렇게'로 표현한 이유에 대해서도 물어봐 주세요.

4. 시의 재미 찾기

아래의 시에서는 각각 어떤 점이 재미를 주나요?

그림자	그림자를 해님이 찍은 사진이라고 표현한 것
라면 맛있게 먹는 법	행의 길이가 점점 줄어드는 것
난 착한 개미귀신	개미를 살려 준다면서 결국 잡아먹은 것
약	약이 전부 다른 뜻으로 쓰인 것
잣과 꿀밤	'자시오'라는 말을 잣과 연결하고 밤은 꿀밤 때리기와 연결해 말놀이를 한 것

이렇게 활용해 보세요

창의적이고 웃음을 머금게 하는 시 다섯 편을 묶어 표로 제시했어요. 이 시의 어떤 점이 재미를 주는지 찾아서 자신만의 표현으로 나타냅니다. 사물에 대한 아이디어, 시의 형식, 반어법, 언어유희 등 다양한 요인을 발견할 수 있어요.

1. 동시 탐색하기

《라면 맛있게 먹는 법》에 실린 동시들을 보면서 뜻을 생각해 봅시다.

- 〈낙지〉의 3연에서 '발로 소리치는'은 무슨 뜻일까요?

- 〈조기 한 두름〉에서 '두름'은 '조기 따위의 물고기를 짚으로 한 줄에 열 마리씩 두 줄로 엮은 것. 또는 그 단위'를 말해요. 그럼 모두 몇 마리일까요?

- 〈눈 온 아침〉에서 하얀 것은 모두 몇 개인가요? 그리고 그중에서 진짜로 하얀색일 수 없는 것을 찾아보세요.

- 앞의 동시 세 편(〈낙지〉 22쪽, 〈조기 한 두름〉 23쪽, 〈눈 온 아침〉 58쪽)에서 모양이나 움직임을 흉내 낸 '의 태어'는 빨간색 색연필로, 소리를 흉내 낸 말인 '의성어'에는 파란색 색연필로 써 보세요.

의태어	의성어

2. 비유 이해하기

비유란 '어떤 현상이나 사물을 직접 설명하지 않고 다른 비슷한 현상이나 사물에 빗대어서 설명하는 일'을 뜻해요. 다음 세 편의 시에서(〈헬리콥터〉 30쪽, 〈전투기〉 32쪽, 〈주걱〉 38쪽)비유한 표현을 찾아 쓰고 원래 표현과 연결해 봅시다.

직유법	비슷한 성질이나 모양을 가진 두 사물을 '같이', '처럼', '듯이'와 같은 연결어로 결합하여 직접 비유함	예) '여우처럼 교활한 사람', '포로들처럼 꽁꽁 묶인 조기'
은유법	사물의 상태나 움직임을 암시적으로 나타내어 비유함	예) '내 마음은 호수'

시	원래 표현	비유 종류
헬리콥터		
전투기		
주걱		

3. 시어로 놀기

다음 질문에 답해 보세요.

- 〈모여라 교실〉에서는 -어, -치, -귀로 끝나는 물고기 이름이 나옵니다. 이 시에 들어갈 수 있는 물고기 이름을 더 생각해 보세요. 다른 글자로 끝나는 물고기도 생각해 보세요.

-어로 끝나는 것	-치로 끝나는 것

-귀로 끝나는 것	기타

- 〈짝짓기〉에는 서로 짝이 되는 단어들이 함께 나옵니다. 이 시에 들어갈 수 있는 다른 짝꿍 낱말들을 생각해 보세요. 내가 시인이라면 그중에서 어떤 것을 넣고 싶나요?(왜?)

- 〈같은 이름〉의 모든 행은 서로 의미가 같지만, 다른 단어인 동의어로 이루어져 있어요. 방언(사투리)인 경우(예: 부추-정구지)도 있고, 그렇지 않은 경우(예: 아버지-아빠)도 있습니다. 순우리말과 한자어 또는 외래어 쌍도 있어요. 이처럼 같은 뜻을 가진 다른 낱말 짝꿍들을 찾아보세요. 시의 표현처럼 써볼까요?

• 〈고렇게 우니까〉 는 동물의 울음소리와 이름을 연결하고 있어요. 이 시에 들어갈 수 있는 다른 동물을 찾아보세요. 시의 쓰인 표현처럼 쓰세요.

4. 시의 재미 찾기

아래의 시에서는 각각 어떤 점이 재미를 주나요?

그림자	
라면 맛있게 먹는 법	
난 착한 개미귀신	
약	
잣과 꿀밤	

마법의 설탕 두 조각

원제: Lenchens Geheimnis, 1991년

#부모 #가족 #성장기 #갈등 해소
#마법 #선택 #책임

글 미하엘 엔데
그림 진드라 차페크
옮김 유혜자
출간 2001년
펴낸 곳 소년한길
갈래 외국문학(판타지 동화)

이 책을 소개합니다

《모모》와 《끝없는 이야기》로 익숙한 미하엘 엔데의 책이에요. 이제 막 초등학교에 입학한 소녀 렝켄은 부모님
이 자신이 원하는 것을 들어주지 않는다고 생각해 불만이 많습니다. 그래서 렝켄은 빗물거리의 요정을 찾아가고,
요정으로부터 부모님이 말을 들어주지 않을 때마다 키가 절반으로 줄어드는 마법의 설탕 두 조각을 얻게 되지요.
부모님이 어느새 여러 번 줄어 10cm 남짓이 되자, 렝켄은 무서워도 부모님에게 안길 수 없었고, 열쇠 없이 밖에 나
갔다가 집에 들어갈 수도 없게 되었어요. 다시 요정을 찾아가 시간을 돌려 달라고 하자, 이번에는 렝켄이 설탕을
먹어야 한다네요. 우여곡절 끝에 렝켄은 결국 부모님께 비밀을 털어놓고, 현명한 아빠의 도움으로 문제는 해결됩
니다.

도서 선정 이유

부모의 권위적이고 일방적인 지시와 비난, 그것을 참지 못한 아이의 대결 구도 등 철저하게 어린이의 시선에서 쓴 글이라 아이들이 크게 공감하면서 읽을 수 있을 거예요. 아이는 부모에게 대항할 수 있는 마법이라는 도구를 요정에게 빌려 그동안 억눌렸던 분함을 풀고 통쾌함을 느낍니다. 기발한 상상력이 가득한 이야기 속에서 주인공이 선택을 해야 할 때마다 독자도 함께 선택하는 기분을 맛볼 수 있어요. 선택에 따르는 책임에 대해서도 알려 주는 책입니다.

갈수록 자아가 강해지는 아이들과 부모님 간에 갈등이 생기기 시작할 때, 함께 읽어 보기 좋은 책으로 추천합니다. 부모와 자녀 간의 행복한 관계 맺음을 위해서는 어떻게 해야 하는지 생각해 볼 수 있어요. 부모는 아이의 입장을, 아이는 부모의 입장을 서로 이해하게 될 거예요.

함께 읽으면 좋을 책

비슷한 주제

○ 고함쟁이 엄마 | 유타 바우어 글·그림, 이현정 옮김, 비룡소, 2005

○ 엄마 아빠 때문에 힘들어! | 샤를로트 갱그라 글, 스테판 조리슈 그림, 이정주 옮김, 어린이작가정신, 2019(개정판)

○ 아빠 고르기 | 채인선 글, 김은주 그림, 논장, 2009

○ 왕창 세일! 엄마 아빠 팔아요 | 이용포 글, 노인경 그림, 창비, 2011

○ 망태 할아버지가 온다 | 박연철 글·그림, 시공주니어, 2007

같은 작가

○ 짐 크노프와 13인의 해적 | 미하엘 엔데 글, 프란츠 요제프 트립 그림, 마티아스 베버 채색, 김인순 옮김, 주니어 김영사, 2021

○ 곰돌이 워셔블의 여행 | 미하엘 엔데 글, 코르넬리아 하스 그림, 유혜자 옮김, 보물창고, 2015

○ 멋대로 학교 | 미하엘 엔데 글, 폴커 프레드리히 그림, 한미희 옮김, 비룡소, 2005

○ 냄비와 국자 전쟁 | 미하엘 엔데 글, 크리스토프 로들러 그림, 곰발바닥 옮김, 소년한길, 2001

○ 오필리아의 그림자 극장 | 미하엘 엔데 글, 프리드리히 헤헬만 그림, 문성원 옮김, 베틀북, 2001

문해력을 높이는 엄마의 질문

1. 장면의 느낌 묘사하기

렝켄이 빗물거리와 바람거리로 요정 프란치스카 프라게차익헨을 찾아가는 장면의 느낌은 어떤가요? 그 이유는 무엇일까요?

신비롭고 신기하다. 현실에서 일어날 수 없는 일들이 일어나고 어떻게 될지 알 수 없기 때문이다.

이렇게 활용해 보세요

판타지 동화가 보여 주는 배경 묘사와 사건 전개를 읽고 어떤 느낌이 들었는지 표현해 봅니다. 그 느낌의 이유가 무엇일지 생각하는 것도 의미 있어요.

2. 대사 찾기

책을 보고 인물의 말을 찾아보세요.

- 렝켄과 부모님의 대화 중에서 가장 인상적인 말은 무엇인가요?
- 프프요가 렝켄에게 자주 했던 말버릇은 무엇인가요?

이렇게 활용해 보세요

책을 읽을 때 사건과 줄거리 위주로만 읽기 쉬운데 이번에는 대화에 집중해 봅니다. 인상적인 대사, 자주 반복되는 대사 등을 찾아볼 수 있어요. 부모-자녀 사이의 갈등을 보여 주는 대사가 눈에 들어올 거고, "이해할 수 있겠지?"처럼 자주 반복되는 표현도 찾을 수 있을 거예요.

3. 이야기 꾸미기 심화

'렝켄의 비밀' 부분에서 렝켄이 부모님의 말을 거역했을 때, 정말로 몸이 줄어들었다면 이야기의 결말이 어떻게 되었을까요? 상상해서 써 보세요. 판타지(환상) 동화에서는 어떤 일도 일어날 수 있어요!

렝켄의 몸이 정말 반으로 줄어들었다. 그것을 본 아빠, 엄마는 깜짝 놀랐다. 그래서 렝켄의 부모님은 프프요네 집에 가서 아이를 원래 크기로 되돌려 달라고 부탁했다.

그러자 프프요는 렝켄에게 "와사비 한 스푼을 10초 안에 먹고 매운 것을 티 내지 않을 수 있겠니? 물은 한 모금만 마실 수 있다. 실패하면 크기는 그대로이고 몸의 색깔까지 변할 거야. 이해할 수 있겠지?" 라고 말하였다.

렝켄은 할 수 없이 와사비를 입에 넣고 물 한 모금을 마셨다. 코와 귀에서 불이 나는 것 같았지만 꾹 참고 삼켰다. 그러나 10초에서 0.1초가 늦어 버린 것이다. 결국 렝켄은 초록색으로 변해 버렸다.

> 이렇게 활용해 보세요

이야기를 바꿔서 내 마음대로 써 보는 시간이에요. '몸이 줄어드는 것'은 《이상한 나라의 앨리스》등 여러 판타지 소설에서 등장하는 소재랍니다. 아이들도 책에서 읽어 본 적이 있을 거예요.

환상성이 얼마든지 높아도 상관없으니 각자의 상상대로 이야기를 전개할 수 있어요. 기상천외하다기보다는 요상한 내용이 나올 가능성이 높지만, 아이들이 판타지를 써 본다는 것 자체가 중요해요.

책동아리 POINT

시간을 넉넉하게 주고 글이 완성되면 낭독회를 열어 보세요. 아이들마다 서로 많이 다른 글을 들으며 낄낄댈 수 있어요.

1. 장면의 느낌 묘사하기

렝켄이 빗물거리와 바람거리로 요정 프란치스카 프라게차익헨을 찾아가는 장면의 느낌은 어떤가요?
그 이유는 무엇일까요?

2. 대사 찾기

책을 보고 인물의 말을 찾아보세요.

렝켄과 부모님의 대화 중에서 가장 인상적인 말은 무엇인가요?

프프요가 렝켄에게 자주 했던 말버릇은 무엇인가요?

3. 이야기 꾸미기

'렝켄의 비밀' 부분에서 렝켄이 부모님의 말을 거역했을 때, 정말로 몸이 줄어들었다면 이야기의 결말이 어떻게 되었을까요? 상상해서 써 보세요. 판타지(환상) 동화에서는 어떤 일도 일어날 수 있어요!

로미오와 줄리엣

원제: Romeo and Juliet, 1999년, 원작 1597년

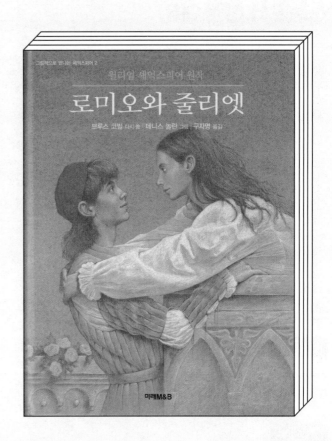

#비극 #사랑 #원수 #운명

원작 윌리엄 셰익스피어
편저 브루스 코빌
그림 데니스 놀란
옮김 구자명
출간 2002년
펴낸 곳 미래M&B(미래아이)
갈래 외국문학(희곡, 그림책)

이 책을 소개합니다

첫눈에 사랑에 빠진 로미오와 줄리엣이 집안끼리의 오랜 원한 관계 때문에 비극적인 운명을 맞는 슬픈 사랑 이야기입니다. 사랑을 시적이고 리듬감을 살린 대사로 그려 관객과 독자의 시선을 사로잡은 고전이에요. 이 책은 낭만적인 그림과 함께 어린이의 눈높이에 맞춰 새롭게 쓴 책이에요. 원작에 충실하면서도 누구나 쉽게 위대한 작가의 작품 세계에 다가갈 수 있도록 만들어졌어요. 어른들에게는 셰익스피어의 작품을 새롭게 감상할 수 있는 기회를 제공하고, 어린이들에게는 어린 나이에도 고전의 위대함과 아름다움을 만끽할 수 있도록 했어요.

이탈리아의 베로나에서 몬테규가와 캐플릿가 사람들은 오랜 세월 싸움을 벌여 왔어요. 몬테규 집안의 아들 로미오와 캐플릿 집안의 딸 줄리엣은 어느 날 밤 무도회에서 우연히 만나 사랑에 빠지고, 로렌스 신부의 도움으로 비

밀 결혼식을 올려요. 그러나 안타깝게도 로미오가 두 집안 사람들의 싸움에 휘말려 드는 바람에, 줄리엣의 사촌을 죽이고 추방을 당하지요. 이 소식에 절망한 줄리엣은 원치 않는 사람과의 결혼까지 강요받고요. 줄리엣은 신부님의 도움으로 로미오와 다시 만날 계획을 세우지만, 이들 앞엔 비극적인 운명이 기다리고 있습니다.

도서 선정 이유

만 7~8세 아이들이 셰익스피어를 읽을 수 있다면? 저는 이 가정을 현실로 만들어 주는 아름다운 그림책에 단박에 빠져들었어요. 아이들이 사랑 이야기, 그것도 비극을 접한다면 어떤 반응을 보일까 궁금했고요. 브루스 코빌은 셰익스피어 희곡의 특성을 고스란히 살려 그림책으로 바꿔 놓았어요. 그는 이 시리즈를 통해 언론으로부터 '우리가 여섯 살짜리에게 셰익스피어의 작품을 읽게 할 수 있다면 우리에게는 희망이 있다'라는 극찬을 받았답니다. 데니스 놀란은 이탈리아의 베로나 지방을 답사한 뒤 느낌이 살아 있는 낭만적인 그림을 선보였어요. 아이들이 다음번에 읽을 우리나라의 《동백꽃》그림책과 함께 이 고전을 읽으며 낭만주의자로 성장하길 기대했습니다.

함께 읽으면 좋은 책

비슷한 주제

○ 어린이 희곡: 돌 씹어 먹는 아이 | 송미경 글, 안경미 그림, 문학동네, 2019

같은 작가

○ 어린이를 위한 한여름 밤의 꿈 | 윌리엄 셰익스피어 원작, 로이스 버넷 글, 강현주 옮김, 찰리북, 2009
○ 셰익스피어: 한 권으로 읽는 위대한 이야기 12편 | 이안 엮음, 미래엔아이세움, 2019
○ 윌리엄 셰익스피어 | 믹 매닝 · 브리타 그랜스트룀 글 · 그림, 장미란 옮김, 시공주니어, 2019

※ 이 책은 현재 절판된 책이에요. 해당 책을 도서관이나 중고 서점에서 구할 수 있어요. 만약 구하지 못했을 경우에는 《어린이를 위한 로미오와 줄리엣》(로이스 버넷 지음, 강현주 옮김, 찰리북, 2009)이나 《로미오와 줄리엣》(서울대학교 아동문학연구회 편저, 마리 로즈 부아송 그림, 삼성출판사, 2018)으로 대체해 보세요.

문해력을 높이는 엄마의 질문

1. 작가와 장르 이해하기

《로미오와 줄리엣》은 셰익스피어가 쓴 희곡이에요. 원래 유럽에 있던 이야기를 바탕으로 지은 것이랍니다. 먼저 세계적으로 유명한 이 작가와 희곡이라는 문학 장르에 대해 알아봅시다.

이렇게 활용해 보세요

《로미오와 줄리엣》등 셰익스피어의 작품들이 초등학생을 위한 그림책으로 만들어져 이렇게 대문호의 고전을 읽을 수 있게 되었어요. 하지만 작가 셰익스피어나 희곡이라는 문학 장르에는 낯선 것이 당연해요. 모임을 시작하면서 간단히 설명해 주세요.

2. 인물 간 관계 나타내기

《로미오와 줄리엣》에 등장하는 인물들을 A3 용지에 붙이고, 어떤 사람인지 묘사해 보세요. 화살표와 선을 이용해 인물 간의 관계를 표시해 보세요.

이렇게 활용해 보세요

아이들이 가장 즐거워했던 독후 활동을 소개합니다. 인기 TV 드라마의 홈페이지를 방문하면 인물 관계도를 볼 수 있지요? 아이들이 고전을 읽고 인물들 간의 관계를 이해하여 도식으로 나타낼 수 있을지 시도했어요.

A4 용지의 두 배 크기인 A3 용지(저는 날짜 지난 달력 종이 뒷면을 재활용했어요)를 준비하고 그림책에 나온 주요 인물의 대표 삽화를 스마트폰으로 촬영해 편집했어요. 그림을 표의 칸마다 하나씩 집어넣고 이름도 같이 제시해 주었습니다. 라벨지에 출력해서 아이들이 스티커처럼 각 인물 그림을 떼어 내어 큰 종이에 붙이고, 선과 화살표를 그리며 이들 간의 관계를 나타낼 수 있도록 했습니다. 그림이 없는 인물은 재미 삼아 스스로 그려 보도록 했어요.

우리 책에서는 삽화를 제공할 수 없어서 직접 인물들을 그려 보는 것으로 활동을 수정했습니다. 그림을 그린 뒤 잘라서 뒤쪽의 종이에 붙여 인물 관계도를 완성할 수 있도록 도와주세요.

아무래도 주인공이자 두 가문의 갈등을 일으킨 로미오와 줄리엣을 중앙에 배치하는 게 좋겠죠?

인물 간의 관계를 이해한다는 것은 그렇게 단순하지 않아요. 이야기의 배경과 사건의 흐름, 주제까지 포괄적으로 이해해야 하기 때문이에요. 특정한 두 사람 사이의 일만 보지 않고 여러 인물을 아우르는 전체적인 조감을 해야 하고요.

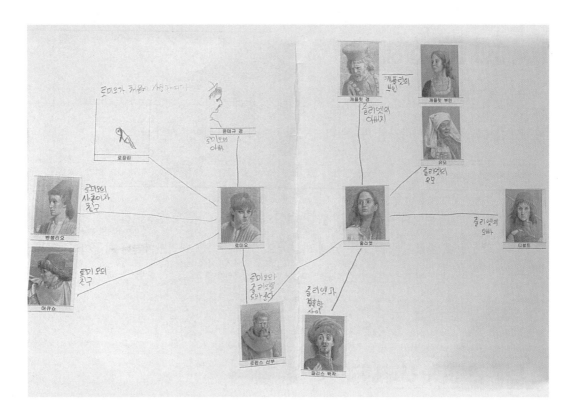

3. 희곡의 대사 바꿔 쓰기

- 이 책에 나오는 인물들이 하는 말은 어떤 느낌인가요?

  보통 때 사람들이 하는 말처럼 자연스럽지 않다. 오그라드는 느낌이다.

- 왜 그런 느낌이 든다고 생각하나요?

  연극에서 하는 말이라서 연기하듯이 과장되어야 하기 때문에

- 다음 대사를 바꾸어 써 보세요.

  - 로미오: "사랑은 한숨이 타오르면서 만들어내는 연기로다. 너무나 말짱한 정신으로 하는 미친 짓이고, 숨통을 틀어막는 쓴 약이로다."

    → 좋아하는 사람이 있으니까 마음이 너무 슬퍼. 이상한 행동을 하게 되고 어쩔 줄 모르겠어. 아, 미칠 것 같아!

- 줄리엣: "오, 독사의 심장을 가진 이여! 오, 천사의 얼굴을 한 악마여! 로미오, 당신은 겉모습과 어떻게 그리도 다른가요."

→ 로미오가 우리 오빠를 죽이다니! 착해 보이는 로미오가 그런 무시무시한 일을 저지르다니! 믿을 수 없어.

이렇게 활용해 보세요

이 책의 대화체는 분명 아이들에게 어색하게 느껴졌을 거예요. 셰익스피어 시대 희곡의 느낌을 살려서 옮겨졌기 때문이지요. 그런 특성을 발견하고 이해할 수 있는지 질문해 보았어요.

나아가 보통 동화나 소설의 대화체로 바꿀 수 있을지 시도했습니다. 장면의 내용을 이해한다면 쉽게 할 수 있을 거예요. 원래 대사에 포함되지 않은 내용도 넣으면서 자연스럽게 바꾸었어요. 아이들이 재미있어 한 활동입니다.

4. 결말 바꿔 쓰기

《로미오와 줄리엣》의 결말은 슬프지요? 대표적인 비극적 결말(Sad Ending)이랍니다. 만약 이 이야기가 행복하게 끝난다면 어떻게 되었을까요? 마음대로 상상해서 결말을 써 보세요.

아버지가 패리스 백작에게 약을 먹였다. 그래서 잠시 기절한 패리스 백작을 두고 로미오와 줄리엣을 구출했다. 아버지는 두 사람을 이해한 것이었다. 다른 가족들이 모두 용서하고 기다릴 때까지 당분간 멀리 떠나 살라고 했다. 로미오와 줄리엣은 배를 타고 다른 나라로 가서 결혼하고 행복하게 살았다.

이렇게 활용해 보세요

비극을 해피엔딩으로 바꿀 수 있을까요? 상상력을 발휘해서 로미오와 줄리엣을 살리고 행복하게 만들어 주기로 했어요. 공상 과학이나 판타지 같은 요소가 등장하기도 했답니다.

1. 작가와 장르 이해하기

《로미오와 줄리엣》은 셰익스피어가 쓴 희곡이에요. 원래 유럽에 있던 이야기를 바탕으로 지은 것이랍니다. 먼저 세계적으로 유명한 이 작가와 희곡이라는 문학 장르에 대해 알아봅시다.

윌리엄 셰익스피어(William Shakespeare, 1564~1616)

• 국적: 영국

• 주요 작품: 베니스의 상인, 햄릿, 맥베스, 로미오와 줄리엣, 리어왕, 오셀로, 말괄량이 길들이기, 헛소동 등(밑줄 그은 작품은 그의 4대 비극이에요.)

희곡(Drama)이란?

시, 소설, 비평과 함께 문학의 대표적인 장르로 무대 공연을 위해 쓰인 대본을 말합니다.

2. 인물 간 관계 나타내기

《로미오와 줄리엣》에 등장하는 인물들을 그린 뒤 가위로 오려 다음 활동지(278-279쪽)에 붙이고, 어떤 사람인지 묘사해 보세요. 화살표와 선을 이용해 인물 간의 관계를 표시해 보세요.

줄리엣	로미오	벤볼리오
머큐쇼	캐플릿 부인	유모
로렌스 신부	티볼트	캐플릿 경
패리스 백작	로잘린	몬테규 경

3. 희곡의 대사 바꿔 쓰기

이 책에 나오는 인물들이 하는 말은 어떤 느낌인가요?

왜 그런 느낌이 든다고 생각하나요?

다음 대사를 바꾸어 써 보세요.

• 로미오: "사랑은 한숨이 타오르면서 만들어내는 연기로다. 너무나 말짱한 정신으로 하는
미친 짓이고, 숨통을 틀어막는 쓴 약이로다."

→

• 줄리엣: "오, 독사의 심장을 가진 이여! 오, 천사의 얼굴을 한 악마여! 로미오, 당신은 겉모습
과 어떻게 그리도 다른가요."

→

《로미오와 줄리엣》 인물 관계도

275쪽에서 그린 인물 그림을 잘라 붙여 인물 관계도를 만들어 보세요.

4. 결말 바꿔 쓰기

《로미오와 줄리엣》의 결말은 슬프지요? 대표적인 비극적 결말(Sad Ending)이랍니다. 만약 이 이야기가 행복하게 끝난다면 어떻게 되었을까요? 마음대로 상상해서 결말을 써 보세요.

동백꽃

#이성 #첫사랑 #싸움 #농촌
#해학 #근대소설

글 김유정
그림 김세현
출간 2013년
펴낸 곳 미래엔아이세움
갈래 한국문학(사실주의 그림책)

 이 책을 소개합니다

작가 김유정이 1936년에 발표한 단편 소설이에요. 중학교 교과서에도 실린 명작을 초등학생도 쉽고 재미있게 읽을 수 있도록 그림책으로 꾸몄습니다. 가난하고 피폐한 농촌을 배경으로 하면서도 유머를 잃지 않아요.

가난한 산골 마을의 조숙한 소녀와 어수룩한 소년의 첫사랑 이야기지요. 점순이와 나, 두 주인공만 등장해요. 두 인물의 심정을 대변해 주는 닭들이 나오고요. 매섭고 적극적인 점순이처럼 점순이의 닭도 공격적이고, 왜 당하는 지조차 모른 채 싸우는 소년네 수탉은 딱 주인을 닮았습니다. 1930년대 강원도의 정겨운 사투리와 감칠맛 나는 속어, 입말체의 문장이 읽는 재미를 줍니다. 마름과 소작인의 삶 등, 어린이들이 당시 시대상을 느껴 볼 수 있어요.

그림 작가 김세현은 배경을 생략하고 인물의 표정과 행동, 닭을 강조하는 과감한 구도 위에 분채 가루를 아교에 섞은 선명한 색을 입혀 역동적인 그림을 완성했어요. 배경은 주인공들의 감정 변화에 따라 연노랑에서 점점 짙고 강렬한 색으로 변화합니다.

도서 선정 이유

근대 소설을 어린이를 위한 그림책으로 만날 수 있어서 놀랐어요. 원전의 향기를 그대로 살린 글과 개성 있는 그림에 반했고요. 권말에 김서정 아동문학가의 작품 해설과 작가 소개, 사투리 해설까지 상세해서 문학 교육적 가치도 있는 책입니다. 《로미오와 줄리엣》에 이어 한국의 명작을 함께 읽으면서 아이들이 로맨티스트로 자라길 기대해 봅니다.

함께 읽으면 좋은 책

비슷한 주제

○ 사슴과 구름 | 박영주 글 · 그림, 아띠봄, 2019

○ 아홉 살 첫사랑 | 히코 다나카 글, 요시타케 신스케 그림, 유문조 옮김, 위즈덤하우스, 2017

○ 구비구비 사투리 옛이야기 | 노제운 글, 이승현 그림, 해와나무, 2019

○ 교과서 속 나무꽃 이야기 | 이선희 · 유은상 · 현상섭 글, 학지사, 2012

○ 우리 학교 뜰에는 무엇이 살까? | 손옥희 · 최향숙 · 이숙연 글 · 그림, 청어람미디어, 2012

같은 작가

○ 천하대장군이 된 꼬마 장승 | 노경실 글, 김세현 그림, 두레아이들, 2018

○ 해룡이 | 권정생 글, 김세현 그림, 창비, 2017

○ 아기 장수의 꿈 | 이청준 글, 김세현 그림, 낮은산, 2016

○ 엄마 까투리 | 권정생 글, 김세현 그림, 낮은산, 2008

○ 준치 가시 | 백석 글, 김세현 그림, 창비, 2006

※ 이 책은 현재 절판된 책이에요. 해당 책을 도서관이나 중고 서점에서 구할 수 있어요. 만약 구하지 못했을 경우에는 《동백꽃》(김유정 원저, 최승랑 그림, 산책, 2020)으로 대체해 보세요.

문해력을 높이는 엄마의 질문

1. 인물 비교 분석하기

《동백꽃》의 두 인물을 비교하여 분석해 봅시다. 점순과 '나'는 어떤 점이 비슷하고, 어떤 점이 다른가요?

점순	나
• 17살 • 마름의 딸 • '나'를 좋아함 • 적극적임 • 조숙함	• 17살 • 소작농의 아들 • 점순을 두려워함 • 소심함 • 순진하고 어리숙함

이렇게 활용해 보세요

이 책의 두 주인공은 어떤 인물인지 표를 활용해 분석합니다.

둘은 동갑내기라는 유사점이 있으나, 성격 면에서는 크게 달라 대조하기 좋아요. 대비되는 면이 둘 중 한쪽에서 빠졌다면 질문을 해서 생각해 보도록 도와주세요. 정성을 더 들이고 싶다면 사진으로 두 인물의 얼굴 그림을 따서 활동지에 넣어 주세요.

책동아리 POINT

나는 생각하지 못했지만 친구가 생각한 것을 존중하고, 수용해서 내 것으로 만들 수 있도록 도와주세요.

2. 사물의 특징 파악하고, 작품의 소재 알기

동백꽃과 생강꽃이에요. 두 꽃을 비교해 보세요.

동백꽃	생강꽃
• 아름다운 꽃 • 빨간색 • 11~3월 (겨울)에 핀다. • 따뜻한 남쪽 지방에 핀다(경남, 부산, 전남, 제주 등). • 잎은 진한 초록색이다. • 꽃송이가 통째로 떨어진다. • 동백열매를 짜서 기름으로 쓴다.	• 아름다운 꽃 • 노란색 • 3월부터(봄) 핀다. • 강원도에서 '동백꽃'이라 불린다. • 잎은 연한 녹회색이다. • 산수유와 비슷하다. • 생강나무에서 피는데 잎과 가지에서 생강 냄새가 난다. (진짜 생강 아님) • 9월에 검은 콩 같은 열매가 열리는데, 짜서 기름으로 쓴다. (그래서 동백꽃이라 불렸다고 한다.)

이렇게 활용해 보세요

위에서 인물을 분석할 때 쓴 표를 다시 한번 활용했어요. 이 작품의 제목인 '동백꽃'에 대해 정확하게 알기 위해서요. 소설《동백꽃》하면 어른들도 남부지방에서 볼 수 있는 빨간 겨울 꽃을 생각하기 쉽지요. 책을 꼼꼼하게 읽어야 봄에 피는 꽃임을, 노란색 꽃임을 알 수 있어서 '이상하네' 하고 생각하게 돼요. 이 작품의 배경인 강원도에서 생강나무꽃을 동백꽃이라 부르기 때문에 그렇답니다.

두 꽃에 대해 아이들이 잘 모를 테니, 아예 인터넷 검색 기능을 동원해 보세요. 믿을 만한 자료를 찾는 것도 정보 문해(information literacy) 측면에서 중요한 연습이에요. 꽃 이름의 유래나 지역의 방언에 대해서도 알 수 있는 기회입니다.

3. 낱말의 뜻 추측하며 읽기

이 책에는 뜻을 몰라서 어렵게 느껴지는 낱말이 많았지요? 아직 의미를 모르는 낱말이 있어도 글의 내용을 추측하며 읽을 수 있답니다. 다음 문장이 어떤 뜻일지 추측해 보세요. 그리고 실제 단어의 뜻을 찾아서 정확한 뜻으로 다시 써 보세요. 둘의 차이가 큰가요?

- 암탉이 풍기는 서슬에 나의 이마빼기에다 물찌똥을 찍 갈겼는데
  - 나의 추측: 암탉이 나의 이마에다 물똥을 쌌는데
  - 정확한 뜻: 암탉이 푸드득 날면서 나의 이마에다 묽은 똥을 쌌는데

- 이렇게 되면 나도 다른 배채를 차리지 않을 수 없다.
  - 나의 추측: 이런 상황이면 나도 자존심을 차릴 수 밖에 없다.
  - 정확한 뜻: 이런 상황이면 나도 다른 꾀를 내지 않을 수 없다.

- 다시 면두를 쪼니, 그제서는 감때사나운 그 대강이에서도 피가 흐르지 않을 수 없다.
  - 나의 추측: 다시 얼굴을 쪼니까 사나운 그 대가리에서도 피가 흐르지 않을 수 없다.
  - 정확한 뜻: 다시 볏을 쪼니 사나운 그 대가리에서도 피가 흐르지 않을 수 없다.

이렇게 활용해 보세요

제가 어학연수를 갔던 시절에 소설책을 읽으며 영어 공부를 하는데, 선생님이 사전을 못 찾게 해서 아주 답답했던 적이 있어요. 유창한 읽기를 위해서는 맥락을 활용해 모르는 단어의 의미를 추측하며 읽는 연습이 필요하다고 하더라고요. 한글로 된 책을 읽을 때도 늘 일어나는 일입니다. 옛말이나 방언이 많이 등장하는 고전을 읽으려면 더하겠지요.

이 책에는 친절하게도 향토어 어휘 목록이 실려 있어요. 덕분에 사전을 일일이 찾지 않고 부록을 활용해 활동을 진행할 수 있었지요. 하지만 국어사전을 활용하는 연습도 조만간 꼭 해 보세요.

아이들은 의외로 자신의 추측이 통했다는 느낌을 받으며 읽기에 자신감 있는 독자가 될 거예요.

1. 점순 vs. 나 [인물 비교 분석하기]

《동백꽃》의 두 인물을 비교하여 분석해 봅시다. 점순과 '나'는 어떤 점이 비슷하고, 어떤 점이 다른가요?

점순	나

2. 동백꽃? 생강꽃! [사물의 특징 파악하고, 작품의 소재 알기]

동백꽃과 생강꽃이에요. 두 꽃을 비교해 보세요.

동백꽃	생강꽃

3. 낱말의 뜻 추측하며 읽기

이 책에는 뜻을 몰라서 어렵게 느껴지는 낱말이 많았지요?
아직 의미를 모르는 낱말이 있어도 글의 내용을 추측하며 읽을 수 있답니다. 다음 문장이 어떤 뜻일지
추측해 보세요.
그리고 실제 단어의 뜻을 찾아서 정확한 뜻으로 다시 써 보세요. 차이가 큰가요?

- 암탉이 풍기는 서슬에 나의 이마빼기에다 물찌똥을 찍 갈겼는데

  나의 추측

  정확한 뜻

- 이렇게 되면 나도 다른 배채를 차리지 않을 수 없다.

  나의 추측

  정확한 뜻

- 다시 면두를 쪼니, 그제서는 감때사나운 그 대강이에서도 피가 흐르지 않을 수 없다.

  나의 추측

  정확한 뜻

글짓기 시간

원제: La Composición, 2001년

#군부 독재 #반독재 #감시 #칠레

글 안토니오 스카르메타
그림 알폰소 루아노
옮김 서애경
출간 2003년
펴낸 곳 미래엔아이세움
갈래 외국문학(사실주의 그림책)

 이 책을 소개합니다

칠레 군부 독재 정권 아래의 시대적 정황을 열 살 어린이의 눈으로 담아낸 책이에요. 주인공 페드로는 또래들과 축구하는 것을 가장 좋아하고, 가죽 축구공을 갖는 게 소원인 평범한 아이입니다. 어느 날, 페드로는 친구 다니엘의 아버지가 독재에 반대했다는 이유로 군인들에게 잡혀 가는 것을 목격해요. 저녁마다 '독재 타도'란 말이 흘러나오는 라디오 방송에 귀 기울이는 부모님 역시 독재를 반대한다는 걸 눈치 채고 고민에 빠집니다.

학교에 찾아온 군인들이 아이들에게 글짓기를 시키는데, 제목이 '우리 식구가 밤마다 하는 일'이라네요. 페드로는 동심마저 정치적으로 이용하는 대장의 간계를 알아채고는, 반짝이는 재치로 위기를 벗어나는 글짓기를 마칩니다. 아주 평범한 제목과 주인공 뒤에 반전이 있는 이야기이지요. 아슬아슬하게 전개되는 이야기는 암담함 속에서도 희망을 이야기합니다. 기지를 발휘해 가정을 지켜 내는 어린이가 바로 미래의 희망이니까요.

도서 선정 이유

이 책은 2003년 유네스코 아동문학상 수상작이에요. 어린아이가 부모를 감시해야 하고, 부모가 어디론가 끌려가는 모습을 지켜보아야 하는 상황을 통해, 작가는 자유를 강탈한 독재 정권이 역사를 얼마나 비참하게 만들고 인간성을 황폐하게 만들어 나가는지를 섬세하게 보여 줍니다.

칠레에서는 1973년의 군사 쿠데타 이후 17년 동안 군부 독재가 이루어졌고, 정치적 이유로 목숨을 잃은 이들이 3천 명이 넘는다고 해요. 이 책은 독재하에서 자유를 꿈꾸는 칠레인의 모습을 구체적이지만 절제된 문장으로 묘사합니다. 학교에서 아직 역사를 배우지 않은 2학년 아이들도 이 그림책을 통해 다른 나라의 과거라는 시공간을 어렵지 않게 이해할 수 있어요. 내가 경험하지 않은 시대와 사건이지만, 지구 반대편에서 분명히 일어났던 일을 담은 사실주의 문학을 읽으며 사회를 배울 수 있습니다.

함께 읽으면 좋은 책

비슷한 주제

○ 독재란 이런 거예요 | 플란텔 팀 글, 미켈 카살 그림, 김정하 옮김, 배성호 추천, 풀빛, 2017

○ 울지 마, 레몬트리 | 일리아 카스트로 글, 바루 그림, 김현아 옮김, 한울림어린이, 2019

○ 수탉과 독재자 | 카르멘 애그라 디디 글, 유진 옐친 그림, 김경희 옮김, 길벗어린이, 2018

○ 독재자 프랑코: 잊혀진 독재자의 놀라운 이야기 | 치모 아바디아 글·그림, 유 아가다 옮김, 지양어린이, 2018

○ 아빠의 봄날 | 박상률 글, 이담 그림, 휴먼어린이, 2011

※ 이 책은 현재 절판된 책이에요. 해당 책을 도서관이나 중고 서점에서 구할 수 있습니다.

문해력을 높이는 엄마의 질문

1. 인물을 한 문장으로 묘사하기

《글짓기 시간》의 주인공 페드로는 어떤 아이인가요? 한 문장으로 묘사해 보세요.

몸집은 작지만 머리가 좋고 발도 빠른 소년이다.

이렇게 활용해 보세요

사람을 한 문장으로 설명하기는 참 어려워요. 그래서 일상생활에서는 그럴 일이 별로 없지만, 책의 주인공을 어떻게 파악했는지 문장으로 나타내 보도록 해요. '책을 읽지 않은 친구에게 소개한다면?'처럼 질문해 주세요. 외양, 행동 특성, 성격 등 중심적인 특징으로 구성하면 되겠지요.

2. 주제 반영하여 개념 정의하기

내가 이해한 '독재'란 어떤 뜻인가요? 정의를 내려 보세요.

혼자서만 마음대로 나라를 지배하는 것

이렇게 활용해 보세요

이 책의 주제와 관련된 추상적인 개념을 아이들은 어떻게 이해할까요? 알고 있는 어휘를 이용해서 어려운 개념의 의미를 풀어 쓰는 활동이에요. 2학년생의 인지 수준에 맞으면 되니 사전적 정의와 일치할 필요는 없어요. 단, 너무 단순하거나 잘못된 개념일 때는 바로잡아 주세요.

3. 중심 내용 이해하기

• 군인들이 학교에 와서 글짓기 시간을 만든 이유는 무엇일까요?

가족들이 밤에 하는 일을 순진한 아이들에게 알아내려고

- 페드로가 쓴 글을 읽고 어떤 느낌이 들었나요?

군인들한테 걸릴까 봐 두근두근했는데 솔직하게 쓰지 않아서 안심이 되었다.

- 페드로가 쓴 글에 거짓말이 있었나요? 무엇이었나요?

밤에 부모님들과 체스를 둔다고 하였다.

이렇게 활용해 보세요

책 제목이 《글짓기 시간》이어서 학교에서 흔히 경험할 수 있는 학습 활동에 대한 이야기로 예상하기 쉽지만, 내용은 전혀 다르지요. 반전의 내용을 제대로 이해하여 말로 표현할 수 있을지 알아보기 위해 질문했어요.

4. 뒷이야기 상상해서 써 보기 심화

《글짓기 시간》이 어떤 이야기로 끝나면 좋겠나요? 뒷이야기를 상상해서 써 보세요.

독재 군인들이 떠나고 다니엘 아빠는 집에 돌아왔다. 동네 사람들이 마음 편히 잘살게 되어 마트가 대박이 났다. 그래서 경비행기를 사서 행복하게 여행을 간다. 페드로는 새로 산 체스판으로 아빠, 엄마랑 진짜로 열심히 체스를 두어서 학교 체스왕이 된다. 그래서 체스대회 우승상품으로 가죽 축구공을 받는다.

이렇게 활용해 보세요

이야기를 어떻게 끝맺고 싶은지 이야기 나누었어요. 자신의 생각을 짧게 글로 나타내었고요. 대부분 행복한 결말을 떠올리지만, 아이에 따라서 다소 진지하지 않게 접근하는 경우도 있을 거예요. 책의 내용에 등장한 소재를 활용하는 것은 좋은 생각이지요.

책동아리 POINT

친구는 나랑 어떻게 다른 생각을 했는지 들어 보면서 마무리해요.

소리 내어 읽기 대회

책을 소리 내어 읽으면 우리 뇌가 발달하고 튼튼해진답니다. 평소에 책을 읽을 때 소리 내어 읽기도 하나요? 소리 내어 읽는 방법을 추천합니다! 고학년이 되거나 어른이 되어서도 자주 소리 내어 읽어 보는 게 좋아요.

한 명씩 제시된 글을 1분 동안 읽어 보세요.

수상 부문

- 빠른 머리 상 – 빠르고 유창하게 읽은 친구
- 부드럽게 술술 상 – 막힘없이 유창하게 읽은 친구
- 또박또박 아나운서 상 – 분명한 발음으로 읽은 친구
- 느낌 살려 읽기 상 – 글의 내용을 잘 살린 어조로 읽은 친구

지도 팁

초등 저학년 때는 소리 내어 읽기의 효과가 매우 클 시기예요. 읽기 유창성 발달은 해독뿐 아니라 이해력의 향상에도 이바지한답니다. 또박또박 틀리지 않으면서도 빠르게 읽을 수 있는 능력은 국어뿐 아니라 다른 과목의 학업성취도와도 높은 상관관계가 있어요.

가끔은 소리 내어 책 읽는 연습을 할 수 있도록 읽기 대회를 열었어요. 2~3주 전에 미리 알려 주고 혼자서 자주 소리 내어 읽어 보라고 권유했어요.

저는 표준화 검사인 BASA(Basic Academic Skill Assesment) 읽기 유창성 검사를 활용했지만, 보통 어린이책으로 해도 돼요. 아이들마다 다른 쪽을 읽으면 좋고요. 1분간 몇 음절을 틀리지 않고 읽었는지 확인하면 됩니다.

모든 아이가 상을 받았어요. 책갈피, 형광펜 같은 문구류와 함께 '축하합니다' 카드 안에 작은 상장을 붙여 주었어요. 별것 아니지만 아이의 자존감과 읽기 동기를 높여 줍니다.

빠른 머리 상

이름:

위의 어린이는 책동아리에 성실하게 참여하여 대단한 발전을 이루었습니다.
또한 제 회 소리 내어 읽기 대회에서 가장 빠르고 유창하게 읽었으므로 이 상을 수여합니다.

20 년 월 일

부드럽게 술술 상

이름:

위의 어린이는 책동아리에 성실하게 참여하여 대단한 발전을 이루었습니다.
또한 제 회 소리 내어 읽기 대회에서 가장 막힘없이 유창하게 읽었으므로 이 상을 수여합니다.

20 년 월 일

또박또박 아나운서 상

이름:

위의 어린이는 책동아리에 성실하게 참여하여 대단한 발전을 이루었습니다.
또한 제 회 소리 내어 읽기 대회에서 가장 분명한 발음으로 읽었으므로 이 상을 수여합니다.

20 년 월 일

느낌 살려 읽기 상

이름:

위의 어린이는 책동아리에 성실하게 참여하여 대단한 발전을 이루었습니다.
또한 제 회 소리 내어 읽기 대회에서 글의 내용을 가장 잘 살려 읽었으므로 이 상을 수여합니다.

20 년 월 일

1. 페드로는 어떤 친구? 인물을 한 문장으로 묘사하기

《글짓기 시간》의 주인공 페드로는 어떤 아이인가요? 한 문장으로 묘사해 보세요.

2. 독재란 무엇일까? 주제 반영하여 개념 정의하기

내가 이해한 '독재'란 어떤 뜻인가요? 정의를 내려 보세요.

3. 중심 내용 이해하기

군인들이 학교에 와서 글짓기 시간을 만든 이유는 무엇일까요?

페드로가 쓴 글을 읽고 어떤 느낌이 들었나요?

페드로가 쓴 글에 거짓말이 있었나요? 무엇이었나요?

4. 뒷이야기 상상해서 써 보기

《글짓기 시간》이 어떤 이야기로 끝나면 좋겠나요? 뒷이야기를 상상해서 써 보세요.

그게 만약 너라면

원제: Bully, 2012년

#친구 관계 #따돌림
#사이버 폭력 #배려 #사랑

글·그림 패트리샤 폴라코
옮김 강인경
출간 2014년
펴낸 곳 베틀북
갈래 외국문학(사실주의 동화)

 ## 이 책을 소개합니다

초등학생의 휴대전화, 노트북 사용이 많아지면서 문제가 되는 사이버 폭력을 주제로 한 이야기예요. 전학생 라일라는 공부와 운동 뭐든지 잘하는 아이입니다. 이 학교에서는 벨라, 엘렌, 티나 삼총사가 인기가 많아요. 라일라는 곧 벨라와 어울리게 되지만, 벨라가 친구들에게 악성 댓글을 다는 모습을 보고 벨라를 피하기 시작해요. 그러자 벨라와 다른 학생들은 라일라에게 사이버 폭력을 퍼붓지요. 시험지 도둑으로까지 몰린 라일라는 이제 어떤 선택을 해야 할까요?

작가 패트리샤 폴라코는 요즘 아이들이 겪고 있는 사이버 폭력의 심각성을 사실적이면서도 긴장감 넘치게 들려주고, 열린 결말을 던져 이 문제를 함께 고민하게 합니다. 이 책의 주요 인물들처럼 여자 아이들만의 문제가 아니므로 다 함께 생각해 봐야 해요.

도서 선정 이유

이 책은 현재 우리나라 초등학교에서도 일어나고 있는 사이버 폭력 문제를 현실적으로 다루고 있어요. 제목처럼 이 이야기는 "그게 만약 너라면 어떻게 하겠니?"라는 질문으로 끝나요. 온라인 교육이 일반화된 요즘, 친구 관계와 새로운 유형의 학교 폭력, 온라인에서의 태도, 디지털 리터러시에 대해 미리 생각하고 준비할 수 있게 해 주는 책이에요.

아이들이 유아기부터 그림책으로 많이 만나 보았을 작가 패트리샤 폴라코는 20여 년간 여러 학교에서 아이들을 만난 경험을 바탕으로 이 이야기를 썼어요. 작가는 디지털 미디어 사용을 막는 것 같은 어른들의 단순한 해결책은 사이버 폭력을 해결해 주지 않는다고 말합니다. 가장 현실적인 해결책은 아이들이 다양한 대처 방법 중에서 나라면 무엇을 선택할지, 나만의 새로운 방법은 없을지를 고민하는 과정인 셈입니다.

함께 읽으면 좋은 책

비슷한 주제

○ 꼼짝 마! 사이버 폭력 | 떼오 베네데띠·다비데 모로지노또 글, 장 끌라우디오 빈치 그림, 정재성 옮김, 마음이음, 2018

○ 13일의 단톡방 | 방미진 글, 국민지 그림, 신나민 감수, 상상의집, 2020

○ 단톡방 귀신 | 제성은 글, 지우 그림, 마주별, 2019

○ 유튜브 탐구생활 | 연유진 글, 윤유리 그림, 풀빛, 2020

같은 작가

○ 할머니의 선물 | 패트리샤 폴라코 글·그림, 김상미 옮김, 베틀북, 2014

○ 추 선생님의 특별한 미술 수업 | 패트리샤 폴라코 글·그림, 천미나 옮김, 책과콩나무, 2013

○ 꿈꾸는 레모네이드 클럽 | 패트리샤 폴라코 글·그림, 김정희 옮김, 베틀북, 2008

문해력을 높이는 엄마의 질문

1. 인물 파악하기

- 《그게 만약 너라면》의 주인공 라일라는 어떤 소녀인가요? 한 문장으로 묘사해 보세요.

  공부도 잘하고 운동도 잘하는 소녀이다.

- 벨라, 엘렌, 티나 삼총사는 어떤 아이들인가요?

  반에서 제일 잘 나가지만 성격이 못된 아이들이다.

- 벨라, 엘렌, 티나 삼총사는 왜 라일라를 친구로 받아들였을까요?

  라일라 역시 인기가 많은 아이니까 자기들 그룹에 들어와야 한다고 생각했을 것이다.

> 이렇게 활용해 보세요

주인공을 간결하게 묘사해 보았어요. 읽은 내용으로부터 독자가 받은 인상을 나타내면 됩니다. 두 번째 질문은 주변 인물들을 유형화하는 질문이에요. 끝으로 더 나아가 그들의 행동을 설명하는 시도를 해 보았습니다. 모두 정답은 없어요. 수용할 수 있는 범위 안의 대답이면 됩니다.

2. 감정 이해하기

- 시험지를 훔친 누명을 쓰고 집단 따돌림을 당한 라일라의 마음은 어땠을까요?

  당황스럽고 억울하고 속상했을 것이다. 화가 났을 수도 있다.

- 내가 만약 라일라라면? 내가 만약 제이미라면? 내가 만약 이 학교의 다른 학생 중 한 명이라면? 하나를 골라 나라면 어떻게 행동했을지 생각해서 써 보세요.

  내가 만약 라일라라면 마음을 굳게 먹을 것이다. 나쁜 아이들은 신경 안 쓰고, 내 결백을 증명할 것이다. 그러면 좋은 친구들은 다시 돌아올 것이다.

등장인물의 감정이 어땠을까 공감해 보는 활동이에요. 이 질문에 대답하기 위해 함께 해당 장면을 다시 읽어 봐도 좋겠어요. 상황에 맞는 정서를 추론하여 여러 낱말로 표현합니다. 그리고 여러 인물 중 하나를 골라 자신이 그 입장이 된다면 어떨지 질문해 보세요.

책동아리 POINT

동아리 친구들이 다양한 경우를 나누어 고를 수 있도록 하면 좋을 것 같아요. 왜 그렇게 행동하려고 하는지 이유를 설명해 달라고 해 주세요.

3. 신문 기사 읽고 주제 확장하기 심화

이 책의 영문 제목은 《Bully》라고 해요. '약자를 괴롭히다. 왕따시키다, 약자를 괴롭히는 사람'이라는 뜻이에요.

• 다음 기사를 읽고 잘 모르는 낱말이나 표현에 형광펜으로 줄을 그어 보세요. 무슨 뜻일지 함께 얘기해 보아요.

• 학생들이 또래들끼리 사이버 괴롭힘을 하는 까닭은 무엇이라고 생각하나요?

• 우리 학교의 학생들 간에 사이버 괴롭힘이 일어나지 않게 하려면 어떻게 해야 할까요?

이렇게 활용해 보세요

이 책의 내용과 연결될 수 있는 신문 기사를 찾았어요. 2학년생들에게는 신문 기사를 읽고 이해하는 것이 어려울 거예요. 전반적인 내용 중에 중요한 내용을 이해하는 데에 목적을 두고 천천히 읽습니다. 궁금한 단어는 질문하게 해 주세요. 아이들은 사이버불링, 실태, 유출, 가해, 사회관계망서비스, 애착, 신뢰 등의 단어를 어려워했어요. 이해하기 쉬운 말로 뜻을 말해 주고 예문을 만들어 주면 좋아요.

"조사에 참여한 학생들 중에 피해자가 많아, 가해자가 많아?", "남학생과 여학생은 어떤 차이를 보였대?", "사이버불링을 본 학생들은 주로 어떻게 행동한대?"와 같은 질문을 차례로 해서 이해를 도와줄 수 있습니다.

기사를 읽고 맥락을 이해하게 되었을 거예요. 사이버 괴롭힘의 원인은 무엇일지 질문했더니 생각보다 다양한 의견이 나왔어요. 마지막으로 이 문제를 해결할 수 있는 방안을 아이들 수준에서 함께 생각해 보았어요. '악플'로 예를 들면서 이야기 나누면 진행이 잘될 거예요.

1. 인물 파악하기

《그게 만약 너라면》의 주인공 라일라는 어떤 소녀인가요? 한 문장으로 묘사해 보세요.

벨라, 엘렌, 티나 삼총사는 어떤 아이들인가요?

벨라, 엘렌, 티나 삼총사는 왜 라일라를 친구로 받아들였을까요?

2. 내가 만약 라일라라면? 감정 이해하기

시험지를 훔친 누명을 쓰고 집단 따돌림을 당한 라일라의 마음은 어땠을까요?

내가 만약 라일라라면? 내가 만약 제이미라면? 내가 만약 이 학교의 다른 학생 중 한 명이라면?
하나를 골라 나라면 어떻게 행동했을지 생각해서 써 보세요.

3. 사이버 괴롭힘 `신문 기사 읽고 주제 확장하기`

이 책의 영문 제목은 《Bully》라고 해요. '약자를 괴롭히다. 왕따시키다, 약자를 괴롭히는 사람'이라는 뜻이에요.

• 다음 기사를 읽고 잘 모르는 낱말이나 표현에 형광펜으로 줄을 그어 보세요. 무슨 뜻일지 함께 얘기해 보아요.

"청소년 10명 중 3명 사이버 괴롭힘 겪어"
한국청소년정책연구원 실태 조사

청소년 10명 가운데 3명은 사이버불링(괴롭힘)을 당해봤다는 조사 결과가 나왔다. 한국청소년정책연구원이 전국 중·고등학생 4천 명을 대상으로 조사하여 17일 발표한 '2014 한국청소년 사이버불링 실태조사'에 따르면 중·고등학생의 27.7%가 "사이버불링 피해를 당한 경험이 있다"고 답했다. 피해 유형별로는 '온라인상 개인정보 유출'(12.1%)이 가장 많았고, '온라인게임을 통한 괴롭힘'(10.2%)이 뒤를 이었다. 반대로 응답자의 19.4%는 "사이버불링 가해 경험이 있다"라고 답했다.

성별에 따라서는 남학생들은 주로 온라인 게임 도중 괴롭힘을 당한 경우가 많았고, 여학생들은 사회관계망 서비스(SNS) 활용에서 피해당한 사례가 많았다. 사이버불링과 가족 관계의 측면에서는 사이버불링을 겪은 학생 집단이 그렇지 않은 집단보다 부모에 대한 애착과 신뢰가 낮게 나타났다. 사이버불링을 목격했을 때의 행동을 물은 결과 응답자의 절반(52.2%)이 "그냥 상황을 지켜봤다"고 답했다. 경찰에 신고하거나(2.2%) 교사에게 알리는 경우(3.0%)는 극히 드물었다.

(서울=연합뉴스) 이상현 기자

ⓒ 연합뉴스

• 학생들이 또래들끼리 사이버 괴롭힘을 하는 까닭은 무엇이라고 생각하나요?

• 우리 학교의 학생들 간에 사이버 괴롭힘이 일어나지 않게 하려면 어떻게 해야 할까요?

도서관에서 3년

#도서관 #독서 #인생훈
#만남 #극복

글 조성자
그림 이영림
출간 2013년
펴낸 곳 미래엔아이세움
갈래 한국문학(판타지 동화)

📖 이 책을 소개합니다

껄끄러운 친구랑 마주치지 않으려고 도서관 사물함 속에 숨었다가 감기약 기운 때문에 잠이 든 상아는 밤새 도서관에 갇히고 말았어요. 탈출이 어렵자 절망하다가 "바꿀 수 없을 땐 차라리 그 환경을 즐기라"는 할머니의 말씀을 떠올리고 생각의 전환을 하게 됩니다. 지난 3년간 읽었던 책 속의 주인공들을 만나게 되고요.

《안네의 일기》에 나오는 안네의 집으로 시간 여행을 하고, 감옥에 갇힌 소크라테스 할아버지와의 만남을 통해 조언을 얻고, 백남준 아저씨께 상상력에 날개를 다는 방법도 배웁니다. 다음 날 아침에 출근한 사서 선생님과 부모님을 만나면서 이야기는 끝이 나요. 상아는 도서관에서의 하룻밤을 통해 트라우마도 극복하고 성장한 모습을 보여 줍니다.

도서 선정 이유

단순히 독서를 강조하는 이야기가 아니어서 아이들이 마음 편히 즐겁게 읽을 책이에요. 저와 이 책을 함께 쓴 정수정 사서 선생님은 퇴근하려고 초등학교 도서관의 문을 닫을 때마다 혹시나 서가 사이 구석진 곳에서 책 읽기에 빠져 있거나 잠든 아이가 있을까 봐 도서관 구석구석을 살핀대요. 즉, 판타지 동화이지만 이 책의 발단이 허무맹랑한 설정이 아니어서 흥미를 느끼게 됩니다.

이 책은 아이가 자라면서 무수히 겪게 될 난처한 상황에서 슬기롭게 대처해 나가는 지혜를 알려 줍니다. 독서를 하면 많은 인물을 만날 수 있고, 시간이 한참 지나도 지혜가 남게 된다는 교훈도 찾을 수 있어요. '세상 모든 것에 호기심을 가져야 한다', '생각이 자유로우면 답답하지 않다'와 같은 구절은 가슴에 남을 명언이 되겠어요.

함께 읽으면 좋은 책

시리즈

○ 화장실에서 3년 | 조성자 글, 이영림 그림, 미래엔아이세움, 2010

○ 기차에서 3년 | 조성자 글, 이영림 그림, 미래엔아이세움, 2015

○ 비행기에서 3년 | 조성자 글, 이영림 그림, 미래엔아이세움, 2019

비슷한 주제

○ 밤의 도서관 | 데이비드 젤처 글, 라울 콜론 그림, 김정용 옮김, 아트앤아트피플, 2020

○ 도서관 | 사라 스튜어트 글, 데이비드 스몰 그림, 지혜연 옮김, 시공주니어, 1998

○ 도서관 아이 | 채인선 글, 배현주 그림, 한울림어린이, 2010

○ 나는 도서관입니다 | 명혜권 글, 강혜진 그림, 노란돼지, 2021

○ 나랑 도서관 탐험할래? | 나탈리 다르장 글, 야니크 토메 그림, 이세진 옮김, 라임, 2019

같은 작가

○ 1분 동생 | 조성자 글, 심윤정 그림, 아이앤북, 2019(개정판)

○ 호철이 안경은 이상해 | 조성자 글, 정승희 그림, 시공주니어, 2020

○ 썩 괜찮은 별명 | 조성자 글, 송혜선 그림, 미래엔아이세움, 2017

문해력을 높이는 엄마의 질문

1. 세부 정보 기억하기

《도서관에서 3년》을 꼼꼼하게 읽었나요? 이 책의 주인공 차상아의 어머니, 아버지의 직업은 각각 무엇인가요?

　어머니 - 피아노 선생님 / 아버지 - 약사

이렇게 활용해 보세요

　　책을 읽을 때 중심적인 줄거리를 따라 이해하는 것이 가장 중요하지만, 그러느라 디테일에는 관심조차 두지 않는 아이들도 있어요. 본인은 속독을 한다고 생각하지만 그야말로 책을 대충 읽는 것이죠. 가끔은 책 읽는 습관을 점검하기 위해 세부적인 내용을 묻는 기습 질문도 도움이 됩니다.

2. 문장 뜯어보기

상아가 도서관에서 잠이 깬 다음 장면이에요. 이 문장이 어색하게 느껴지나요? 왜 그런지 생각해 봅시다.

> **'나는 나쁜 생각을 털어 내려는 듯 얼른 도서관 입구로 달려갔다.'**

이렇게 활용해 보세요

　　가끔은 책에 쓰인 한 문장을 두고 분석하고 이야기 나눌 수 있어요. 문법적으로 옳지 않은 비문이나 표현이 어색한 문장, 또는 이 책의 예처럼 이야기를 풀어나가는 서술자의 시점이 흔들리는 것처럼 보이는 문장, 꼭 필요한 내용이 생략되어 의미가 불분명한 문장, 문학적으로 근사한 문장 등등 다양하게 골라 집중하면 좋아요.

　　이 책은 1인칭 주인공 시점으로 쓰인 책인데 한 문장 안에 마치 나를 관찰하는 것처럼 서술된 부분("나는 나쁜 생각을 털어내려는 듯")이 섞여 있기 때문에 어색하게 느껴질 거예요.

3. 글의 형식 이해하기: 액자식 구성

이 책에 들어 있는 다른 책 이야기들은 무엇인가요?

안네의 일기, 소크라테스

이렇게 활용해 보세요

활동지에 액자식 구성이 무엇인지에 대한 짧은 설명을 제시했어요. 도서관을 배경으로 하는 이야기이고, 책 속에 여러 책이 등장하니 이러한 형식에 대한 설명이 필요하니까요.

4. 수집한 정보 요약하기

이 책을 읽고《안네의 일기》의 주인공 안네에 대해 알게 된 것을 써 보세요.

유대인 소녀이다.

독일군을 피해 가족들과 숨어 산다.

숨어 있으면서 일기를 썼다.

이렇게 활용해 보세요

이야기책을 읽으면서 정보를 수집할 수 있어요. 이야기 속의 이야기에서 알게 된 안네에 대해 정리해 봅니다. 세 가지 정도로 추리게 했는데, 더 많이도 가능해요. 하지만 단편적인 정보를 반복하지 않고 정리할 수 있게 해 주세요. 예를 들면, '소녀이다. 청소년이다. 유대인이다.'라는 세 가지 내용은 '유대인 소녀이다'라고 요약되니까요.

5. 독서 경험 돌아보기

상아가 만난 도서관 친구들 중에서 지금까지 나도 읽었던 책의 인물이 있다면 이름을 써 보세요. 모두 몇 명인가요?

이렇게 활용해 보세요

책이 많이 등장하는 책이니 그중에 내가 읽어 본 책도 있을 테지요. 그런 책을 만나면 뿌듯함을 느낄 수 있을 거예요. 특히 책동아리에서 같이 읽은 책이라면 더하지 않을까요?

여기서는 읽은 책의 제목 말고, 인물의 이름을 써 보도록 했어요. 아이마다 다를 수 있지요. 누가 많이 찾았나 따지며 재미있어할 거예요.

6. 사전에서 단어 찾기

이 책에 나왔던 다음 낱말들은 무슨 뜻일까요? 뜻을 추측해 보고 돌아가면서 사전을 찾는 연습을 해 봅시다.

단어	사전 뜻풀이	찾는 데 걸린 시간
	짧은 글 짓기	
섬뻑	어떤 일이 행하여진 후 곧바로	초
	큰 소리에 섬뻑 주저앉았다.	
너스레	남의 마음을 끌려고 떠벌려 늘어놓은 말	초
	엄마에게 용돈을 받으려고 너스레를 떨었다.	
항거하다	어떤 일에 맞서 뜻을 굽히지 않고 버티거나 싸우는 것	초
	유관순은 일본에게 만세로 항거했다.	
어룽지다	흐릿하면서도 고르지 않은 점이나 무늬가 생기는 것	초
	주스를 쏟은 얼룩이 어룽졌다.	
통박	몹시 날카롭고 매섭게 따지고 공격함	초
	형사가 용의자를 통박하며 물었다.	

이렇게 활용해 보세요

아이들이 일상에서 자주 접하는 단어는 자연스럽게 습득이 됩니다. 하지만 연령이 올라갈수록 더 많고 어려운 단어들을 만나게 되지요. 독서는 어휘력을 넓힐 수 있는 가장 좋은 방법입니다.

책에서 모르는 단어가 나왔을 때 글의 맥락을 활용해 의미를 추측해서 읽는 것은 좋아요. 하지만 거기서 끝내는 게 아쉬울 때도 있답니다. 3, 4학년 때는 학교 수업에서도 사전 찾기를 다루더라고요. 그래서 오늘은 이 책에서 나온 낯선 단어들을 몇 개 뽑아 사전찾기 놀이를 해 보았습니다. 익숙하지 않은 행동이니 시간을 재면 더 몰입할 거라고 생각했어요. 2학년 아이들이 가나다순 원칙을 적용해서 단어 한 개를 찾는 데 보통 40~80초 정도까지 걸리더군요.

정의를 기록하고, 짧은 문장에 넣어 예문을 만들게 했어요. 이렇게 예시문을 지으면 단어의 의미를 더 잘 이해하고 기억할 수 있게 된답니다.

1. 정독 테스트 세부 정보 기억하기

《도서관에서 3년》을 꼼꼼하게 읽었나요? 이 책의 주인공 차상아의 어머니, 아버지의 직업은 각각 무엇인가요?

> 어머니

> 아버지

2. 문장 뜯어 보기

상아가 도서관에서 잠이 깬 다음 장면이에요.
이 문장이 어색하게 느껴지나요? 왜 그런지 생각해 봅시다.

> '나는 나쁜 생각을 털어 내려는 듯 얼른 도서관 입구로 달려갔다.'

3. 글의 형식 이해하기: 액자식 구성

액자식 구성이란?
사진이나 그림이 액자 속에 담겨 있는 것처럼, 전달하고자 하는 이야기를 다른 이야기 속에 집어넣어 표현하는 것이에요. 하나의 이야기 속에 또 하나의 이야기가 들어 있는 구성이지요. 이야기의 핵심 내용인 내부 이야기(안-이야기)와 이를 둘러싸고 있는 외부 이야기(겉-이야기)로 나눌 수 있어요.

• 이 책에 들어 있는 다른 책 이야기들은 무엇인가요?

4. 안네는 누구? 수집한 정보 요약하기

이 책을 읽고 《안네의 일기》의 주인공 안네에 대해 알게 된 것을 써 보세요.

5. 내가 책으로 만난 사람들 독서 경험 돌아보기

상아가 만난 도서관 친구들 중에서 지금까지 나도 읽었던 책의 인물이 있다면 이름을 써 보세요(87쪽).
모두 몇 명인가요?

> ### 상아가 만난 사람들
> 안네, 피터, 소크라테스, 백남준, 윤동주, 유관순, 찰리(찰리와 초콜릿 공장), 에밀(에밀은 사고뭉치), 렝켄(마법의 설탕 두 조각), 강아지(강아지똥), 건우(나쁜 어린이 표), 하영(벌렁코 하영이), 은지(엄마 몰래), 트리샤(선생님, 고맙습니다)

• 내가 책으로 만난 사람들:

총   명

6. 사전에서 단어 찾기

이 책에 나왔던 다음 낱말들은 무슨 뜻일까요? 뜻을 추측해 보고 돌아가면서 사전을 찾는 연습을 해 봅시다.

단어	사전 뜻풀이 짧은 글 짓기	찾는 데 걸린 시간
섬뻑		초
너스레		초
항거하다		초
어룽지다		초
통박		초

돈잔치 소동

#돈 #책임 #별명

글 송언
그림 윤정주
출간 2009년
펴낸 곳 문학동네
갈래 한국문학(사실주의 동화)

📖 이 책을 소개합니다

　수표를 가진 윤지가 친구들에게 돈을 주고 심부름을 시키거나 그냥 나눠 주면서 돈 잔치를 벌였다네요. 아이들의 일기를 통해 그 사실을 알게 된 털보 선생님은 충격을 받고 아이들에게 돈이란 무엇인지 따끔하게 일러 주리라 마음먹어요. 별명만큼이나 개성도 가지가지인 아이들은 선생님이 묻는 말에 또박또박 고하기도 하고, 공짜로 돈을 주는데 안 받는 바보가 어디 있냐며 따져 묻기도 해요. 선생님은 돈을 받은 아이들에게 내일까지 모두 돈을 돌려주라고 하셨지요.

　3학년 1반 사고뭉치들은 궁리를 거듭해요. 심심해서 돈을 나눠 주었던 윤지도 친구들과 더불어 자신이 한 행동에 대해 나름대로 대가를 치릅니다. 돈을 한 푼 두 푼 모으는 과정을 통해 아이들은 돈이 가진 여러 얼굴과 마주하게 됩니다.

 ## 도서 선정 이유

  초등 교사였던 작가의 동심 이해가 뛰어나 등장인물이 모두 살아 숨 쉬는 듯 유쾌하고 귀여워요. 아이들이 벌이는 소동이 재미있는 동시에, 돈이라는 주제를 꽤 진지하게 탐색합니다. 삶의 수단인 돈에 대해 어떠한 생각과 태도를 갖고, 돈을 어떻게 사용해야 하는지 생각해 볼 기회가 될 거예요. 우리의 사소한 행동이 가져올 수 있는 결과에 대해서도 알 수 있고요. 부모에게는 아이를 바라보는 가치관과 양육 방식을 되돌아보게 해 주는 책입니다. 2, 3학년에게 적합해요. 동화 내용에 학년이 명시되면 그보다 높은 학년의 독자에게는 인기가 없답니다.

 ## 함께 읽으면 좋은 책

비슷한 주제

○ 초등학생을 위한 똑똑한 돈 설명서 | 라슈미 시르데슈판드 글, 애덤 헤이즈 그림, 이하영 옮김, 솔빛길, 2021

○ 돈 이야기: 우리 아이 첫 경제 책 | 마틴 젠킨스 글, 기타무라 사토시 그림, 고정아 옮김, 제제의숲, 2020

○ 돈이 뭐예요? | 하이디 피들러 글, 브렌던 키어니 그림, 안지선 옮김, 봄볕, 2020

○ 어쩌다 돈 소동 | 제성은 글, 이희은 그림, 개암나무, 2018

○ 돈은 어디에서 자랄까? | 라우라 마스카도 글, 칸델라 페란데스 그림, 김유경 옮김, 생각의날개, 2020

○ 10원으로 배우는 경제이야기 | 미셸 르뒤크·나탈리 토르지만 글, 이브 칼라르누 그림, 조용희 옮김, 영교출판, 2002

○ 욕심 한 보따리 웃음 한 보따리 돈 이야기 | 박영란 글, 이규옥 그림, 미래아이, 2013

○ 돈이 머니? 화폐 이야기 | 파스칼 에스텔롱 글·그림, 허보미 옮김, 톡, 2011

같은 작가

○ 콩쥐팥쥐전·장화홍련전: 송언 선생님의 책가방 고전 10 | 송언 글, 양상용 그림, 조현설 해제, 파랑새, 2020

○ 토끼전·옹고집전: 송언 선생님이 챙겨 주신 저학년 책가방 고전 4 | 송언 글, 홍선주 그림, 조현설 해제, 파랑새, 2017

○ 선생님, 우리 집에도 오세요 | 송언 글, 김유대 그림, 창비, 2017

문해력을 높이는 엄마의 질문

1. 토론 이해하기

토론이란, 어떤 문제(주제)에 대해 여러 사람이 각각 의견을 말하며 논의하는 것을 말해요.

- 찬성과 반대의 입장으로 나뉘어 근거를 들면서 서로의 입장과 주장을 논리적으로 펼치는 말하기예요.
- 서로 말하는 순서나 시간을 규칙으로 지켜야 해요.
- 사회자가 있는 경우가 많아요.
- 가장 중요한 것은 상대의 말을 잘 들어야 한다는 것이랍니다!

이렇게 활용해 보세요

　　2학년이라 학교에서도 토론 경험이 없기 쉬워요. 일단 토론이 무엇인지부터 이야기해 주고 아이들의 이해 정도를 살폈어요. 방법까지는 정확히 몰라도 토론이 무엇인지는 대강 이해하고 있더라고요.

2. 이야기 내용으로 토론하기

《돈잔치 소동》을 읽고 토론을 해 봅시다. 책에서 본 다음의 각 사건(주제)에 대해 나는 어떻게 생각하는지 써 보고 친구들과 토론해 보아요.

- 주제 1: 한수연이 일기에 이윤지의 돈잔치 소동에 대해 써서 선생님께 알린 일
- 주제 2: 3학년 1반 아이들이 특징별로 여러 별명으로 불리는 것
- 주제 3: 털보 선생님이 이윤지의 돈잔치 소동을 해결하는 방법
- 주제 4: 김 태권소녀의 어머니가 만 원을 주시며 대신 만 원어치 공부를 하라고(수학 점수 10점을 올리라고) 하시는 것
- 주제 5: 황 고집불통이 이윤지에게 돈을 안 갚겠다고 하는 태도
- 주제 6: 이윤지가 황 고집불통에게 오천 원을 주며 갚는 척해 달라고 한 것

주제 1	한수연이 일기에 이윤지의 돈잔치 소동에 대해 써서 선생님께 알린 일
나의 첫 생각	내가 한수연이라면 일기에 그 내용을 안 썼을 것이다. 어쩌면 나도 혼났을 수도 있다. 그리고 일기에 쓰는 것은 직접 말씀드리는 것에 비해 비겁해 보인다.
다른 친구들의 의견	한수연이 일기에 안 썼으면 더 큰 문제가 되었을 수도 있어서 잘한 일 같다. 선생님이 일기를 보셔서 다행이다.
토론 후 달라진 나의 생각	결과적으로는 잘된 일이지만 일기에 안 쓰고 선생님께 가서 말씀드리는 게 더 나았을 것 같다.

이렇게 활용해 보세요

책에서 다양한 장면을 뽑았어요. 그 사건에 대해 아이들이 어떻게 생각했는지 느낌을 말할 수 있고, 논란이 있을 만하거나 일상적으로 경험하기 쉽지 않은 장면들이에요.

읽었을 때 들었던 생각을 먼저 준비한 뒤, 친구들은 어땠는지 돌아가며 이야기 나누었어요. 그런 과정을 통해 처음의 내 생각이 강화될 수도 있고 조금 변할 수도 있어요. 대부분 토론 후 달라진 생각이 '없다'고 했지만 바뀐 경우도 나타나 흥미로웠어요. 그런 경우에 더 집중해 주세요.

일반적인 토론처럼 찬성과 반대로 명확하게 나뉘는 주제는 아니지만, 초보 토론자들이 다루어 보기 무난한 방식이었어요. 딱딱하고 어려운 주제가 아니고 책에서 본 사건을 가지고 이야기 나눠서 좋았던 것 같아요.

1. 토론이란 무엇일까? 토론 이해하기

토론이란, 어떤 문제(주제)에 대해 여러 사람이 각각 의견을 말하며 논의하는 것을 말해요.

- 찬성과 반대의 입장으로 나뉘어 근거를 들면서 서로의 입장과 주장을 논리적으로 펼치는 말하기 예요.
- 서로 말하는 순서나 시간을 규칙으로 지켜야 해요.
- 사회자가 있는 경우가 많아요.
- 가장 중요한 것은 상대가 말을 잘 들어야 한다는 것이랍니다!

2. 토론 연습해 보기

《돈잔치 소동》을 읽고 토론을 해 봅시다. 책에서 본 다음의 각 사건(주제)에 대해 나는 어떻게 생각하는지 써 보고 친구들과 토론해 보아요.

주제 1	한수연이 일기에 이윤지의 돈잔치 소동에 대해 써서 선생님께 알린 일
나의 첫 생각	
다른 친구들의 의견	
토론 후 달라진 나의 생각	

주제 2	3학년 1반 아이들이 특징별로 여러 별명으로 불리는 것
나의 첫 생각	
다른 친구들의 의견	
토론 후 달라진 나의 생각	

주제 3	털보 선생님이 이윤지의 돈잔치 소동을 해결하는 방법
나의 첫 생각	
다른 친구들의 의견	
토론 후 달라진 나의 생각	

주제 4	김 태권소녀의 어머니가 만 원을 주시며 대신 만 원어치 공부를 하라고(수학 점수 10점을 올리라고) 하시는 것
나의 첫 생각	
다른 친구들의 의견	
토론 후 달라진 나의 생각	

주제 5	황 고집불통이 이윤지에게 돈을 안 갚겠다고 하는 태도
나의 첫 생각	
다른 친구들의 의견	
토론 후 달라진 나의 생각	

주제 6	이윤지가 황 고집불통에게 오천 원을 주며 갚는 척해 달라고 한 것
나의 첫 생각	
다른 친구들의 의견	
토론 후 달라진 나의 생각	

톰 소여의 모험

원제: Adventures of Tom Sawyer, 1876년

#우정 #모험 #성장

글 마크 트웨인
편저 서울대학교 아동문학연구회
그림 아멜리 팔리에르
출간 2018년
펴낸 곳 삼성출판사
갈래 외국문학(소설)

이 책을 소개합니다

　《톰 소여의 모험》은 미국 문학의 아버지로 추앙받는 마크 트웨인의 대표작으로, 1876년 출간 이후 한 번도 절판된 적이 없는 세계적인 스테디셀러예요. 작가 자신이 실제로 겪거나 친구들에게 들은 경험담을 바탕으로 이 모험담을 생생하게 엮어 냈다고 해요.

　공상을 좋아하는 악동 톰은 미시시피 강 기슭의 시골 마을 세인트 피터스버그에서 이모, 이복동생 시드와 함께 살아요. 톰은 담에 페인트칠을 하는 싫증나는 일을 재미나다는 듯이 해 보여서 다른 아이들에게 대신 시키고, 태양이 내리쬐는 대자연의 강과 숲을 배경으로 허크와 해적놀이를 하며, 살인 사건에 개입하여 범인을 잡고 동굴의 보물찾기에도 나섭니다. 한편으로 톰은 한눈에 반한 베키에게 적극적으로 마음을 표현하고 질투하고 화를 내는 등

감성적이기도 해요. 조용한 마을을 시끄럽게 만드는 천방지축 톰을 어른들이 곱게 볼 리 없지만, 그런 시선을 이겨 내고 스스로 친구를 사귀고 위기를 극복하기도 하며 즐겁고 꿋꿋하게 자신의 삶을 살아갑니다. 허클베리 핀을 사람들 속으로 데리고 나와 함께 하는 삶을 살아 보도록 권유하기도 하지요.

📖 도서 선정 이유

마크 트웨인의 작품이 '미국의 국민문학'으로 평가받는 까닭은 영국 문학의 전통에서 벗어나 새로운 주제와 소재를 끌어들이고 미국식 구어체까지 담아 미국 문학의 새로운 전통을 확립하여 헤밍웨이를 포함한 후대 작가들에게 큰 영향을 미쳤기 때문이래요. 그의 대표적 작품을 어린이용 각색판으로 좀 일찍 만나 볼 수 있겠다 싶었어요. 어른에겐 추억을 소환할 수 있는 기회가 될 거고요. 물론 원작을 바꾸는 것은 독서의 측면에서 위험할 수도 있어요. 그래서 문장의 수준을 잘 평가하여 고른 책을 아이들에게 읽혀야 합니다. 여러 버전을 비교해 보세요.

모험이 사라진 시대에 사는 아이들이 톰 소여의 이야기를 읽고 설레는 마음을 느낄 수 있기를 바랐어요. 길이가 꽤 있는 책이지만 한 호흡에 읽을 수 있을 만큼 흥미진진할 거예요. 여름방학 때 읽어도 제맛이고요. 하룻밤 분량으로 나누어 자기 전에 읽어 주셔도 좋을 것 같아요. 아이가 좀 더 커서 완역본으로 다시 읽을 기회가 생기기를 바랍니다.

📖 함께 읽으면 좋은 책

비슷한 주제

○ 모험 이야기: 한 권으로 읽는 흥미진진한 모험담 12편 | 이안 엮음, 곽진영 외 그림, 미래엔아이세움, 2020

○ 웨이싸이드 학교 별난 아이들 | 루이스 새커 글, 김영선 옮김, 김중석 그림, 창비, 2006

○ 너는 어떻게 학교에 가? | 미란다 폴·바트스트 폴 글, 이사벨 무뇨즈 그림, 오필선 옮김, 한겨레아이들, 2019

○ 에밀의 325번째 말썽 | 아스트리드 린드그렌 글, 비에른 베리 그림, 햇살과나무꾼 옮김, 논장, 2018

○ 느릅나무 거리의 개구쟁이들 | 필리파 피어스 글·그림, 햇살과나무꾼 옮김, 논장, 1998

같은 작가

○ 허클베리 핀의 모험 | 마크 트웨인 글, 에밀리 라페르 그림, 서울대학교 아동문학연구회 엮음, 삼성출판사, 2018

문해력을 높이는 엄마의 질문

1. 주인공 평가하기

《톰 소여의 모험》은 소년 톰이 겪은 일들을 꾸며 쓴 소설이에요. 주인공 톰이 어떤 인물이고, 왜 그렇게 생각하는지 써 보세요.

내가 생각하는 톰은 겁이 별로 없는 개구쟁이다.

왜냐하면 모험을 좋아하고 장난을 많이 치기 때문이다.

이렇게 활용해 보세요

주인공 톰에 대해 전반적으로 어떻게 평가할 수 있는지 이야기 나눕니다. 자신의 생각에 대한 이유도 타당하게 말해요.

2. 사건 요약하기

첫 장 '개구쟁이 톰'에서 동네 친구들이 톰 대신 울타리에 페인트칠을 하게 되죠. 어떻게 된 일인지 사건을 요약해서 써 보세요.

톰은 울타리를 칠하는 일을 해야 했지만 따분하고 힘들었다. 그래서 꾀를 내어 페인트칠이 재미있고 대단한 일인 것처럼 떠벌렸다. 그러자 친구들이 앞다투어 페인트칠을 하게 되었다.

이렇게 활용해 보세요

하나의 에피소드를 간단히 요약하는 활동이에요. 눈에 드러나는 측면과 그 뒷면에 숨은 배경까지 나타낼 수 있어야 하는 것이 포인트예요. 서너 문장으로 꼭 필요한 내용을 다 담을 수 있게 지도해 주세요.

3. 사건 골라 평가하기

	이 책에서 가장 이상했던 사건은 무엇인가요? 그 사건에 대한 생각을 한 문장으로 써 보세요.	이 책에서 가장 무서웠던 사건은 무엇인가요? 그 사건에 대한 생각을 한 문장으로 써 보세요.
사건	톰이 베키한테 약혼하자며 입맞춤을 한 것	동굴에서 인디언 조가 죽는 장면
생각	어린 아이들이라 실제 같지 않았다.	사람이 죽는 장면이라 좀 놀랐지만 그렇게 무섭지는 않았다.

이렇게 활용해 보세요

　이야기에 포함된 여러 사건들 중에 기억에 남는 장면을 골라 얘기해요. 평소 처럼 그냥 '인상적인 장면'을 꼽으라고 하기보다는 '흥미로운, 이상한, 무서운, 의외의'처럼 색다른 수식어를 붙여 주면 오히려 더 쉬워져요.

　한 장면을 골라 간단히 묘사하고, 그 부분에서 느낀 점을 표현합니다. 아이들마다 다양한 장면이 나온다면 더 좋지요.

4. 후속작 소개하기

　여러분이 읽은 책은 마크 트웨인이 쓴 《톰 소여의 모험》의 분량을 줄이고 쉬운 표현으로 바꾸어 쓴 거예요. 고학년이 되면 원본을 그대로 번역한 《톰 소여의 모험》과 함께 《허클베리 핀의 모험》도 꼭 읽어 보세요. 이 후속작에서는 허크가 주인공이랍니다.

이렇게 활용해 보세요

　아동기에 읽은 책이 원본이 아니라는 걸 모르는 경우가 많아요. 성장해서 원본을 읽으면 또 다른 느낌을 얻게 되지요.

　작가 마크 트웨인에 대한 정보와 함께 《허클베리 핀의 모험》을 소개했어요. 책동아리를 통해 많은 책에 대한 정보를 나누고 읽기 동기를 높일 수 있답니다.

1. 내가 생각하는 톰은 [주인공 평가하기]

《톰 소여의 모험》은 소년 톰이 겪은 일들을 꾸며 쓴 소설이에요. 주인공 톰이 어떤 인물이고, 왜 그렇게 생각하는지 써 보세요.

2. 사건 요약하기

첫 장 '개구쟁이 톰'에서 동네 친구들이 톰 대신 울타리에 페인트칠을 하게 되죠. 어떻게 된 일인지 사건을 요약해서 써 보세요.

3. 이상한 사건, 무서운 사건 [사건 골라 평가하기]

	이 책에서 가장 이상했던 사건은 무엇인가요? 그 사건에 대한 생각을 한 문장으로 써보세요.	이 책에서 가장 무서웠던 사건은 무엇인가요? 그 사건에 대한 생각을 한 문장으로 써보세요.
사건		
생각		

4. 후속작 소개하기

여러분이 읽은 책은 마크 트웨인이 쓴 《톰 소여의 모험》의 분량을 줄이고 쉬운 표현으로 바꾸어 쓴 거예요. 고학년이 되면 원본을 그대로 번역한 《톰 소여의 모험》과 함께 《허클베리 핀의 모험》도 꼭 읽어 보세요. 이 후속작에서는 허크가 주인공이랍니다.

○ **톰 소여의 모험** | 마크 트웨인 글, 도널드 매케이 그림, 지혜연 옮김, 시공주니어, 2004
○ **허클베리 핀의 모험** | 마크 트웨인 글, 도널드 매케이 그림, 김경미 옮김, 시공주니어, 2008

마법 학교 대소동 1: 구구단을 외쳐라!

원제: Das magische Mal: Chaos in der Zauberschule, 2014년

#구구단 #곱셈 #수수께끼 #마법

글·그림 이나 크라베
옮김 김완균
감수 계영희
출간 2022년(개정판)
펴낸 곳 찰리북
갈래 외국문학(판타지 동화)

이 책을 소개합니다

이 책은 곱셈을 어려워하는 아이들을 위한 수학 동화로, 빗자루를 타고 마법학교에 가는 세 아이가 함께 수수께끼를 풀며 자연스럽게 구구단을 배우는 이야기입니다. 카라추바 마법학교 2학년인 엘마와 한스, 클라리사는 마법의 주문 시간에 구구단을 배워요. 셋이 도서관 벽 틈새에서 발견한 오래된 마법의 석판은 아이들이 수수께끼를 모두 풀면 멋진 마법을 보여 주고, 포기하거나 실패하면 큰 벌을 주겠다고 하네요. 마법 석판은 아이들이 마법의 구구단을 외울 때마다 박쥐, 생쥐, 양, 돼지들이 나타나게 하는 소동을 일으켜요. 그 와중에 50년 전 어린 학생이었던 그림발디 교장 선생님이 이 석판으로 똑같이 소란을 일으켰던 사실이 밝혀집니다. 마법 감독위원회가 이 일을 조사한 후, 학교 폐쇄 결정이 내려져요. 그러나 한스의 기지로 오해가 풀리고, 아이들은 교장 선생님의 도움을 받아 끝까지 마법의 석판 수수께끼를 다 풀게 됩니다.

도서 선정 이유

　　마법학교의 주인공들과 동급생인 아이들이 아주 재미있게 볼 만한 수학 관련 이야기책이에요. 마침 구구단이 중요할 때이니 이왕이면 쉽고 재미있게 배우는 게 좋겠지요. '스토리텔링 수학'이라는 이름 아래 다양한 수학 그림책/동화들이 출간되었지만 대부분은 그림책의 형식을 빌린 학습서더라고요. 이야기와 문학성은 그다지 중요하지 않은……. 그래서 부모님이 잘 보고 선택하셔야 해요. 이야기가 탄탄하면서도 재미있고, 수학 개념이 그 안에 자연스럽게 녹아 있는 책이 좋답니다. 이 책은 10단까지 구구단을 다루며 곱셈의 원리를 잘 보여 줘요. 문장제 문제와 비슷한 수수께끼가 이야기를 풀어 가는 중요한 소재이고요.

함께 읽으면 좋은 책

시리즈

○ 숫자 먹는 괴물 세상의 숫자를 빨아들여라! | 이나 크라베 글·그림, 김완균 옮김, 찰리북, 2016

비슷한 주제

○ 떡장수 할머니와 호랑이는 구구단을 몰라 | 이안·한지연 글, 김준영 그림, 동아엠앤비, 2020(개정판)

○ 셜록 본즈와 함께하는 곱셈구구 수학 추리 모험 | 조니 막스 글, 존 빅우드 그림, 황혜진 옮김, 사파리, 2020

○ 신통방통 곱셉구구 | 서지원 글, 조현숙 그림, 좋은책어린이, 2010

○ 신기한 열매 | 안노 미쓰마사 글·그림, 박정선 옮김, 김성기 감수, 비룡소, 2001

○ 항아리 속 이야기 | 안노 미쓰마사 글·그림, 박정선 옮김, 비룡소, 2001

○ 곱셈 마법에 걸린 나라 | 팜 캘버트 글, 웨인 지헨 그림, 박영훈 옮김, 주니어김영사, 2019(개정판)

○ 구구단 모험 미로 | 이토 다쓰야 글·그림, 최윤영 옮김, 상수리, 2016

○ 구구단도 몰라?! | 스테파니 블레이크 글·그림, 김영신 옮김, 한울림어린이, 2019

문해력을 높이는 엄마의 질문

1. 책 소개하는 글 쓰기

《마법 학교 대소동 1: 구구단을 외쳐라!》를 재미있게 읽었나요? 이 책을 읽지 않은 친구에게 어떻게 간단히 소개할 수 있을까요? 다음 질문에 답해 보고 소개글을 네 문단으로 써 보세요.

- 클라리사와 한스는 어떤 아이들인가요? (관계, 학교, 학년 등)
- '마법의 구구단 주문'이란 무엇인가요?
- 마법 석판을 쓰면 어떤 일이 벌어지나요?
- 주인공 아이들은 어떻게 학교를 구했나요?

《마법 학교 대소동 1: 구구단을 외쳐라!》라는 책을 소개할게. 이 책의 주인공은 클라리사, 한스, 엘마야. 카라추바 학교에 다니는 2학년 학생들이지. 이중에서 클라리사와 한스는 쌍둥이 남매야.

이 아이들이 시베리우스 선생님께 마법의 구구단 주문을 배우게 돼. 그 주문은 구구단을 한 단씩 외울 때마다 뭔가 신기한 게 나오는 마법이야. 예를 들면, 두꺼비나 부엉이 같은 것들이지.

하지만 마법의 석판을 쓰면 더 엄청난 일이 벌어져. 석판이 내는 수학 수수께끼를 풀면 빛이 나면서 증폭 마법이 일어나는 현상이야. 하지만 문제를 못 풀면 용서받지 못하지.

결국 학교가 폐쇄될 위기에 처해. 하지만 삼총사가 지혜를 발휘해서 위기를 넘겨. 그리고 마지막 수수께끼는 교장 선생님과 풀어서 100개의 케이크로 파티를 하게 돼.

이렇게 활용해 보세요

책의 줄거리 요약도 재미있는 형식으로 해 볼 수 있어요. 먼저 읽은 독자로서 내 친구에게 내용을 소개하는 방식으로요. 마치 편지처럼 진짜 친구에게 말하듯이 써 보게 했어요.

꼭 들어가야 할 중심 내용을 빠뜨리지 않기 위해 질문부터 했습니다. 이 질문에 대한 답을 활용해 문단을 완성하면 자연스럽게 전체 줄거리가 요약될 수 있도록요. 각 문단에 들어가는 문장은 힌트가 될 수 있도록 미리 제시했어요. 이 문장과 잘 어울리는 내용으로 글을 이어 나가면 됩니다.

글을 길게 쓰는 것도 나쁘지는 않지만, 요약이니 효과적이어야 해요. 중요하지 않은 상세한 내용은 과감히 빼는 연습이 필요합니다.

이런 글은 학급문집이라든가 학급별 인터넷 모임, 교실 뒤 게시판 같은 곳에 게시할 수 있으면 좋겠어요. 글쓰기 능력도 쑥쑥 커지는 실제적인 글이고, 친구들의 읽기 동기도 높여 줄 테니까요.

2. 시처럼 주문 만들기

1~10단 중에서 마음에 드는 곱셈 구구 한 단을 고르세요. 이 책의 주문을 바꾸어 나만의 마법 구구단 주문을 만들어 보세요. 주문이 통하면 무엇이 등장하나요?

이렇게 활용해 보세요

이 책의 내용과 딱 맞는 시 쓰기 활동이에요. 구구단의 한 단을 골라 형식을 갖추고, 뭔가 독특한 것이 등장하게 하는 주문을 쓰는 거예요. 신비스럽거나 다소 무서운 내용이 될 가능성이 높겠지요?

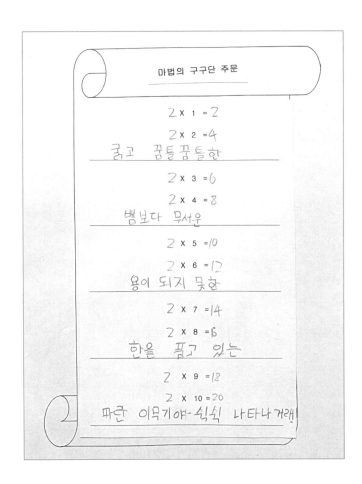

1. 이 책을 소개할게 책 소개하는 글 쓰기

《마법 학교 대소동 1: 구구단을 외쳐라!》를 재미있게 읽었나요? 이 책을 읽지 않은 친구에게 어떻게 간단히 소개할 수 있을까요? 다음 질문에 답해 보고 소개글을 네 문단으로 써 보세요.

- 클라리사와 한스는 어떤 아이들인가요? (관계, 학교, 학년 등)
- '마법의 구구단 주문'이란 무엇인가요?
- 마법 석판을 쓰면 어떤 일이 벌어지나요?
- 주인공 아이들은 어떻게 학교를 구했나요?

우리 반 친구들에게

　　《마법 학교 대소동 1: 구구단을 외쳐라!》라는 책을 소개할게. 이 책의 주인공은 ＿＿＿＿＿

＿＿＿

＿＿＿

　　이 아이들이 시베리우스 선생님께 마법의 구구단 주문을 배우게 돼. 그 주문은 ＿＿＿＿＿

＿＿＿

＿＿＿

　　하지만 마법의 석판을 쓰면 더 엄청난 일이 벌어져. ＿＿＿＿＿＿＿＿＿＿＿＿＿＿＿＿＿＿

＿＿＿

＿＿＿

　　결국 학교가 폐쇄될 위기에 처해. ＿＿＿＿＿＿＿＿＿＿＿＿＿＿＿＿＿＿＿＿＿＿＿＿＿＿＿

＿＿＿

2. 나만의 마법 구구단 주문 [시처럼 주문 만들기]

1~10단 중에서 마음에 드는 곱셈 구구 한 단을 고르세요. 이 책의 주문을 바꾸어 나만의 마법 구구단 주문을 만들어 보세요. 주문이 통하면 무엇이 등장하나요?

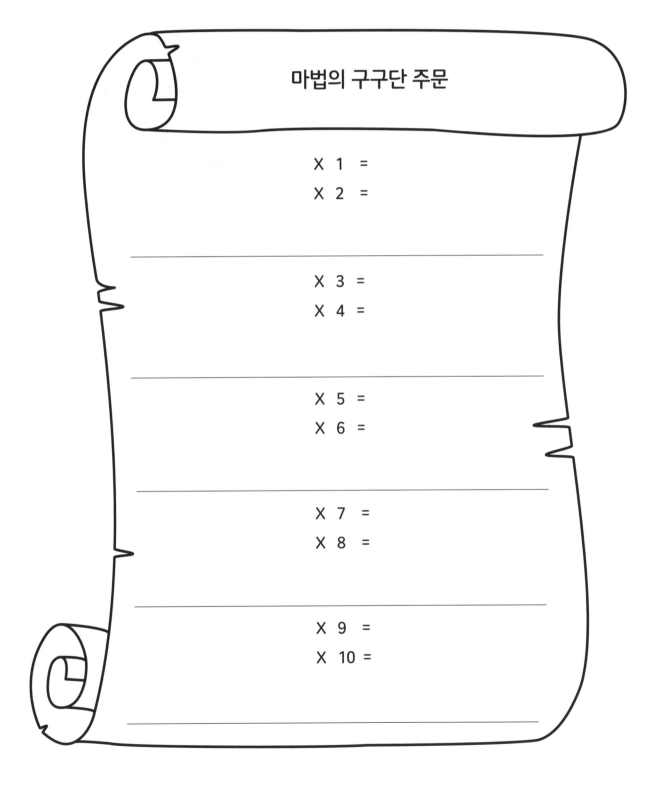

마법의 구구단 주문

X 1 =
X 2 =

X 3 =
X 4 =

X 5 =
X 6 =

X 7 =
X 8 =

X 9 =
X 10 =

왕도둑 호첸플로츠

원제: Der Räuber Hotzenplotz, 1962년

#도둑 #요정 #마법 #소원

글 오트프리트 프로이슬러
그림 요제프 트립
옮김 김경연
출간 1998년
펴낸 곳 비룡소
갈래 외국문학(판타지 동화)

이 책을 소개합니다

이 책은 독일의 시골 마을에서 활동하는 왕도둑 호첸플로츠와 그를 잡기 위한 경찰 딤펠모저 씨, 그리고 카스페를, 제펠 듀오의 활약을 그린 동화예요. 왕도둑 호첸플로츠는 총과 칼을 주렁주렁 달고 다니는데, 주인공 할머니의 커피 가는 기계를 훔쳐 가요. 손자인 카스페를과 단짝 친구 제펠은 그것을 되찾으려고 도둑을 속일 작전을 짰지만 도리어 도둑에게 붙잡히고 말아요. 도둑은 카스페를을 마녀 츠마켈만에게 감자 깎는 머슴으로 팔아넘기고, 제펠을 머슴으로 부립니다. 카스페를은 마법에 걸려 두꺼비가 된 요정 아마릴리스를 구하고, 제펠과 함께 왕도둑을 잡고 커피 기계를 찾아 돌아오지요.

어린이가 좋아할 마법과 익살로 버무려진 유쾌한 이야기예요. 우스꽝스러운 인물의 행동과 상황 설정이 웃음을

자아냅니다. 갖은 고생 끝에 잡은 왕도둑 호첸플로츠가 다시 탈출해서 나쁜 짓을 벌이는 후속편《호첸플로츠 다시 나타나다!》,《호첸플로츠 또 다시 나타나다!!》도 흥미진진하고 재미있어요.

📖 도서 선정 이유

엄마인 제가 어렸을 때 너무나도 좋아하던 책이라 다시 만났을 때 반갑기 그지없었어요. 이렇게 부모가 재미있게 읽었던 책을 자녀와 함께 다시 읽는다는 것은 흔치 않은 행복입니다. 2학년이 읽기에는 글이 좀 많고 글씨도 작을 수 있지만, 내용이 재미있어서 잘 읽을 거예요. 아이가 아직 해독에 어려움을 느낀다면 이런 책은 밤마다 잠자리에서 소리 내어 읽어 주셔도 좋아요. 아이가 귀를 쫑긋 세우다가 편안하게 잠들 거예요.

오트프리트 프로이슬러(1923~2013년)의 책은 전부 다 재미있어요. 젊은 시절 초등 교사를 지내고 평생을 어린이를 위한 책을 쓴 보헤미안 지방 출신 작가입니다. '호첸플로츠' 시리즈도 두 번이나 영화로 만들어졌대요. 호첸플로츠 3부작은 17세기부터 내려오는 독일 전통 인형극〈카스페를〉에 뿌리를 두고 있다고 해요. 옛이야기의 주제인 권선징악을 따르지만, 어른이 되어 다시 읽어도 재미있을 만큼 유머가 가득합니다.

등장인물들의 독일 이름이 좀 어렵지요? 마침 잘 됐다 하고 소리 내어 읽어 보는 기회로 삼아 보세요. 아이들의 해독 능력 향상에 도움이 될 거예요.

📖 함께 읽으면 좋은 책

시리즈

○ 호첸플로츠 다시 나타나다! | 오트프리트 프로이슬러 글, 요제프 트립 그림, 김경연 옮김, 비룡소, 1998

○ 호첸플로츠 또 다시 나타나다!! | 오트프리트 프로이슬러 글, 요제프 트립 그림, 김경연 옮김, 비룡소, 1998

비슷한 주제

○ 마법사 안젤라와 꿈도둑 | 김우정 글, 김주경 그림, 파란자전거, 2019

○ 멍청한 두덕 씨와 왕도둑 | 김기정 글, 허구 그림, 미세기, 2019

같은 작가

○ 청동종 | 오트프리트 프로이슬러 글, 헤르베르트 홀칭 그림, 조경수 옮김, 시공주니어, 2005

문해력을 높이는 엄마의 질문

1. 단어 뜻 추측하기

오트프리트 프로이슬러 할아버지의 '호첸플로츠' 시리즈를 재미있게 읽었나요?

《왕도둑 호첸플로츠》에 나왔던 다음 낱말들은 무슨 뜻을 가지고 있을지 추측해서 줄을 그어 연결해 보세요.

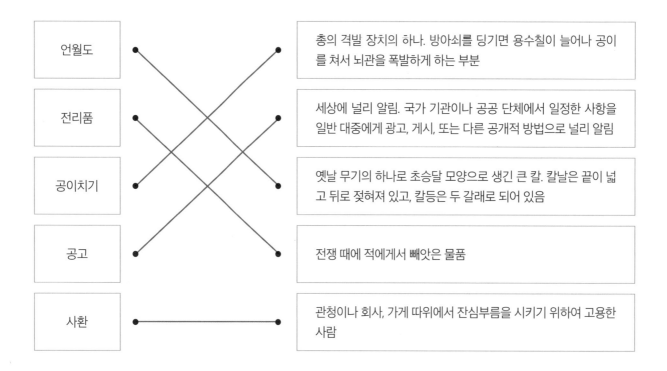

언월도	총의 격발 장치의 하나. 방아쇠를 딩기면 용수철이 늘어나 공이를 쳐서 뇌관을 폭발하게 하는 부분
전리품	세상에 널리 알림. 국가 기관이나 공공 단체에서 일정한 사항을 일반 대중에게 광고, 게시, 또는 다른 공개적 방법으로 널리 알림
공이치기	옛날 무기의 하나로 초승달 모양으로 생긴 큰 칼. 칼날은 끝이 넓고 뒤로 젖혀져 있고, 칼등은 두 갈래로 되어 있음
공고	전쟁 때에 적에게서 빼앗은 물품
사환	관청이나 회사, 가게 따위에서 잔심부름을 시키기 위하여 고용한 사람

이렇게 활용해 보세요

재미있는 이야기를 읽으면서도 새로운 어휘를 습득할 수 있어요. 오늘은 책을 읽다가 모르는 단어가 나왔을 때 추측하는 것이 어떤 의미인지 먼저 알려 주었어요. 그리고 이 책에 나온 단어 중 아이들이 처음 들어 봤을 만한 것들을 골라서 정의와 함께 뒤섞어 제시했어요. 유아 때부터 해 보았을 줄긋기 활동처럼요.

이 활동을 하면서 '내가 단어의 의미를 비슷하게 추측할 수 있구나'라는 것을 확인할 수 있어요. 독자로서 자신감이 생기는 거죠. 그리고 사전적 정의도 한번 읽어 보게 되니 실제 이 단어들을 자기 것으로 만들게 될 거예요. 일상생활에서 잘 쓰이는 단어들은 아니지만, 또 접했을 때 그 의미를 알 수 있다는 것만으로도 도움이 됩니다.

2. 인물 성격 묘사하기

《왕도둑 호첸플로츠》에 등장하는 각 캐릭터의 성격을 간단히 묘사해 보세요. 이러한 성격은 2권, 3권에서도 그 대로 이어져요.

호첸플로츠	못됐다, 난폭하다, 무식하다.
카스페를	영리하다, 슬기롭다, 착하다.
제펠	어리석다.
카스페를의 할머니	순수하다.
딤펠모저	충실하다, 성실하다.

> 이렇게 활용해 보세요

개성 있는 인물들이 많이 등장하는 책이에요. 각 인물의 성격을 어떻게 표현할 수 있을지 이야기 나누어요. 다양한 단어가 나오는 게 좋겠지요. 이렇게도 볼 수 있고 저렇게도 볼 수 있는 것이 사람 이니까요.

3. 사건 평가하기

카스페를은 요정 아마릴리스에게 마술 반지를 선물 받았어요. 이 반지를 돌리며 소원을 말하면 세 가지 소원을 이룰 수 있지요.

카스페를이 선택한 세 가지 소원은 무엇이었나요? 이 선택에 대해 어떻게 생각하는지, 나라면 어떤 소원을 세 가지 고를 것인지 써 보세요.

	카스페를의 소원 선택	카스페를의 선택에 대한 내 생각	나의 소원 선택
①	뾰족한 새 모자를 달라고	새 모자를 사면 되는데 왜 소원 하나를 썼을까?	세 가지 말고 100가지 소원 들어 주기
②	할머니 커피 기계를 돌려 달라고	잘한 것 같다. 동굴로 가지 않고 받았으니까	군대에 안 가게 해 주세요.
③	새로 변한 호첸플로츠를 사람으로 다시 바꿔 달라고	별로 좋지 않은 선택 같다. 그냥 둬도 되는데	초능력을 갖게 해 주세요.

이렇게 활용해 보세요

표를 만들어서 질문의 내용을 담았어요. 이렇게 하면 활동지도 깔끔해지지만, 아이들이 생각을 조직하는 데에 도움이 됩니다. 책에 나온 내용, 그에 대한 내 생각, 그리고 나의 입장에서 바라보는 주제에 대해 정리하는 거예요.

1. 단어 뜻 추측하기

오트프리트 프로이슬러 할아버지의 '호첸플로츠' 시리즈를 재미있게 읽었나요?

책을 읽을 땐 여러분이 아직 모르는 낱말도 나오지요. 그럴 때 어떻게 해야 할까요? 사전을 찾아서 낱말의 뜻과 쓰임새를 찾아볼 수도 있지만, 매번 그렇게 하면 시간도 오래 걸리고 읽는 재미가 덜해져요. 특히 내용의 흐름에 그리 중요하지 않은 낱말일 때는 더욱 그렇지요. 영어 같은 외국어로 된 책을 읽을 때도 마찬가지예요.

눈으로 읽을 때도 '유창성'이 중요하답니다. 우리 뇌는 모르는 낱말도 그 뜻을 헤아려서(추측) 이해할 수 있어요. 이때, 여러분이 낱말 일부를 알거나, 한자를 알고 있으면 추측하기가 더 쉽답니다. 우리말 단어의 절반가량은 한자어래요.

《왕도둑 호첸플로츠》에 나왔던 다음 낱말들은 무슨 뜻을 가지고 있을지 추측해서 줄을 그어 연결해 보세요.

언월도 •		• 총의 격발 장치의 하나. 방아쇠를 당기면 용수철이 늘어나 공이를 쳐서 뇌관을 폭발하게 하는 부분
전리품 •		• 세상에 널리 알림. 국가 기관이나 공공 단체에서 일정한 사항을 일반 대중에게 광고, 게시, 또는 다른 공개적 방법으로 널리 알림
공이치기 •		• 옛날 무기의 하나로 초승달 모양으로 생긴 큰 칼. 칼날은 끝이 넓고 뒤로 젖혀져 있고, 칼등은 두 갈래로 되어 있음
공고 •		• 전쟁 때에 적에게서 빼앗은 물품
사환 •		• 관청이나 회사, 가게 따위에서 잔심부름을 시키기 위하여 고용한 사람

2. 인물 성격 묘사하기

《왕도둑 호첸플로츠》에 등장하는 각 캐릭터의 간단히 성격을 묘사해 보세요. 이러한 성격은 2권, 3권에서도 그대로 이어져요.

호첸플로츠	
카스페를	
제펠	
카스페를의 할머니	
딤펠모저	

3. 사건 평가하기

카스페를은 요정 아마릴리스에게 마술 반지를 선물 받았어요. 이 반지를 돌리며 소원을 말하면 세 가지 소원을 이룰 수 있지요.
카스페를이 선택한 세 가지 소원은 무엇이었나요? 이 선택에 대해 어떻게 생각하는지, 나라면 어떤 소원을 세 가지 고를 것인지 써 보세요.

	카스페를의 소원 선택	카스페를의 선택에 대한 내 생각	나의 소원 선택
①			
②			
③			

페르코의 마법 물감

원제: Az igazi égszínkék, 1946년

#그림 #색 #하늘 #가난
#위로 #성장 #마법

글 벨라 발라즈
옮김 햇살과 나무꾼
그림 김지안
출간 2011년
펴낸 곳 사계절
갈래 외국문학(판타지 동화)

 이 책을 소개합니다

헝가리 작가 벨라 발라즈가 1946년에 독일에서 발표한 작품으로, 환상성과 색채감이 돋보이는 동화입니다. 페르코는 어머니의 일을 돕느라 숙제를 못 하고 학교에서 늘 '게으름뱅이 자리'에 앉지만, 그림 솜씨와 그림에 대한 열정이 뛰어나요. 부잣집 아이 칼리에게 그림을 대신 그려 주는 대가로 그림 도구 상자와 도화지를 빌려 왔는데, 세탁물을 배달하러 나간 사이에 파란색 물감이 없어져요. 도둑으로 몰려 두려움에 떨던 페르코는 12시에 피어 1분 안에 사라진다는 참하늘빛 꽃의 존재와 그것으로 파란색 물감을 만드는 비법을 알게 됩니다. 페르코가 좋아하는 소녀 주지에게 마법 물감으로 그린 그림을 선물하자, 주지는 그 그림의 특별함을 눈치채고 자신이 아끼는 물건과 바꾸지요. 물감의 비밀을 알게 된 칼리는 페르코의 물감을 아주 조금만 남겨 두고 가져 가요. 조금밖에 남지 않은 물감으로 페르코는 다락방 궤짝의 뚜껑 안쪽에 자신만의 하늘을 그립니다. 가난하고 외롭던 페르코가 마법 물감을 통해 친구를 사귀고 성장해 가는 모습이 그려진 아름다운 책입니다.

도서 선정 이유

우리에겐 다소 낯선 헝가리 동화이지만, 유럽에서는 오래전부터 성장 동화의 모델로 인정받은 작품이랍니다. 일본에서 '어린 시절 읽은 책 가운데 아이에게 꼭 읽히고 싶은 책'으로 꼽힐 만큼 오랫동안 꾸준한 사랑을 받고 있대요. 유명한 동화 작가이자 평론가인 우에노 료 역시 어린이의 성장을 잘 그려 낸 훌륭한 동화라고 극찬한 바 있어요.

헝가리에 대해 아는 게 별로 없는데, 어쩜 이렇게 낯설지 않고 내용이 와닿을까요? '동화', '아이', '소년'이라는 단어의 정의를 바로 보여 주는 작품이라고 생각합니다. 영화 시나리오나 평론 쪽에서 뛰어난 활동을 펼친 작가의 이력 때문인지 이 책은 마치 애니메이션 영화를 보는 듯한 장면적 구성과 묘사가 압권이에요. 주인공의 심리 묘사도 훌륭하고요. 책의 삽화도 신비스러움을 강화해 주며 제 역할을 합니다.

함께 읽으면 좋은 책

비슷한 주제

○ 쪽빛을 찾아서 | 유애로 글·그림, 보림, 2005(개정판)

○ 팔코의 새 친구 | 카탈린 세게디 글·그림, 윤지원 옮김, 지양어린이, 2017

○ 아기 곰 형제와 여우 | 블라디미르 투르코프 글, 에우게니 M. 라쵸프 그림, 배은경 옮김, 한림출판사, 2015

○ 등대 소년 | 막스 뒤코스 글·그림, 류재화 옮김, 국민서관, 2020

○ 색깔 손님 | 안트예 담 글·그림, 유혜자 옮김, 한울림어린이, 2015

같은 작가

○ 별난 아빠의 이상한 집짓기 | 진우 비들 글, 김지안 그림, 책과콩나무, 2011

문해력을 높이는 엄마의 질문

1. 문학 장르 이해하기: 판타지 동화

《페르코의 마법 물감》은 판타지 동화입니다. 그동안 책동아리 친구들과 읽은 책 중에 판타지 동화가 떠오르나요? 제목을 써 봅시다.

이렇게 활용해 보세요

지금껏 읽은 책들과 오늘 이야기 나눌 책을 장르로 묶어 이해하는 시간을 가져 봤어요. 그림책 시절부터 이미 익숙하겠지만, 문학으로서 바라보며 특징을 분석할 기회는 없었을 거예요.

일단 판타지 동화의 정의와 특성을 글로 정리해 주었어요. 도입문을 천천히 읽어 주며 설명을 곁들여 주고 나서, 아이들이 특징을 한 가지씩 돌아가며 소리 내어 읽도록 해도 좋아요. '권선징악, 해학' 같은 단어는 이해하기 어려우니 이번 기회에 설명해 주세요.

책동아리 POINT

최근에 함께 읽어서 기억날 만한 판타지 동화를 떠올려 보게 합니다. 친구들에게 자신이 읽어 본 판타지물을 하나씩 소개하는 것도 좋겠지요.

2. 판타지 요소 찾기

《페르코의 마법 물감》이 판타지 동화인 근거를 들어 보세요. 우리가 살고 있는 현실에서는 존재할 수 없는 인물, 일어날 수 없는 사건, 불가능한 시간·공간적 배경 등을 생각해서 가능한 한 많이 써 봅시다.

빛을 내는 파란색 물감

12시에 꽃이 없어진다.

모자에서 천둥이 친다.

쥐가 물감을 먹고 파랗게 변한다.

비밀을 알려 준 수위 아저씨가 사라진다.

바지에 묻은 물감이 하늘이 되었다.

이렇게 활용해 보세요

배경과 인물의 설정, 행동과 같은 사건 측면에서 환상성을 찾아봅니다. 비교적 높은 수준의 환상에 해당하는 요소도 있어서 찾기 어렵지 않을 거예요.

3. 행동 원인 설명하기

이 책은 판타지 동화이지만, 주인공 페르코의 행동과 생각은 아주 현실적입니다. 페르코가 한 행동의 바탕(원인)은 무엇일지 생각해서 써 보세요.

페르코의 행동/생각	왜 그랬을까?
주지의 어머니가 세탁비를 1펜게 덜 주셨지만, 그 사실을 말하지 않고 엄마에게 혼나며 매를 맞았다.	주지를 좋아하기 때문에 자기가 실수를 한 것처럼 사실을 숨겼다.
친구들과 참하늘빛을 꺾으러 갔다가 들켰지만, 주지를 두고 달아나지 않았다.	주지를 좋아해서 보호해 주려고 달아나지 않았다.
어린 성자처럼 대접받아 얻은 음식들을 집에 가져와서 '이름 없는 자선가'의 선물이라며 어머니께 드렸다.	도둑질해서 가져온 음식이라고 엄마가 착각할까 봐
참하늘빛 얼룩이 있는 반바지를 벗고 긴바지를 입기 시작했다.	주지를 좋아해서. 이제는 커서 참하늘빛 따위는 필요 없다고 생각하게 되었다.

이렇게 활용해 보세요

아이가 책을 읽었을 때 '다 알겠지' 하고 넘어가게 되는 내용 중에서 대표적인 것이 사건의 인과관계예요. 왜 이런 일이 벌어졌는지, 무엇 때문에 그렇게 생각했을지 추론해 보면 이야기를 더 깊이 있게 이해할 수 있어요.

유아기에 마음 이론이 발달하며 사람의 마음에 대한 이해가 커지지만, 초등학교 저학년생들도 타인의 마음을 충실히 헤아리는 데에 어려움을 겪는답니다. 재미있게 읽은 책의 주인공을 자신과 동일시해 보면서 어떤 상황 때문에 이런 생각을 하고, 저런 행동을 했을지 생각해 보면 좋아요. 그리고 적절한 말로 표현할 수 있으면 최선이지요.

책에서 작가가 일부러 생략해 놓은 원인에 해당하는 구멍을 찾는다면 질문으로 만들기 좋습니다.

1. 내가 읽은 판타지 동화 [문학 장르 이해하기]

《페르코의 마법 물감》은 판타지 동화입니다. 아래 글을 읽어 보세요.

판타지(환상) 동화는 아동문학에서 큰 비중을 차지해요. 현실과 다른 초자연적인 소재나 대상, 사건이 중심이 되는 이야기예요. 환상의 수준은 높거나 낮아서 다양해요. 동물이 의인화되어 등장하는 정도를 낮은 수준의 판타지 동화라고 보기도 해요.

- 전래동화의 시간·공간 배경은 '옛날 옛날 어느 산골에~' 처럼 모호하지만, 판타지 동화의 시간·공간 배경은 구체적이고 믿을 만합니다.
- 전래동화의 등장인물은 선과 악이 분명하게 드러나는 전형적인 성격인 반면, 판타지 동화의 인물은 다양한 성격을 지니고 있어요.
- 우화가 교훈적인 이야기라면, 판타지 동화는 인간의 감정을 반영하는 캐릭터들을 통해 등장인물을 자연스럽게 동일시하고 문제를 해결해 가는 과정에서 감동을 줍니다.
- 전래동화의 주제는 권선징악, 해학과 유머 등으로 한정적인 반면, 판타지 동화는 인간 내면의 문제 등 다양한 주제를 다루고 있습니다.

- 그동안 책동아리 친구들과 읽은 책 중에 판타지 동화가 떠오르나요? 제목을 써 봅시다.

2. 판타지 요소 찾기

《페르코의 마법 물감》이 판타지 동화인 근거를 들어 보세요. 우리가 살고 있는 현실에서는 존재할 수 없는 인물, 일어날 수 없는 사건, 불가능한 시간·공간적 배경 등을 생각해서 가능한 한 많이 써 봅시다.

3. 행동 원인 설명하기

이 책은 판타지 동화이지만, 주인공 페르코의 행동과 생각은 아주 현실적입니다. 페르코가 한 행동의 바탕(원인)은 무엇일지 생각해서 써 보세요.

페르코의 행동/생각	왜 그랬을까?
주지의 어머니가 세탁비를 1펜게 덜 주셨지만, 그 사실을 말하지 않고 엄마에게 혼나며 매를 맞았다.	
친구들과 참하늘빛을 꺾으러 갔다가 들켰지만, 주지를 두고 달아나지 않았다.	
어린 성자처럼 대접받아 얻은 음식들을 집에 가져와서 '이름 없는 자선가'의 선물이라며 어머니께 드렸다.	
참하늘빛 얼룩이 있는 반바지를 벗고 긴바지를 입기 시작했다.	

학교에 간 사자

원제: Lion at School and Other Stories, 1985년

#학교 #친구 #모험 #여행 #상상

글 필리파 피어스
그림 캐럴라인 샤프
옮김 햇살과나무꾼
출간 2010년(개정판)
펴낸 곳 논장
갈래 외국문학(판타지 동화)

 이 책을 소개합니다

이 책은 금세기 최고의 어린이책 작가라는 평을 받는 필리파 피어스가 쓴 신비하고 즐거운 이야기 모음집이에 요. 기발한 상상력과 어린이의 심리를 꿰뚫는 통찰력, 짧은 이야기의 묘미를 살려 주는 탁월한 구성력이 돋보이는 아홉 편의 수작을 모았어요.

표제작인 〈학교에 간 사자〉에는 학교 가기 싫어하는 여자아이를 태우고 학교로 가는 사자가 등장해요. 사자는 함께 얌전하게 수업을 받고, 여자아이를 괴롭히는 덩치 큰 남자아이를 혼내 주기도 해요. 아이가 왜 학교에 가기 싫은지 구구절절 설명하는 대신, 사자와 함께 보낸 하루를 유쾌하게 그림으로써 해방감을 느끼게 합니다. 〈무지무 지 잘 드는 커다란 가위〉에서는 할머니 병문안을 가지 못해 화가 난 소년 팀이 무엇이든 자를 수 있는 가위로 집안

의 모든 물건을 잘라 버려요. 예리한 분노가 극적으로 해소되는 과정이 긴장감 있게 전개됩니다. 〈똘똘이〉는 외로움에 친구를 찾아 나선 똘똘이의 좌충우돌 모험담이에요. 똘똘이가 자기와 닮은 친구를 찾아가는 과정은 자신의 참모습을 찾아가는 과정이기도 해요. 〈깜깜한 밤에〉는 처음으로 할아버지 집에서 혼자 잠을 자게 된 토티가 상상 속의 동물과 하룻밤을 함께 보내는 이야기예요. 낯선 곳에서 혼자 밤을 보내게 된 아이의 외로움과 두려움이 꿈처럼 신비롭게 그려져 있어요. 이밖에도 몸살기가 있어 학교에 못 간 짐이 빨래를 모두 더럽히고는 겁에 질려 도망치면서 일어난 소동을 다룬 〈도망〉, 새끼손가락을 구부리기만 하면 갖고 싶은 모든 것이 휙휙 날아오는 소녀 이야기 〈구부러진 새끼손가락〉, 여름휴가를 맞아 놀러 간 별장에서 아빠가 놓은 쥐덫으로부터 작은 회색 쥐를 구하기 위한 앤디의 노력을 담은 〈여름휴가 때 생긴 일〉, 동물원에서 만난 앵무새 이야기 〈안녕, 폴리!〉, 여행길에 들른 낯선 찻집에서 꼬마와 셜리가 나눈 〈비밀〉이 실려 있어요.

📖 도서 선정 이유

모두 짧고 읽기 쉬운 이야기이지만, 어린이들의 기쁨과 슬픔, 공포와 분노 같은 다양하고 강렬한 감정을 때로는 신나게, 때로는 환상적으로, 때로는 으스스하게 전해 줍니다. 이 이야기들을 읽는 독자들은 작가의 기발한 상상력에 자신의 생각을 보태며 상상하기의 재미가 얼마나 큰지 알게 될 거예요. 무엇보다 아이들의 심리를 소재로 한 이야기들이라 대화거리가 무궁무진할 거고요.

아이들이 학교에 입학하고 사회적 경험이 쌓이면 또래 아이들이 등장하는 생활 이야기에 대한 관심이 증가한대요. 집과 학교의 일상에서 재미뿐 아니라 고민과 갈등도 느끼기 때문이지요. 이 시기에는 고민을 흔히 공상으로 해결한다고 하니, 이 책 같은 '생활 판타지'가 주는 재미가 클 거예요.

📖 함께 읽으면 좋은 책

비슷한 주제

○ 어두운 계단에서 도깨비가 | 임정자 글, 이형진 그림, 창비, 2001
○ 학교에 간 개돌이 | 김옥 글, 김유대 · 최재은 · 권문희 그림, 창비, 1999

같은 작가

○ 외딴 집 외딴 다락방에서 | 필리파 피어스 글, 앤서니 루이스 그림, 햇살과나무꾼 옮김, 논장, 2018(개정판)
○ 말썽꾸러기 고양이와 풍선 장수 할머니 | 필리파 피어스 글, 안토니 메이틀랜드 그림, 햇살과나무꾼 옮김, 논장, 2001

문해력을 높이는 엄마의 질문

1. 동화 형식 나누기: 단편과 장편

《학교에 간 사자》는 단편 동화집입니다. 장편(長篇) 동화는 내용이 길고 복잡한 이야기이고, 단편(短篇) 동화는 길이가 짧은 이야기예요. 이 책에는 필리파 피어스라는 한 작가의 단편 아홉 편이 묶여 있답니다. 그동안 책동아리 친구들과 읽은 책 중에서 장편, 단편 동화를 가려 볼까요?

장편 옆에는 '장', 단편 옆에는 '단'이라고 써 보세요.

싱잉푸, 오줌 복수 작전	장	도서관에서 3년	장
생쥐 아가씨 (《생쥐 아가씨와 고양이 아저씨》 중에서)	단	의좋은 형제	단
왕도둑 호첸플로츠	장	톰 소여의 모험	장

이렇게 활용해 보세요

단편 동화가 묶인 단편 동화집을 읽은 김에, 책의 형식에 대해 알아보았어요. 한자 短−長의 의미를 알려 주면 금방 이해할 수 있겠지요?

지금까지 아이들과 함께 읽었던 책들로 표를 채워 주세요. 자신이 읽은 책들을 떠올려 보는 기회가 될 텐데, 이것도 읽기 효능감과 읽기 동기에 큰 영향을 미쳐요.

2. 질문에 대답하기

《학교에 간 사자》에 실린 이야기들을 읽고 나서 다음의 각 질문에 답해 봅시다.

책을 읽을 때는 이야기에 잘 드러나 있는 내용을 이해하는 것도 중요하지만, 드러나지 않은 부분을 추측해서 이해하는 것도 필요하답니다.

- 〈무지무지 잘 드는 커다란 가위〉: 팀이 화가 나서 집안의 모든 것을 가위로 잘라대는 장면을 읽을 때 기분이 어땠나요?

  걱정되고 긴장이 됐다.

- 〈도망〉: 도망을 치다가 길을 잃은 짐의 마음은 어땠을까요?

  불안하고 초조할 것이다.

- 〈학교에 간 사자〉: 사자는 왜 월요일에 학교에 돌아오지 않았을까요?

  해 보니까 학교생활이 너무 재미가 없어서

- 〈여름휴가 때 생긴 일〉: 앤디는 왜 쥐덫을 몰래 없앴을까요?

  우연히 만난 생쥐에게 정이 들어서, 생쥐가 불쌍해서 보호하려고

- 〈똘똘이〉: 똘똘이가 말의 생김새에 대해 몰랐던 이유는 무엇인가요?

  다른 말이 한 마리도 없었고 거울도 없었기 때문에

- 〈깜깜한 밤에〉: 토티가 잘 때 해우가 나타난 이유는 무엇일까요?

  자기 전에 할아버지가 보여주신 도감에 해우가 나왔기 때문에

- 〈안녕, 폴리!〉: 앵무새가 하는 인사말 '안녕, 폴리!'에서 폴리는 누구일까요? 상상해 보세요.

  텔레비전을 보고 있었는데 로보카 폴리가 나왔던 것이다.

- 〈구부러진 새끼손가락〉: 아빠는 주디의 새끼손가락에 대한 비밀을 알고 계셨을까요? 어떻게 된 일일까요?

  아빠도 새끼손가락 마법을 가진 분이라 눈치를 채셨을 것이다.

- 〈비밀〉: 이 이야기의 제목이 '비밀'인 이유를 설명해 봅시다.

  손가락 빨기 대장과 셜리가 문구멍으로 가족들을 훔쳐봐서

이 책에 실린 이야기들을 읽고 할 수 있는 Wh-question을 뽑아 봤어요. 주로 '무엇, 왜, 누가, 어떻게'가 들어가는 질문이에요. 정해진 짧은 답이 아니라, 깊이 있게 생각해야 답할 수 있고 여러 가지 답이 있을 수 있어서 '확산적 질문'에 해당해요.

어릴 때부터 그림책 읽기 상호작용이 풍부하게 이루어진 가정에서는 이런 질문이 흔하게 오가겠지만, 많은 부모님들이 이런 확산적 질문을 하기 어려워하십니다. 책동아리 독서 지도를 통해 다시 시작해 보세요. 부모님이 각 이야기를 읽으시면서 보물 같은 질문을 찾아내시면 돼요.

3. 단편 평가하기

오늘의 투표! 이 책에서 가장 재미있었던 이야기와 가장 재미없었던 이야기를 뽑아 봅시다.
제목 옆에 '正' 자 표시를 해 보세요.

단편 동화집을 읽었을 때 활용하기 좋아요. 반장 선거할 때처럼 '바를 정' 표시를 하면서(卌 탤리 마크(tally mark)도 괜찮아요.) 〈독자가 뽑은 best & worst〉를 뽑는 거예요. 재미의 차원에서 뽑는 것이니 작가와 작품에 대한 무례는 아니라고 봐요. 실제로 아이들이 몰입하는 활동이에요. 독자 수가 많을수록 좋으니 책을 함께 읽은 부모님들도 같이 투표에 참여해 보세요.

1. 단편과 장편 구분하기 동화 형식 나누기

《학교에 간 사자》는 단편 동화집입니다. 장편(長篇) 동화는 내용이 길고 복잡한 이야기이고, 단편(短篇) 동화는 길이가 짧은 이야기예요. 이 책에는 필리파 피어스라는 한 작가의 단편 아홉 편이 묶여 있답니다. 그동안 책동아리 친구들과 읽은 책 중에서 장편, 단편 동화를 가려 볼까요?

장편 옆에는 '장', 단편 옆에는 '단'이라고 써 보세요.

싱잉푸, 오줌 복수 작전		도서관에서 3년	
생쥐 아가씨 (《생쥐 아가씨와 고양이 아저씨》 중에서)		의좋은 형제	
왕도둑 호첸플로츠		톰 소여의 모험	

2. 질문에 대답하기

《학교에 간 사자》에 실린 이야기들을 읽고 나서 다음의 각 질문에 답해 봅시다.

책을 읽을 때는 이야기에 잘 드러나 있는 내용을 이해하는 것도 중요하지만, 드러나지 않은 부분을 추측해서 이해하는 것도 필요하답니다.

〈무지무지 잘 드는 커다란 가위〉
팀이 화가 나서 집안의 모든 것을 가위로 잘라대는 장면을 읽을 때 기분이 어땠나요?

〈도망〉
도망을 치다가 길을 잃은 짐의 마음은 어땠을까요?

〈학교에 간 사자〉

사자는 왜 월요일에 학교에 돌아오지 않았을까요?

〈여름휴가 때 생긴 일〉

앤디는 왜 쥐덫을 몰래 없앴을까요?

〈똘똘이〉

똘똘이가 말의 생김새에 대해 몰랐던 이유는 무엇인가요?

〈깜깜한 밤에〉

토티가 잘 때 해우가 나타난 이유는 무엇일까요?

〈안녕, 폴리!〉

앵무새가 하는 인사말 '안녕, 폴리!'에서 폴리는 누구일까요? 상상해 보세요.

〈구부러진 새끼손가락〉

아빠는 주디의 새끼손가락에 대한 비밀을 알고 계셨을까요? 어떻게 된 일일까요?

〈비밀〉

이 이야기의 제목이 '비밀'인 이유를 설명해 봅시다.

3. 인기투표하기 단편 평가하기

이 책에서 가장 재미있었던 이야기와 가장 재미없었던 이야기를 뽑아 봅시다. 제목 옆에 '正' 자 표시를 해 보세요.

제목	재미있어요	재미없어요
무지무지 잘 드는 커다란 가위		
도망		
여름휴가 때 생긴 일		
똘똘이		
도망		
깜깜한 밤에		
안녕, 폴리!		
구부러진 새끼손가락		
비밀		

결과
가장 재미있었던 이야기:

가장 재미없었던 이야기:

도깨비가 슬금슬금

#도깨비 #호기심 #장난
#흉내 내는 말

글 이가을
그림 허구
출간 2022년(개정판)
펴낸 곳 북극곰
갈래 한국문학(전래동화·민담)

 이 책을 소개합니다

　이 책은 우리 도깨비에 관한 일곱 가지 이야기로 구성되어 있어요. 하나만 알고 둘은 모르는 도깨비 '하나', 씨름을 좋아해서 술 취한 아저씨와 한바탕 씨름을 하는 도깨비 '어영차', 말이 너무 많아 도깨비 마을에서 따돌림을 당하는 수다쟁이 도깨비 '와글와글', 만들기를 좋아하는 대장간 도깨비 '뚝딱', 물 도깨비 '출렁출렁', 옹기전 도깨비 '와장창'……. 각 도깨비의 정체성을 보여 주는 이름도 재미있지요?

　어리석거나 순수하거나 집요한 익살꾼이자 장난꾸러기 악동 같은 도깨비들을 만날 수 있어요. 사람들 주변에 숨어서 함께 살아가는 존재들의 삶은 어떨지, 입에 붙는 구어체로 소리 내어 함께 읽어 보세요.

도서 선정 이유

　이 책은 우리 고유의 도깨비를 흥미롭게 살려 냈어요. 어디에서도 들어 보지 못한 참신한 이야기들이 보따리째 풀린 것 같아요. 저자가 어린 시절에 동네 할머니, 할아버지께 직접 들은 보물 이야기가 싹이 되지 않았을까 싶어요. 특히 이 책은 사람과 도깨비의 관계에 집중하고 있어요. 도깨비마다 어떤 이름을 가졌는지 살펴보면 금방 드러나지요.

　저학년 시기를 지나 중학년 독자가 되려면 글이 많은 책에 도전할 수밖에 없어요. 이렇게 챕터식으로 구성된 재미난 책을 읽다 보면 긴 텍스트도 무리 없이 읽어 낼 수 있어요. 독자로서의 자신감을 갖게 되면 읽기 동기가 쑥쑥 자란답니다.

함께 읽으면 좋은 책

비슷한 주제

○ 멍텅구리 도깨비 | 정해왕 엮음, 한상언 그림, 최원오 기획·감수, 해와나무, 2013

○ 신통방통 도깨비들의 별별 이야기 | 이상교 글, 이형진 그림, 미래아이, 2008

○ 황소와 도깨비 | 이상 글, 한병호 그림, 다림, 1999

○ 내 친구는 도깨비 | 박재광 글, 지문 그림, 크레용하우스, 2012

○ 뽀끼뽀끼 숲의 도깨비 | 이호백 글, 임선영 그림, 재미마주, 1997

○ 정신없는 도깨비 | 서정오 글, 홍영우 그림, 보리, 2007

○ 신통방통 도깨비 | 서정오 글, 김환영 그림, 보리, 2016(개정판)

○ 으악, 도깨비다! | 손정원 글, 유애로 그림, 느림보, 2002

○ 똥 뒤집어 쓴 도깨비 | 서정오 글, 최용호 그림, 토토북, 2011

같은 작가

○ 고양이를 기르는 생쥐 | 이가을 글, 김주경 그림, 잇츠북어린이, 2018

○ 여름이를 찾아서 | 이가을 글, 허구 그림, 한림출판사, 2013

문해력을 높이는 엄마의 질문

1. 단어 파악하기

〈하나밖에 모르는 도깨비 하나〉 이야기에 나오는 다음 단어들 중에서 내가 뜻을 아는 것과 설명할 수 있는 것을 찾아보세요.

	알고 있어요	설명할 수 있어요	내가 생각한 단어의 뜻
			사전에 나온 단어의 뜻
쓸모	O / X	O / X	
			쓸 만한 가치/ 쓰이게 될 분야나 부분
동무	O / X	O / X	
			늘 친하게 어울리는 사람
헛간	O / X	O / X	
			막 쓰는 물건을 쌓아 두는 광
조화	O / X	O / X	
			어떻게 이루어진 것인지 알 수 없을 정도로 신통하게 된 일
삼태기	O / X	O / X	
			흙이나 쓰레기, 거름 따위를 담아 나르는 데 쓰는 기구

> 이렇게 활용해 보세요

책을 읽을 때 처음 보거나 뜻을 모르는 단어를 많이 만나게 됩니다. 어휘력을 늘려 가기 위해서 그런 단어가 꽤 포함된 책을 읽는 것이 적절해요. 수많은 단어들 중에서 나에게 익숙한 것과 낯선 것, 의미를 아는 정도를 스스로 파악할 수 있는 힘도 길러져야 합니다.

여기에서는 O, X로 표현해 보도록 합니다. 정확한 정의를 알려 주고, 내가 생각한 뜻과 얼마나 가까운지 비교해 보게 합니다. 이 이야기뿐 아니라 다른 이야기에서도 많이 쓰인 '조화'처럼 일반적이지 않은 뜻으로 쓰인 경우가 있으니 주의가 필요해요.

2. 안 보이는 부분 상상하기

〈하나밖에 모르는 도깨비 하나〉

1) `21-22쪽` '돌쇠네 살림이 폈을 것 같다'는 무슨 뜻일까요? 저자는 왜 그렇게 예측했을까요?

살림살이가 나아졌다는 뜻이다. 도깨비가 헛간에 물건들을 쌓아 줘서 부자가 되었을 것이라고 생각했다.

2) 돌쇠는 어떻게 되었을까요? 뒷이야기를 상상해서 말해 보세요.

살림이 나아져서 돌쇠는 학교에 다니게 되었고, 이제는 하나가 아니고 둘, 셋 정도는 알게 되었을 것이다.

〈씨름꾼 도깨비 어영차〉

1) `33쪽` 노인이 씨름꾼 아저씨에게 가르쳐 준 '방법'은 무엇이었을까요?

어영차가 절대 모르는 씨름 기술이다. 도깨비의 뿔을 잡아서 거꾸로 드는 것이다. 그런데 그 기술은 딱 한 번밖에 못 쓴다.

2) 어영차와 다시 씨름을 했을 때 상황을 상상해 보세요.

어영차랑 딱 한 번만 다시 씨름을 해서 이기면 소를 돌려받기로 약속한다. 노인한테 배운 기술로 어영차를 이긴다. 어영차가 다시 하자고 조르지만, 약속을 깨면 안 된다고 거절하고 집에 돌아간다.

이렇게 활용해 보세요

이야기의 열린 결말 또는 구체적인 내용이 빠진 부분과 관련해 상상력을 발휘해야 하는 질문이에요. 초보 독자가 열린 결말을 만나면 이야기가 갑자기 뚝 끊겼다고 생각하게 됩니다. 그럴 수도 있음을 알려 주며 독자로서 적극적으로 결말을 이해하거나 만들어 보게 도와주는 게 좋아요.

아이가 흥미를 느낄 만한 부분인데 자세한 내용이 생략된 경우에도 마찬가지입니다. 당연히 정답은 없으니 기상천외한 생각도 대환영이고요.

3. 원인과 결과 이해하기

〈수다쟁이 도깨비 와글와글〉에서 할머니는 왜 몸져눕게 되었을까요?(42쪽)

할머니는 어떻게 털고 일어나게 되었을까요?(45쪽)

빈칸을 채워 보세요.

수다쟁이 할머니를 동네 사람들이 믿지 않고 따돌림
↓
할머니가 몸져누움
↓
와글와글이 이사를 가서 다른 집에서 장난을 침
↓
동네 아낙들이 할머니를 찾아 옴
↓
다른 사람들에게도 이상한 일이 일어났음을 들음
↓
할머니가 씻은 듯이 털고 일어남

이렇게 활용해 보세요

　　　　원인과 결과를 정확하게 파악하는 것은 저학년 아동에게 어려운 일입니다. 책을 다 읽고 나서 부모님이 아이에게 질문을 했을 때, 원인과 결과를 여전히 모르는 것 같다는 고민이 많더라고요. 명확하게 도식화할 수 있는 사건으로 연습을 해 볼 필요가 있어요. 이럴 때 옛이야기가 좋은 소재가 됩니다. 표의 빈칸을 채워서 사건의 흐름을 한눈에 볼 수 있게 해 주세요.

　　　　이야기에 나온 표현대로 '몸져눕다, 털고 일어나다'의 뜻이 무엇일지 이야기 나눌 필요도 있습니다.

4. 단어 연결하기

　　〈대장간 도깨비 뚝딱〉 이야기에는 옛날에 쓰던 물건이나 농기구, 대장간에서 필요한 물건이 등장합니다. 모양을 보고 이름과 연결해 보세요.

이렇게 활용해 보세요

　　　　어색한 도구가 많이 등장하는 이야기이니 그런 단어들을 짚고 넘어갈 수 있는 재미있는 문제를 내 보세요. 간략하게 그린 그림이나 인터넷에서 찾은 이미지를 이용해 단어와 연결하는 활동입니다.

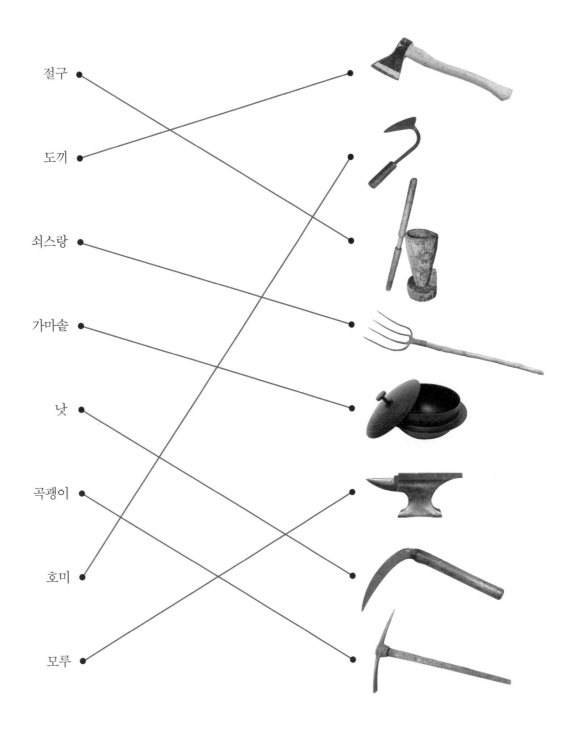

절구 •

도끼 •

쇠스랑 •

가마솥 •

낫 •

곡괭이 •

호미 •

모루 •

5. 표현 음미하기

- 〈물 도깨비 찰랑찰랑〉에 나온 물 도깨비 이름 중에서 가장 마음에 드는 건 무엇인가요? 하나 더 지어 보세요.

- 물 도깨비가 더 많이 있을 수 있는 곳의 순서로 늘어놓아 보세요.

  둠벙(웅덩이의 방언), 도랑(매우 좁고 작은 개울), 개여울(개울의 여울목), 시냇물, 폭포, 저수지, 강, 바다

- 찰랑찰랑은 언젠가 사람이 될 수 있을까요? 사람이 되기 위한 준비물 중에서 구하기 가장 어려운 것은 무엇이라고 생각하나요?

이렇게 활용해 보세요

　　물과 관련된 의성어, 의태어를 활용하는 질문이에요. 또한 여러 가지 물을 규모 측면에서 비교하며 단어의 의미를 깊이 있게 생각해 볼 수 있습니다. 단순히 새로운 단어를 알게 되는 것을 넘어서서 한 가지 기준으로 나열할 수 있음(이 문제에서는 경우에 따라 물의 양이 다르니 정답은 달라질 수 있어요)을 경험할 수 있습니다. 아이들에게 낯설어서 어려운 단어는 괄호 안에 정의를 넣어 주세요.

6. 이야기 평가하기

- 〈한 가지 소원〉에서 사람들의 소원을 들어 준 도깨비 중 가장 일을 못한 건 누구인가요?
- 가장 잘한 건 누구라고 생각하나요?
- 만약 도깨비가 옆에 있다면 나는 어떤 소원을 빌고 싶나요?

이렇게 활용해 보세요

　　사고뭉치 도깨비들의 활약상(?)에 대한 내 생각을 들여다보는 시간입니다. 흥미진진한 결과들을 긍정적, 부정적으로 평가해 보고 교훈을 얻을 수 있어요. 그래서 이야기를 나 자신에게 적용한다면 과연 어떻게 될지까지 생각해 봅니다.

1. 단어 파악하기

〈하나밖에 모르는 도깨비 하나〉 이야기에 나오는 다음 단어들 중에서 내가 뜻을 아는 것과 설명할 수 있는 것을 찾아보세요.

	알고 있어요	설명할 수 있어요	내가 생각하는 단어의 뜻
			사전에 나온 단어의 뜻
쓸모	○ / ×	○ / ×	
동무	○ / ×	○ / ×	
헛간	○ / ×	○ / ×	
조화	○ / ×	○ / ×	
삼태기	○ / ×	○ / ×	

2. 안 보이는 부분 상상하기

〈하나밖에 모르는 도깨비 하나〉

- **21-22쪽** '돌쇠네 살림이 폈을 것 같다'는 무슨 뜻일까요? 저자는 왜 그렇게 예측했을까요?

- 돌쇠는 어떻게 되었을까요? 뒷이야기를 상상해서 말해 보세요.

〈씨름꾼 도깨비 어영차〉

- **33쪽** 노인이 씨름꾼 아저씨에게 가르쳐 준 '방법'은 무엇이었을까요?

- 어영차와 다시 씨름을 했을 때 상황을 상상해 보세요.

3. 원인과 결과 이해하기

〈수다쟁이 도깨비 와글와글〉에서 할머니는 왜 몸져눕게 되었을까요?(42쪽)

할머니는 어떻게 털고 일어나게 되었을까요?(45쪽)

빈칸을 채워 보세요.

할머니가 몸져누움

↓

와글와글이 이사를 가서 다른 집에서 장난을 침

↓

동네 아낙들이 할머니를 찾아 옴

↓

할머니가 씻은 듯이 털고 일어남

4. 단어 연결하기

〈대장간 도깨비 뚝딱〉 이야기에는 옛날에 쓰던 물건이나 농기구, 대장간에서 필요한 물건이 등장합니다. 모양을 보고 이름과 연결해 보세요.

절구 •

도끼 •

쇠스랑 •

가마솥 •

낫 •

곡괭이 •

호미 •

모루 •

5. 표현 음미하기

- 〈물 도깨비 찰랑찰랑〉에 나온 물 도깨비 이름 중에서 가장 마음에 드는 건 무엇인가요? 하나 더 지어 보세요.

   졸졸, 콸콸, 쏴아아, 철썩 차르르, 너울너울, 찰랑찰랑

내가 만든 물 도깨비 이름: _____

- 물 도깨비가 더 많이 있을 수 있는 곳의 순서로 늘어놓아 보세요.

   시냇물, 강, 둠벙(웅덩이의 방언), 개여울(개울의 여울목), 폭포, 도랑(매우 좁고 작은 개울), 저수지, 바다

- 찰랑찰랑은 언젠가 사람이 될 수 있을까요? 사람이 되기 위한 준비물 중에서 구하기 가장 어려운 것은 무엇이라고 생각하나요?

6. 이야기 평가하기

〈한 가지 소원〉에서 사람들의 소원을 들어 준 도깨비 중 가장 일을 못한 건 누구인가요?

가장 잘한 건 누구라고 생각하나요?

만약 도깨비가 옆에 있다면, 나는 어떤 소원을 빌고 싶나요?

초등 문해력을 키우는
엄마의 비밀 [1단계 | 저학년 추천]

초판 1쇄 발행일 2021년 10월 25일
초판 22쇄 발행일 2024년 11월 15일

지은이 최나야 정수정
펴낸이 유성권

편집장 윤경선
편집 김효선 조아윤
홍보 윤소담 박채원   디자인   프롬디자인(표지) 박정실(내지)
마케팅 김선우 강성 최성환 박혜민 심예찬 김현지
제작 장재균   물류   김성훈 강동훈

펴낸곳 ㈜이퍼블릭
출판등록 1970년 7월 28일, 제1-170호
주소 서울시 양천구 목동서로 211 범문빌딩 (07995)
대표전화 02-2653-5131 | 팩스 02-2653-2455
메일 loginbook@epublic.co.kr
포스트 post.naver.com/epubliclogin
홈페이지 www.loginbook.com
인스타그램 @book_login

로그인 은 ㈜이퍼블릭의 어학·자녀교육·실용 브랜드입니다.